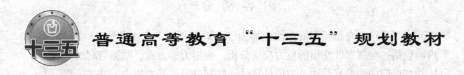

普通高等教育"十三五"规划教材

塑性力学与轧制原理

帅美荣　刘光明　主编

北　京

冶金工业出版社

2019

内 容 简 介

本书系统地介绍了金属塑性成形力学与轧制原理，全书共分 15 章，主要内容包括：金属塑性变形的应力应变分析，变形力学方程，摩擦与润滑，求解塑性变形问题的滑移线法及数值计算法，轧制变形的基本概念、基本过程，力能参数计算以及人工智能应用等。

本书为材料成形及控制工程专业的本科教材，也可供材料、机械等有关专业的师生以及从事塑性成形技术的科研人员阅读或参考。

图书在版编目（CIP）数据

塑性力学与轧制原理/帅美荣，刘光明主编 . —北京：
冶金工业出版社，2019.4
普通高等教育"十三五"规划教材
ISBN 978-7-5024-8023-3

Ⅰ.①塑… Ⅱ.①帅… ②刘… Ⅲ.①金属—塑性力学—
高等学校—教材 ②金属—轧制理论—高等学校—教材
Ⅳ.①TG111.7 ②TG331

中国版本图书馆 CIP 数据核字（2019）第 058168 号

出 版 人 谭学余
地 址 北京市东城区嵩祝院北巷 39 号 邮编 100009 电话 （010）64027926
网 址 www.cnmip.com.cn 电子信箱 yjcbs@ cnmip. com. cn
责任编辑 杜婷婷 美术编辑 彭子赫 版式设计 禹 蕊
责任校对 石 静 责任印制 李玉山
ISBN 978-7-5024-8023-3

冶金工业出版社出版发行；各地新华书店经销；三河市双峰印刷装订有限公司印刷
2019 年 4 月第 1 版，2019 年 4 月第 1 次印刷
787mm×1092mm 1/16；17.25 印张；415 千字；263 页
49.00 元

冶金工业出版社 投稿电话 （010）64027932 投稿信箱 tougao@cnmip. com. cn
冶金工业出版社营销中心 电话 （010）64044283 传真 （010）64027893
冶金工业出版社天猫旗舰店 yjgycbs. tmall. com
（本书如有印装质量问题，本社营销中心负责退换）

前　　言

本书根据轧制工艺与轧钢机械设计专业培养目标的教学要求，结合作者多年来的教学和科研实践经验编写而成。本书共分15章。第1章介绍了金属塑性变形的特点、分类以及本书的主要内容。第2章~第5章主要介绍了塑性变形力学基础理论，包括应力应变分析、变形力学方程、屈服准则、本构关系等。第6章介绍了金属塑性变形过程中的摩擦与润滑。第7章介绍了滑移线法的基础理论，列举了应用滑移线理论解决变形问题的典型实例（包括轧制、挤压、拉拔等）。第8章重点介绍了有限元、边界元和条元法的基本原理。第9章~第13章重点对轧制过程进行了分析，介绍了金属的流动规律及力能参数的计算等。第14章介绍了钢管斜轧理论，从斜轧过程的几何学入手，对管材斜轧的运动学特征进行了分析。第15章介绍了典型人工智能控制方法及其在轧制过程中的应用。

为培养学生分析与解决问题的能力，书中涉及的主要公式都有详细的推导过程，每章前附有学习要点，每章后附有习题，便于学生学习、训练、归纳总结之用。

本书具体编写分工为：第1章由秦建平编写，第2章~第5章由帅美荣编写，第7章~第8章、第15章由刘光明编写，第6章、第12章由李华英编写，第9章~第11章、第13章由张小平编写，第14章由胡建华编写。全书由帅美荣统稿，刘光明审定。在本书编写过程中得到了很多同行的大力支持，本书的出版得到了山西省优势专业建设项目的资助，在此深表感谢。

由于作者水平所限，书中不妥之处，敬请读者批评指正。

作　者
2018 年 10 月

目　　录

$\boxed{1}$ 　绪　　论

1.1　金属塑性成形的特点

金属塑性成形是金属材料生产加工的主要方法。在一定外力作用下，不仅材料的外形尺寸、表面状态发生变化，而且其内部组织结构和性能也会发生显著的变化，进而实现金属材料的"成形成性"变化。金属塑性成形也称塑性加工或压力加工。

所谓塑性，是指金属在外力作用下能稳定地发生永久变形而不破坏其完整性的能力。

所谓塑性变形，是指当作用在物体上的外力取消后，物体的变形不能完全恢复而产生的残余变形。

图 1-1 所示为圆柱形试样进行拉伸试验时，拉力 P 与试样伸长 Δl 之间的关系。可以看出，当作用力 $P<P_e$（弹性极限载荷）时，拉力 P 与伸长 Δl 成正比，随着 Δl 的增加，拉力 P 也线性增大。在 P_e 点进行卸载，伸长沿 $\overline{eo}$ 方向减小，最后伸长消失，试样完全恢复至原来长度。材料的这种变形称为弹性变形。当作用力 $P>P_e$ 时，拉力 P 与伸长 Δl 不再成正比；当作用力 $P>P_s$（屈服极限载荷）时，如果加载到 c 点，然后进行卸载，则伸长随载荷的减小而沿 $\overline{cd}$ 方向变化（$\overline{cd}\;/\!/\;\overline{eo}$）。卸载后，试样中保留残余变形 $\overline{od}$，这种残余变形称为塑性变形。

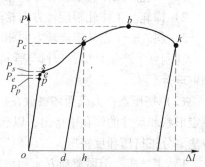

图 1-1　塑性材料试样拉伸时拉力
与伸长之间的关系

与其他加工方法（铸造、切削、焊接等）相比，金属塑性成形具有如下特点：

（1）金属材料经过塑性成形后，形状尺寸发生宏观变化，内部组织发生显著的微观变化。例如，轧制用的模铸坯或连铸坯，其内部组织疏松、多孔、晶粒粗大且存在不均匀等许多缺陷，塑性成形可使其组织改善、性能提高。

（2）金属塑性成形遵循体积不变原理，不产生切屑，不切除部分金属的体积，只有少量的工艺废料，并且流线分布合理，因此材料利用率高。

（3）随着现代控制技术、人工智能的发展，塑性成形方法得到的产品具有很高的精度，不少成形方法已达到少或无切削的要求。例如，目前现代化热连轧带钢机组厚度精度控制已达到了 $\pm0.025\mathrm{mm}$ 的精度，占到全长的 95% 的水平，$\pm0.05\mathrm{mm}$ 精度占全长超过99%；冷轧带钢厚度精度控制水平达到 $\pm(2\sim5)\,\mu\mathrm{m}$ 占全长超过98%；棒材尺寸偏差可控制到 $\pm0.1\mathrm{mm}$。

（4）生产效率高，适于大批量生产。例如，现在采用专用设备和专用加工线进行生产，厚板、薄板、大型 H 型钢、巨型管线等生产设备都在日趋专业化、大型化，生产规模越来越大。

由于金属塑性加工具有以上诸多优点，因而钢产量的 90% 以上需经过塑性加工获得成品和半成品。其产品广泛用于机械制造、交通运输、冶金建筑、海洋船舶、汽车制造、家用电器等各个领域。

1.2　金属塑性成形的分类

1.2.1　根据成形时工件的受力方式分类

根据成形时工件的受力方式，金属塑性成形可分为基本成形方式和组合成形方式。

1.2.1.1　基本塑性成形方式

基本塑性成形方式有轧制、挤压、锻造、拉拔、冲压、弯曲和剪切七大类。

（1）轧制。坯料在摩擦力作用下被拖进旋转的轧辊，在辊缝或孔型中受到压缩发生塑性变形的过程。可分为纵轧、横轧和斜轧。

1）纵轧。工作轧辊旋转方向相反，轧件的纵轴线与轧辊轴线垂直。

2）横轧。工作轧辊旋转方向相同，轧件的纵轴线与轧辊轴线平行。

3）斜轧。工作轧辊旋转方向相同，轧件的纵轴线与轧辊轴线成一定的倾斜角。

轧制可生产板带材、型材与管材、回转体（如变断面轴和齿轮等）、丝杠、麻花钻头和钢球等。

（2）挤压。把大截面坯料放在挤压筒中，在其后端施加一定的压力，迫使成型材料从一定形状和尺寸的模孔中挤出，以获得符合模孔截面形状的小截面坯料或零件的塑性成形方法。分正挤压和反挤压。

1）正挤压。金属流动方向和挤压轴运动方向一致。

2）反挤压。金属流动方向和挤压轴运动方向相反。

挤压变形过程中，坯料处于三向受压状态，具有很好的塑性，所以更适于生产各种断面的型材、棒材和管材。正挤压最主要的特点是金属与挤压筒内有相对滑动，存在很大的外摩擦，适合于生产有色金属类制品及半成品；反挤压金属流动方向和挤压轴运动方向相反，除靠近模孔附近之外，金属与挤压筒之间无相对滑动，故不存在摩擦力，适合于挤压硬质合金制品。

（3）锻造。用锻锤锤击或用压力机的压头压缩工件。分自由锻和模锻。

1）自由锻是使用自由锻设备及通用工具，直接使坯料变形获得所需的几何形状。

2）模锻是利用模具使坯料变形的锻造方法，适合于锻件批量化生产。

锻造可生产各种形状的锻件，如各种轴类、曲柄、齿轮和连杆等。

（4）拉拔。对金属施加拉力，使之通过模孔以获得一定形状和尺寸的制品，可生产各种断面的型材、线材和管材。

（5）冲压。利用压力机的冲头将板料冲入凹模中进行拉延生产薄壁空心零件的方法。冲压时板料的厚度基本不发生变化，可生产各种杯件和壳体，如汽车外壳等。

（6）弯曲。材料在弯矩作用下成型，如板带弯曲成型和金属材的矫直。

（7）剪切。材料在剪力作用下进行剪切成形，如板料的冲剪和金属的剪切等。

金属塑性成形方式和受力特点见表1-1。

表 1-1 金属成形时按工件受力和变形方式分类

加工方式	受力/组合方式	工艺名称		工序简图
基本加工方式	压力	轧制	纵轧	
			横轧	
			斜轧	
		挤压	正挤压	
			反挤压	
		锻造	镦粗	
			模锻	
		拉拔		
		冲压（深冲）		

加工方式	受力/组合方式	工艺名称	工 序 简 图
基本加工方式	弯矩	弯曲	
	剪力	剪切	
组合加工方式	锻造—轧制	锻轧（辊锻）	
	轧制—挤压	轧挤（推轧，压力穿孔）	
	拉拔—轧制	拔轧	
	轧制—弯曲	辊弯	
	轧制—剪切	搓轧（异步轧制）	

1.2.1.2　组合成形方式

为了扩大产品种类、提高成形精度与效率，常常把上述基本成形方式组合起来，形成新的组合成形过程，见表 1-1。例如，锻造和轧制组合的锻轧（辊锻）过程，可生产各种变断面零件，扩大轧制品种和提高锻造加工效率；轧制和挤压组合的轧挤（楔横轧）过程，可以批量生产各种轴类零件；纵轧压力穿孔（推轧穿孔）也是一种组合过程，可以对斜轧法难以穿孔的连铸坯（易出内裂和折叠）进行穿孔，并可使用方坯代替圆坯；拉拔和轧制组合的拔轧（辊模拉伸）过程，其轧辊不用电机驱动而靠拉拔工件带动，能生产精度较高的各种断面型材；冷轧带材时，前后张力轧制也是一种拔轧组合，可减小轧制力，提高轧制精度；轧制和弯曲组合，可以用较少的轧制道次生产热弯型材；在板带材轧制过程中，采用旋转速度不等的上下工作辊，可使轧件在承受压应力的同时，也承受剪应力的作用，形成"搓轧"（异步轧制），从而降低轧制力，可以生产高精度极薄带材。此外，对于不同状态的坯料也可以采用轧制的方法生产轧材。如对液态或半固态金属进行轧制，生产铸铁板、不锈钢和高速钢薄带、铝带和铜带等，如图 1-2 所示。

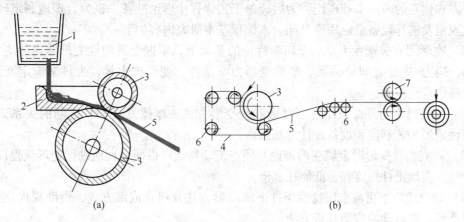

(a)　　　　　　　　　　　　(b)

图 1-2　液态铸轧过程

（a）铸铁板液态铸轧；（b）铝带液态铸轧

1—盛钢桶；2—流钢槽；3—水冷轧辊；4—冷却钢带；5—轧件；6—导辊；7—轧辊

1.2.2　按温度特征分类

按照变形时工件的温度特征，金属塑性成形可以分为热加工、冷加工和温加工。

（1）热加工。在充分（完全）再结晶温度以上所完成的加工过程。一般是在其熔点热力学温度 0.75～0.95 倍的范围内。

热加工时，为了进一步提高产品质量，常常采用控制加热温度、变形温度、变形终了温度、控制金属材料冷却速度等新工艺，以提高金属材料的力学性能。

（2）冷加工。在完全不产生回复和再结晶温度以下的加工过程。一般是在其熔点热力学温度 0.25 倍以下，基本上是在室温条件下完成加工过程。

冷加工的实质是：冷加工—退火—冷加工……成品退火等工序，可以得到表面光洁度好、尺寸精确性能高的产品。

（3）温加工。将金属加热到室温以上至再结晶开始温度以下进行的变形过程，称为温加工。

　　温加工是为了降低金属变形时的变形抗力和提高金属的塑性，从而获得外观尺寸精确和强度高、组织性能良好的产品，也有的是为了在韧性不显著降低时提高钢材的强度。

　　以上说明，各种成形方式的合理组合，再辅以适当的热处理制度，能够提高生产效率，扩大产品品种，改善产品精度和组织性能，更经济有效地使用金属材料。

1.3　金属塑性成形与轧制原理的研究内容

　　塑性成形的特点是利用金属的塑性，在外力作用下，使金属外部形状发生改变，同时内部微观组织和性能得到改善。外力、变形抗力和外摩擦力，以及他们之间的关系属于力学的范畴；而金属的塑性、组织性能与工艺参数的关系属于金属学的范畴。这两者之间有着共同的基础和规律，且互相渗透、互相影响。金属塑性成形是研究金属在塑性加工中应遵循的基础和规律的一门学科，轧制作为主要塑性加工方式之一，轧制理论是针对轧制塑性变形方式建立的一门基础理论，为后续的工艺课程作理论准备，也为合理地制定轧制成形工艺规范及选择设备奠定理论基础。本课程基本研究内容如下：

　　（1）在学习有关塑性力学、金属学理论的基础上，掌握金属塑性变形体内的应力场、应变场、应力-应变之间的关系、塑性变形力学条件、变形抗力等，为科学确定变形力、变形功提供理论基础。

　　（2）研究外力与外部条件（工具形状、变形方式、摩擦方式等）之间的关系，此外力是塑性成形工艺制定和设备设计的基础。

　　（3）研究塑性变形时金属变形理论及质点流动特点，以便合理地进行变形规程设计和模具设计，实现工件短流程、低能耗成形。

　　（4）研究适应于更高金属特性条件下的成形方式及组合成形方式，借助现代化手段，研究更严密、更科学的数学解析方法。

2 应 力 分 析

【学习要点】

（1）一点的应力张量：

$$\boldsymbol{\sigma}_{xy} = \begin{pmatrix} \sigma_x & \tau_{yx} & \tau_{zx} \\ \tau_{xy} & \sigma_y & \tau_{zy} \\ \tau_{xz} & \tau_{yz} & \sigma_z \end{pmatrix}$$

（2）斜面上的应力：

$$S_x = \sigma_x l + \tau_{yx} m + \tau_{zx} n$$
$$S_y = \tau_{xy} l + \sigma_y m + \tau_{zy} n$$
$$S_z = \tau_{xz} l + \tau_{yz} m + \sigma_z n$$

（3）主应力、主剪应力的概念及其求解方法。

（4）主应力图示。

（5）应力张量及张量不变量概念，应力张量的分解。

金属在外力作用下发生弹性变形，当所施加的外力大于材料的屈服极限载荷时，金属由弹性状态进入塑性状态，研究金属在塑性状态下的力学行为称为塑性理论或塑性力学，它是连续介质力学的一个分支。在研究塑性力学行为时，通常采用以下基本假设：

（1）连续性假设。变形体内均由连续介质组成，即整个变形体内不存在任何空隙。这样，应力、应变、位移等物理量都是连续变化的，可表示为坐标的连续函数。

（2）均匀性假设。变形体内各质点的组织、化学成分都是均匀而且是相同的，即各质点的物理性能均相同，且不随坐标的改变而变化。

（3）各向同性假设。变形体内各质点在各方向上的物理性能、力学性能均相同，也不随坐标的改变而变化。

（4）初应力为零。物体在受外力之前是处于自然平衡状态，即物体变形时内部所产生的应力仅是由外力引起的。

（5）体积力为零。体积力（重力、磁力、惯性力等）与面力相比十分微小，可忽略不计。

（6）体积不变假设。塑性变形前后，物体的体积不变。

以上就是塑性变形的力学基础，也是本章所要学习的主要内容。这些内容为研究塑性成形力学问题提供基础理论。

2.1 内力和应力

应力分析的目的在于求变形体内的应力分布，即求变形体内各点的应力状态及其随坐标位置的变化，这是正确分析工件塑性加工有关问题的重要基础。

一个物体受到外力作用，其内部质点在各个方向上都受到应力的作用，因此不能以某一方向的应力来说明其受力状况，需要引入一个能够完整地表达出质点受力情况的物理量——应力张量。

2.1.1 外力和内力

所谓外力，是由外界施加于变形体的力。在一定条件下，要使物体变形，必须施加一定的力，作用于物体上的力有两种类型：体积力（质量力）和表面力（外力）。

（1）体积力——指作用于变形体的每一个质点上的力，如重力、磁力、惯性力等。在变形过程中，由于金属质点的流动速度发生变化，会产生惯性力。体积力与质量的大小成正比，体积力与表面力相比，体积力通常很小，在求解塑性问题时，通常不考虑体积力的大小。

（2）表面力——指作用于物体表面上的外力。在金属压力加工中，表面力是由变形工具对变形体的作用而产生的，一般为分布载荷。作用在工具和工件之间接触表面上的分布载荷，可以分为垂直接触表面的正压力和切于接触表面的摩擦力。

正压力——沿工具和工件接触面的法线方向并阻碍工件整体移动或金属流动的力，其方向垂直于接触面，并指向工件。

摩擦力——沿工具和工件接触面的切线方向并阻碍金属流动的力，其方向和接触面平行，并且与金属质点流动方向或流动趋势相反。

图 2-1 所示为镦粗和轧制时的外力图。锤头镦粗作用于工件的正压力 P 和摩擦力 T 如图 2-1（a）所示，平锤头下镦粗时，圆柱体试件在上下锤头力的作用下，高度减小，断面扩大，锤头力 P 使柱体产生有效变形；摩擦力 T 妨碍柱体断面的扩大，属于无效力。轧辊作用于工件的正压力 P 和摩擦力 T 如图 2-1（b）所示，变形体在上下轧辊压力 P 作用下，高度减小，长度变长；轧辊与工件接触表面之间也存在摩擦力，其作用是将轧件咬入辊缝以实现轧制过程，属于有效力。材料成形时的作用力可以实测或用理论计算得

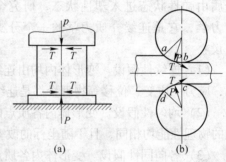

图 2-1　镦粗和轧制时的外力图

到，可用这个力验算设备零件强度和设备功率。

变形体受到外力作用，其内部会产生相应的内力。内力是变形体一部分和另一部分之间相互作用产生的力。设想用一个截面将在外力作用下处于平衡状态的物体截开，两部分之间的内力就变成相互之间作用的外力，并使截掉的两部分仍然处于平衡状态。变形体内的内力不仅具有与外力相平衡的性质，也使变形体内部各部分之间保持平衡。在一定假设条件下，直接利用内力和外力的平衡条件求出切面上的内力分布的方法叫做切面法。这种

现象可以在轧钢生产中观察到。例如，将一块有严重内应力而表面平整的钢板纵向切开，则钢板会产生明显的侧弯。这是由于在切口处内力消失，钢板失去平衡的结果。温度分布不均匀，变形体也会产生内力，甚至导致其变形和开裂。在本节中，主要研究与金属塑性流动有关的内力。

2.1.2 应力

内力是连续分布的，用切面法确定的内力是这种分布内力的合力。为了描述内力的分布情况，需要引入应力的概念。内力的强度称为应力。当物体内部出现应力时，称物体处于应力状态之中。

现考虑一物体，它在外力系 P_1，P_2，P_3，$\cdots$，P_8 作用下处于平衡状态，如图 2-2 所示。设物体内有任意一点 Q，过 Q 作一法线为 N 的平面 A，将物体切开而移去上半部。这时 A 面即可看成是下半部的外表面，A 面上作用的内力应该与下半部其余的外力保持平衡。这样，内力的问题就可以当成外力来处理。在 A 面上围绕 Q 点取一很小的微面积 ΔF，设该面积上内力的合力为 ΔP，则定义 S 为：

$$S = \lim_{\Delta F \to 0} \frac{\Delta P}{\Delta F} = \frac{\mathrm{d}P}{\mathrm{d}F}$$

S 为 A 面上 Q 点的全应力。全应力 S 可以分解成两个分量，一个垂直于 A 面，叫做正应力，一般用 σ 表示；另一个平行于 A 面，叫做剪应力，用 τ 表示。这时，面积 $\mathrm{d}F$ 可叫做 Q 点在 N 方向的微分面，S、σ 及 τ 则分别称为 Q 点在 N 方向微分面上的全应力、正应力及剪应力。

任意截面上的应力分量通常可按两种方式分解：

一是按坐标轴方向分解。如图 2-3（a）所示，N 表示应力矢量 S_n 作用面的外法线方向，S_{nx}、S_{ny}、S_{nz} 表示应力矢量 S_n 在坐标轴 x、y、z 上的分量，于是

$$S_n^2 = S_{nx}^2 + S_{ny}^2 + S_{nz}^2 \tag{2-1}$$

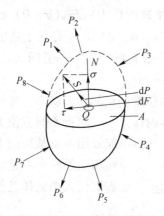

图 2-2 面力、内力和应力

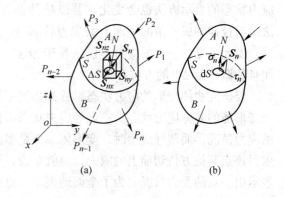

(a)   (b)

图 2-3 应力分解

二是按法线和切线方向分解，如图 2-3（b）所示，S_n 在法线 N 上的分量用 σ_n 表示，称为给定截面 n 上的法向应力（或正应力）；S_n 在切线方向上的分量用 τ_n 表示，称为给定截面 n 上的切向应力（或剪应力），显然

$$S_n^2 = \sigma_n^2 + \tau_n^2 \tag{2-2}$$

根据定义，应力量纲为［力］/［面积］。

2.2　应力状态和应力图示

2.2.1　一点的应力状态

如图 2-4（a）所示，设均匀圆杆的一端固定，另一端受拉力 P 的作用，圆杆的截面积为 F，则 F 的单元面积上的拉应力为 $\frac{P}{F}$。如图 2-4（b）所示，若垂直拉力轴向断面上的应力不变，该断面上的法线应力 $\sigma = \frac{P}{F}$。如图 2-4（c）所示，若所取截面的法线与拉力轴向成 θ 角，则拉力作用在该面上出现的力为 S'，并且

$$S' = \frac{P}{F/\cos\theta} = \frac{P\cos\theta}{F} \tag{2-3}$$

如图 2-4（d）所示，若将 S' 分解为垂直该面的法线分量 σ_θ 及作用该面上的切线分量 τ_θ，则它们分别为

$$\sigma_\theta = \frac{P\cos^2\theta}{F} = \sigma\cos^2\theta \tag{2-4}$$

$$\tau_\theta = \frac{P\cos\theta\sin\theta}{F} = \sigma\cos\theta\sin\theta \tag{2-5}$$

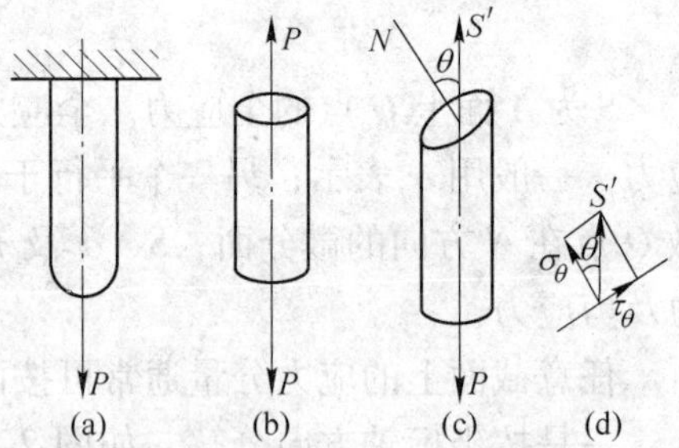

图 2-4　简单拉伸下不同表面的应力图

式中　　σ_θ——θ 面的法线应力（正应力）；

τ_θ——θ 面的切线应力（剪应力，切应力）。

由上述两种情况可以看出，即使物体的力学状态相同，若所考查面的位置发生变化，应力状态的表示方法也会变化。若以拉伸轴为法线的平面的应力状态（σ，0）已知，则法线与拉伸轴成 θ 角的平面上的应力状态（σ_θ，τ_θ）与（σ，0）之间存在上述公式的关系。由此可见，一点的应力不仅依赖于 Q 点（ΔF 的中心）的位置——坐标（x，y，z），而且和微分面 ΔF 的方位有关。

要研究物体变形的应力状态，首先必须了解物体内任意一点的应力状态，才可推断整个变形体的整体应力状态。一点的应力状态，是指物体内任意一点附近不同方位上所承受的应力情况，而塑性成型时，变形体一般是多向受力，显然不能只用一点某切面上的应力求得该点其他方位切面上的应力，也就是说，仅仅用某一方位切面上的应力不足以全面地表示出一点的受力状况。为了全面地表示一点的受力情况，就需要引入单元体及点的应力状态的概念。

2.2.2　应力图示

假设直角坐标系中有一承受任意力的物体处于静力平衡状态，其内部任意质点产生相应的应力。围绕物体内任一点取微小的六面体单元，该六面体的所有面分别平行于 3 个坐

标平面，取六面体中 3 个相互垂直的表面作为微分面，若此 3 个微分面上的应力已知，则根据空间物体的静力平衡条件，该单元体任意方向上的应力都可确定，即在直角坐标系中可以用 3 个相互垂直微分面上的应力来完整描述该质点的应力状态。

在变形区内某点附近取一无限小的单元六面体，在其每个界面上都作用着一个全应力。设单元体很小，可视为一点，故对称面上的应力是相等的，根据上述所说只需在 3 个可见的面上画出全应力，如图 2-5（a）所示。将全应力按取定坐标轴向进行分解（注意，这里单元体的六个边界面均为与对应的坐标面平行），每个全应力分解为一个法向应力（正应力）和两个切向应力，此即为应力状态图描述法，如图 2-5（b）所示。

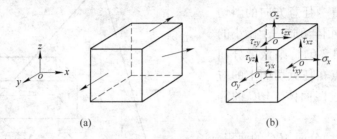

图 2-5　单元六面体应力图

也可用下列应力状态张量来描述：

$$\sigma_{xy} = \begin{pmatrix} \sigma_x & \tau_{xy} & \tau_{xz} \\ \tau_{yx} & \sigma_y & \tau_{yz} \\ \tau_{zx} & \tau_{zy} & \sigma_z \end{pmatrix} \tag{2-6}$$

上述两种表示方法，分别为应力状态图与应力状态张量，它们都表示了沿相应坐标轴的方向上有无应力分量及应力方向的图形概念。也即确定了一点处的 9 个应力分量，也就确定了该点的应力状态。

对其中的应力分量，做如下规定：

$$\begin{array}{lll} \sigma_{xx} & \tau_{xy} & \tau_{xz} \\ \tau_{yx} & \sigma_{yy} & \tau_{yz} \\ \tau_{zx} & \tau_{zy} & \sigma_{zz} \end{array}$$

σ_{xx}　τ_{xy}　τ_{xz}—作用在 x 面上
τ_{yx}　σ_{yy}　τ_{yz}—作用在 y 面上
τ_{zx}　τ_{zy}　σ_{zz}—作用在 z 面上
　　　　　　　　　└——作用方向为 z
　　　　　└————作用方向为 y
　└—————作用方向为 x

应力分量中，第一个下标表示力作用面的法线方向，第二个下标表示力的方向。正应力只用一个下标表示，如 $\sigma_x = \sigma_{xx}$。

拉应力为正，压应力为负，与坐标轴的正负无关。

若拉应力与坐标轴的正向一致，则指向正轴的剪应力方向为正；反之，为负。

若拉应力与坐标轴的负向一致，对剪应力而言，则指向正轴的剪应力方向为负；反之，为正。

由于单元体处于静力平衡状态，故绕单元体各轴的合力矩必须等于零，由此可以导出剪应力互等定理，即 $\tau_{xy} = \tau_{yx}$，$\tau_{yz} = \tau_{zy}$，$\tau_{zx} = \tau_{xz}$。

2.3　斜面上的应力及应力边界条件

现假定，已知物体内任意一点的 6 个应力分量 σ_x、υ_y、σ_z、$\tau_{xy} = \tau_{yx}$、$\tau_{yz} = \tau_{zy}$、$\tau_{xz} = \tau_{zx}$ 可以证明，过此点所作的任意斜切面上的应力，皆可通过这 6 个应力分量求出。也就是说，当已知一点上述 6 个应力分量时，该点的应力状态即可完全确定。

取质点 P（单元体）与坐标系 xyz 中的原点 o 重合，单元体的 6 个应力分量已知。现有一任意方向的斜切微分面 ABC 把单元体切成一个微小的四面体 $PABC$（图 2-6），则该微分面上的应力就是质点在任意切面上的应力，它们可以通过四面体 $PABC$ 的静力平衡求得。

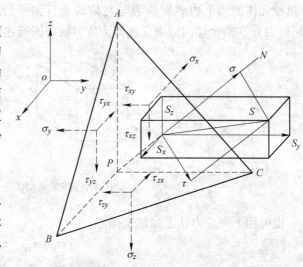

图 2-6　斜切微分面上的应力

设以 dF 表示微分面 ABC 的面积，则四面体上其余 3 个微分面 PAC、PAB、PBC 将分别为 dF 面在 3 个坐标面上的投影，即表示为 dF_x、dF_y、dF_z。以 N 表示 ABC 微分面的外法线，N 的方向余弦为 l、m、n。令 $l = \cos(x, N)$、$m = \cos(y, N)$、$n = \cos(z, N)$，则 3 个微分面的面积分别是：

$$\mathrm{d}F_x = l\mathrm{d}F, \ \mathrm{d}F_y = m\mathrm{d}F, \ \mathrm{d}F_z = n\mathrm{d}F$$

设 S 为微分面 ABC 上的全应力，它的 3 个坐标方向的应力分量为 S_x、S_y 及 S_z。由静力平衡方程式 $\sum x = 0$，$\sum y = 0$，$\sum z = 0$，将有：

在 x 方向 　　　　$S_x\mathrm{d}F - \sigma_x l\mathrm{d}F - \tau_{yx} m\mathrm{d}F - \tau_{zx} n\mathrm{d}F = 0$

在 y 方向 　　　　$S_y\mathrm{d}F - \tau_{xy} l\mathrm{d}F - \sigma_y m\mathrm{d}F - \tau_{zy} n\mathrm{d}F = 0$ 　　　　(2-7)

在 z 方向 　　　　$S_z\mathrm{d}F - \tau_{xz} l\mathrm{d}F - \tau_{yz} m\mathrm{d}F - \sigma_z n\mathrm{d}F = 0$

整理后得：
$$\begin{aligned} S_x &= \sigma_x l + \tau_{yx} m + \tau_{zx} n \\ S_y &= \tau_{xy} l + \sigma_y m + \tau_{zy} n \\ S_z &= \tau_{xz} l + \tau_{yz} m + \sigma_z n \end{aligned} \qquad (2\text{-}8)$$

作用在斜面上的合力为：
$$S^2 = S_x^2 + S_y^2 + S_z^2 \qquad (2\text{-}9)$$

设斜面 ABC 的面积为 1，故 S 就是此斜切面上的全应力。

全应力 S 向斜面 ABC 法线 N 上的投影，就是该面上的正应力 σ，也等于全应力 S 的各分量 S_x、S_y、S_z 分别向 N 方向的投影之和：

$$\sigma = S_x l + S_y m + S_z n \qquad (2\text{-}10)$$

把式（2-8）代入式（2-10），整理后得：

$$\sigma = \sigma_x l^2 + \sigma_y m^2 + \sigma_z n^2 + 2(\tau_{xy} lm + \tau_{yz} mn + \tau_{zx} nl)$$

斜面上的剪应力 τ 为：

$$S^2 = \sigma^2 + \tau^2, \quad \tau = \sqrt{S^2 - \sigma^2} \tag{2-11}$$

由此可见，如果变形体内任意质点在 3 个相互垂直切面上的各应力分量已知，便可以确定过该点任意方向切面上的应力。

如果质点处在物体的边界上，斜切面恰为物体的外表面，那么该面上作用的就是外力 P，它们在各坐标轴上的分量分别为 P_x、P_y、P_z。这时式（2-8）所表示的平衡关系仍应满足，则：

$$\left. \begin{array}{l} P_x = \sigma_x l + \tau_{yx} m + \tau_{zx} n \\ P_y = \tau_{xy} l + \sigma_y m + \tau_{zy} n \\ P_z = \tau_{xz} l + \tau_{yz} m + \sigma_z n \end{array} \right\} \tag{2-12}$$

式中，l、m、n 分别表示过外表面上任意质点切面的法线与坐标轴夹角的余弦。

2.4 主应力与应力常量

2.4.1 主应力及应力张量的不变量

如果一点的 6 个应力分量已知，那么过该点任意斜切面的正应力和切应力都是该切面外法线方向余弦的函数。根据张量理论，二阶对称张量有 3 个相互垂直的主轴方向存在，可以证明过一点的所有切面中，都存在着这样 3 个相互垂直的特殊微分面，在这些微分面上剪应力为零。这些没有剪应力的微分面成为过该点的主平面，面上作用的正应力称为主应力，主平面的法线方向称为该点应力主方向或应力主轴。对应于任一点的应力状态，一定存在相互垂直的 3 个主方向、3 个主平面和 3 个主应力。若选 3 个相互垂直的主方向作为坐标轴，那么问题就可大为简化。

对称张量的 3 个主轴方向，通常用数字 1、2、3 表示，3 个主应力分别用符号 σ_1、σ_2、σ_3 表示。

3 个主应力和 3 个相互垂直的主方向都可以由任意坐标系的应力分量求得。设某点 6 个应力分量已知，如图 2-7 所示，假定斜面的外法线方向 N 为任一主方向，关于坐标轴的方向余弦数值用 l、m、n 表示。斜面上的应力则为任一主应力，用 σ_i 表示。故，对于方程式（2-8）的左侧各项有：

$$S_{xn} = \sigma_i l, \quad S_{yn} = \sigma_i m, \quad \sigma_{zn} = \sigma_i n$$

将该关系式代入到方程（2-8）中，可得：

$$\left. \begin{array}{l} (\sigma_x - \sigma_i) l + \tau_{yx} m + \tau_{zx} n = 0 \\ \tau_{xy} l + (\sigma_y - \sigma_i) m + \tau_{zy} n = 0 \\ \tau_{xz} l + \tau_{yz} m + (\sigma_z - \sigma_i) n = 0 \end{array} \right\} \tag{2-13}$$

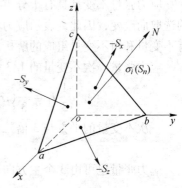

图 2-7　斜面为主平面的
四面体上的应力

方程式（2-13）是关于 3 个方向余弦的齐次线性方程组。利用该方程组和关系式：

$$l^2 + m^2 + n^2 = 1 \tag{2-14}$$

可以确定 4 个未知数：l、m、n 及 σ_i。根据关系式（2-14），3 个方向余弦数值不可能同时为零。根据线性代数，齐次线性方程组有非零解的条件是其系数行列式等于零，即

$$\begin{vmatrix} \sigma_x - \sigma_i & \tau_{yx} & \tau_{zx} \\ \tau_{xy} & \sigma_y - \sigma_i & \tau_{zy} \\ \tau_{xz} & \tau_{yz} & \sigma_z - \sigma_i \end{vmatrix} = 0 \qquad (2\text{-}15\mathrm{a})$$

将行列式展开得：

$$-\sigma_i^3 + J_1 \sigma_i^2 + J_2 \sigma_i + J_3 = 0 \qquad (2\text{-}15\mathrm{b})$$

式中

$$\left. \begin{aligned} J_1 &= \sigma_x + \sigma_y + \sigma_z \\ J_2 &= -(\sigma_x\sigma_y + \sigma_y\sigma_z + \sigma_z\sigma_x) + \tau_{xy}^2 + \tau_{yz}^2 + \tau_{zx}^2 \\ J_3 &= \sigma_x\sigma_y\sigma_z + 2\tau_{xy}\tau_{yz}\tau_{zx} - \sigma_x\tau_{yz}^2 - \sigma_y\tau_{zx}^2 - \sigma_z\tau_{xy}^2 \end{aligned} \right\} \qquad (2\text{-}16)$$

三次方程式（2-15b）称为应力状态特征方程式。对其求解，可得 3 个实根——3 个主应力值 σ_1、σ_2 及 σ_3。

将所求得的主应力值代入方程组（2-13），应用其中的两个方程式即可求出相应主轴的 3 个方向余弦的比值。再利用关系式（2-14）即可求出方向余弦的数值。

在导出应力状态特征方程式（2-15b）时，坐标系 $oxyz$ 的选取是任意的。而主应力值对于任一给定的应力状态是一定的。因此，对于任一给定的应力状态，不管所选取的坐标方向如何，方程式（2-16）的系数 J_1、J_2 及 J_3 将具有相同的数值，即当坐标轴转动时这些系数保持不变。因此，这些系数被称为应力状态张量的不变量，J_1 称为应力状态张量的一次不变量；J_2 称为二次不变量；J_3 称为三次不变量。应力张量的这 3 个不变量，亦可由主应力给出：

$$\left. \begin{aligned} J_1 &= \sigma_1 + \sigma_2 + \sigma_3 \\ J_2 &= -(\sigma_1\sigma_2 + \sigma_2\sigma_3 + \sigma_3\sigma_1) \\ J_3 &= \sigma_1\sigma_2\sigma_3 \end{aligned} \right\} \qquad (2\text{-}17)$$

应力张量不变量具有十分重要的意义。因为一点的应力状态是客观存在，不随坐标系的选取而改变，因此，表示应力状态强度特性的量，也不应和坐标系的选取有关。所以只有不变量和由不变量组成的解析式才能反映应力状态的强度特性。

应力张量一次不变量的 1/3 等于平均应力，平均应力和体积的弹性改变成正比。

$$\frac{1}{3}J_1 = \frac{1}{3}(\sigma_x + \sigma_y + \sigma_z) = \frac{1}{3}(\sigma_1 + \sigma_2 + \sigma_3) = \sigma \qquad (2\text{-}18)$$

一次不变量的平方与 3 倍二次不变量之和同单位弹性形状改变势能成正比。

$$J_1^2 + 3J_2$$

应力张量也可由 3 个主方向及相应的 3 个主应力值给出：

$$T_\sigma = \begin{Bmatrix} \sigma_1 & 0 & 0 \\ \bullet & \sigma_2 & 0 \\ \bullet & \bullet & \sigma_3 \end{Bmatrix} \qquad (2\text{-}19)$$

已知主方向和主应力的大小，同样可确定任一斜面上的应力。这时方程式（2-8）变为：

$$\left.\begin{array}{l} S_{1n} = \sigma_1 l \\ S_{2n} = \sigma_2 m \\ S_{3n} = \sigma_3 n \end{array}\right\} \tag{2-20}$$

式中 l，m，n——斜面外法线 N 相对主轴的方向余弦数值。

斜面上的全应力：

$$S_n^2 = S_{1n}^2 + S_{2n}^2 + S_{3n}^2 = \sigma_1^2 l^2 + \sigma_2^2 m^2 + \sigma_3^2 n^2 \tag{2-21}$$

2.4.2 应力状态的几何图示

为了对点在不同斜面上的应力有一个清晰的概念，有必要研究一点应力状态的几何图示——主应力图、应力椭球和应力摩尔图。

2.4.2.1 主应力图

用主应力表示一点的应力状态图示称为主应力图示，如图 2-8 所示。按主应力存在的情况和主应力的方向，主应力图示共有 9 种：4 种体应力图示，3 种平面应力图示，2 种线应力图示。主应力图示便于直观定性地说明变形体内某点处的应力状态。例如变形区内绝大部分属于某种主应力图示，则这种主应力图示就表示该塑性成型过程的应力状态。

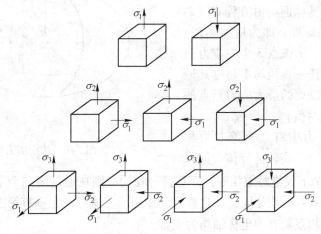

图 2-8　主应力图示

金属成型中，变形体内的主应力图示与工件和工具的形状、接触摩擦、残余应力等因素有关，而且这些因素往往是同时起作用。所以在变形体内同时存在多种应力状态图示是常有的。主应力图示还常随变形的进程发生转变。例如，在单向拉伸过程中，均匀拉伸阶段是单向拉应力图示，而出现细颈后，细颈部位就变成了三向拉伸的主应力图示。从主应力图示可定性看出材料成型过程中单位变形力的大小和塑性的高低。

实践证明，同号应力状态图示比异号应力状态图示的单位变形力大。

实践表明，低塑性金属或合金，用挤压方式成型比其他塑性成型方式更易于成型而不破裂，这是因为很强的压应力可以抵消局部区域附加拉应力的有害影响，也可以使工件内部的某些裂纹得以焊合的缘故。

2.4.2.2　应力椭球

假定应力主轴和主应力已知，根据方程式（2-20）斜面上的全应力在主轴上的投影为：

$$S_{1n} = \sigma_1 l, \quad S_{2n} = \sigma_2 m, \quad S_{3n} = \sigma_3 n$$

从所研究点 o 引一矢量 $\overrightarrow{oP}$，使其等于斜面上的全应力 S_n。因此，矢量端点 P 的坐标 (x, y, z) 等于全应力在坐标轴上的投影，即

$$x = S_{1n}, \quad y = S_{2n}, \quad z = S_{3n}$$

将上述等式代入到方程式（2-20）中去，可得：

$$x = \sigma_1 l, \quad y = \sigma_2 m, \quad z = \sigma_3 n$$

由此求得：

$$\frac{x^2}{\sigma_1^2} + \frac{y^2}{\sigma_2^2} + \frac{z^2}{\sigma_3^2} = l^2 + m^2 + n^2 = 1 \tag{2-22}$$

对于给定的应力状态，主应力 σ_1、σ_2 及 σ_3 是定值，因此方程式（2-22）是一关于主轴的椭球方程，如图 2-9 所示。这表明，当斜面绕 o 点转动时，全应力矢量端点的轨迹为一椭球面。由方程式（2-22）确定的这一椭球面，即为应力椭球。它的 3 个主半轴，表示该点 3 个主应力的大小。由于椭球的任一直径均不超过其最大主轴的长度，所以点的最大应力是点的最大主应力（按绝对值）。

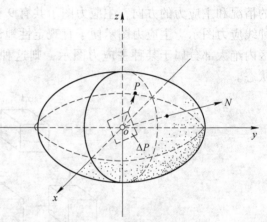

图 2-9　拉梅应力椭球

如果 3 个主应力中有 2 个绝对值相等，则应力椭球将变为旋转椭球体。如果 3 个主应力中有 2 个不仅绝对值相等，而且符号相同，则在通过第三个主方向的所有平面上，应力的绝对值及符号均相同，并且垂直于作用面。这时，在垂直第三个主方向的坐标平面上，任意两个相互垂直的坐标轴均为主轴。

如果所有的 3 个主应力的绝对值及符号均相同，椭球将变为球，空间内的任意 3 个相互垂直的坐标轴均为主轴。在所有的斜面上都只作用有法应力，并且应力的大小和符号都相同。换句话说，点处于各向均匀拉伸或各向均匀压缩应力状态。此时应力张量可表示为：

$$\boldsymbol{T}_\sigma = \begin{Bmatrix} \sigma & 0 & 0 \\ 0 & \sigma & 0 \\ 0 & 0 & \sigma \end{Bmatrix} \tag{2-23}$$

这样的应力张量称为应力球张量。

如果有一个主应力为零，则椭球变为椭圆，此时为平面应力状态。

2.4.2.3　应力摩尔图及主剪应力

一点的应力状态存在着剪应力的极值，称为主剪应力。通过应力摩尔图可确定点在各不同平面上的应力值，由此可以得到主剪应力。对于三向应力状态，可作应力莫尔圆，圆

上的任何一点的横坐标与纵坐标值代表某一斜微分面上的正应力 σ 与剪应力 τ 的大小，如图 2-10 所示。

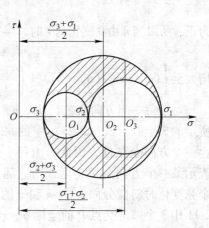

图 2-10　三向应力莫尔圆

已知受力物体内某点的 3 个主应力 σ_1、σ_2、σ_3，且 $\sigma_1 > \sigma_2 > \sigma_3$。以应力主轴为坐标轴，作一斜微分面，其方向余弦为 l、m、n，则有如下 3 个方程：

$$\left. \begin{aligned} \sigma &= \sigma_1 l^2 + \sigma_2 m^2 + \sigma_3 n^2 \\ \tau^2 &= \sigma_1^2 l^2 + \sigma_2^2 m^2 + \sigma_3^2 n^2 - (\sigma_1 l^2 + \sigma_2 m^2 + \sigma_3 n^2)^2 \\ l^2 &+ m^2 + n^2 = 1 \end{aligned} \right\}$$

$$(2\text{-}24a)$$

式中　σ，τ——所做斜微分面上的正应力、剪应力。

对上述方程组关于方向余弦 l^2、m^2、n^2 联立求解，得：

$$\left. \begin{aligned} l^2 &= \frac{(\sigma - \sigma_2)(\sigma - \sigma_3) + \tau^2}{(\sigma_1 - \sigma_2)(\sigma_1 - \sigma_3)} \\ m^2 &= \frac{(\sigma - \sigma_1)(\sigma - \sigma_3) + \tau^2}{(\sigma_2 - \sigma_1)(\sigma_2 - \sigma_3)} \\ n^2 &= \frac{(\sigma - \sigma_1)(\sigma - \sigma_2) + \tau^2}{(\sigma_3 - \sigma_1)(\sigma_3 - \sigma_2)} \end{aligned} \right\}$$

$$(2\text{-}24b)$$

变换后，将具有如下形式：

$$\left(\sigma - \frac{\sigma_2 + \sigma_3}{2}\right)^2 + \tau^2 = l^2 (\sigma_1 - \sigma_2)(\sigma_1 - \sigma_3) + \left(\frac{\sigma_2 - \sigma_3}{2}\right)^2 \qquad (2\text{-}25a)$$

$$\left(\sigma - \frac{\sigma_1 + \sigma_3}{2}\right)^2 + \tau^2 = m^2 (\sigma_2 - \sigma_1)(\sigma_2 - \sigma_3) + \left(\frac{\sigma_3 - \sigma_1}{2}\right)^2 \qquad (2\text{-}25b)$$

$$\left(\sigma - \frac{\sigma_1 + \sigma_2}{2}\right)^2 + \tau^2 = n^2 (\sigma_3 - \sigma_1)(\sigma_3 - \sigma_2) + \left(\frac{\sigma_1 - \sigma_2}{2}\right)^2 \qquad (2\text{-}25c)$$

取 σ 为横坐标轴、τ 为纵坐标轴，上述方程组中的每一方程式均表示一族同心圆，各族同心圆的圆心均位于横轴上，而圆心到坐标原点的距离分别为：

$$\frac{\sigma_2 + \sigma_3}{2}, \quad \frac{\sigma_3 + \sigma_1}{2}, \quad \frac{\sigma_1 + \sigma_2}{2}$$

当方程式中的对应的方向余弦数值由 0 变为 1 时，圆的半径将相应发生改变。假定 $\sigma_1 > \sigma_2 > \sigma_3$，对于方程式 (2-25a)，由于 $(\sigma_1 - \sigma_2)(\sigma_1 - \sigma_3)$ 为正，所以当 l 由 0 变化到 1 时，半径将由 $\frac{\sigma_2 - \sigma_3}{2}$ 增大至 $\left[(\sigma_1 - \sigma_2)(\sigma_1 - \sigma_3) + \left(\frac{\sigma_2 - \sigma_3}{2}\right)^2\right]^{\frac{1}{2}}$。对于方程式 (2-25b)，由于 $(\sigma_2 - \sigma_1)(\sigma_2 - \sigma_3)$ 为负，所以当 m 由 0 变化到 1 时，半径将由 $\frac{\sigma_3 - \sigma_1}{2}$ 减小至 $\left[(\sigma_2 - \sigma_1)(\sigma_2 - \sigma_3) + \left(\frac{\sigma_3 - \sigma_1}{2}\right)^2\right]^{\frac{1}{2}}$。对于方程式 (2-25c)，由于 $(\sigma_3 - \sigma_1)(\sigma_3 - \sigma_2)$

为正，所以当 n 由 0 变化到 1 时，半径将由 $\dfrac{\sigma_1 - \sigma_2}{2}$

增大至 $\left[(\sigma_3 - \sigma_1)(\sigma_3 - \sigma_2) + \left(\dfrac{\sigma_1 - \sigma_2}{2} \right)^2 \right]^{\frac{1}{2}}$ 。

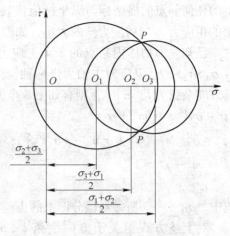

对于每一组方向余弦 l、m、n，都将有图 2-11 所示的 3 个圆。式（2-25）中的每一个式子只包含一个方向余弦值，因此，由每个式子所得的圆表示某一个方向余弦为定值时，随其他 2 个方向余弦变化时斜微分面上的 σ 和 τ 的变化规律。图 2-11 中 3 个圆的交点 P 的坐标 σ、τ 表示方向余弦为 l、m、n 这个确定的斜微分面上的正应力和切应力。

图 2-11　l、m、n 分别为定值时斜微分面上的 σ、τ 的变化规律

若式（2-25）中 3 个方向余弦 l、m、n 分别为 0，则可得到下列 3 个圆的方程：

$$\left.
\begin{aligned}
\left(\sigma - \frac{\sigma_2 + \sigma_3}{2} \right)^2 + \tau^2 &= \left(\frac{\sigma_2 - \sigma_3}{2} \right)^2 = \tau_{23}^2 \\
\left(\sigma - \frac{\sigma_3 + \sigma_1}{2} \right)^2 + \tau^2 &= \left(\frac{\sigma_3 - \sigma_1}{2} \right)^2 = \tau_{31}^2 \\
\left(\sigma - \frac{\sigma_1 + \sigma_2}{2} \right)^2 + \tau^2 &= \left(\frac{\sigma_1 - \sigma_2}{2} \right)^2 = \tau_{12}^2
\end{aligned}
\right\}
\tag{2-26}$$

由式（2-26）画得的 3 个圆称为三向应力莫尔圆，如图 2-10 所示。它们的圆心位置与式（2-25）表示的 3 个圆相同，半径分别等于 3 个主剪应力。图 2-10 中 O_1 圆表示 $l = 0$，$m^2 + n^2 = 1$ 时，即外法线 N 与 σ_1 主轴垂直的微分面在 σ_2-σ_3 坐标平面上旋转时，其 σ 和 τ 的变化规律。O_2 圆、O_3 圆也可同样理解。

当 $\sigma_1 \geqslant \sigma_2 \geqslant \sigma_3$ 时，比较式（2-25）和式（2-26），可得两组圆的半径之间的关系：

$$\left.
\begin{aligned}
R_1' &= \sqrt{ l^2 (\sigma_1 - \sigma_2)(\sigma_1 - \sigma_3) + \left(\frac{\sigma_2 - \sigma_3}{2} \right)^2 } \geqslant R_1 = \tau_{23} \\
R_2' &= \sqrt{ m^2 (\sigma_2 - \sigma_3)(\sigma_2 - \sigma_1) + \left(\frac{\sigma_3 - \sigma_1}{2} \right)^2 } \leqslant R_2 = \tau_{31} \\
R_3' &= \sqrt{ n^2 (\sigma_3 - \sigma_1)(\sigma_3 - \sigma_2) + \left(\frac{\sigma_1 - \sigma_2}{2} \right)^2 } \geqslant R_3 = \tau_{12}
\end{aligned}
\right\}
\tag{2-27}$$

式（2-27）说明由式（2-25）画得 3 个圆的交点 P 一定落在由式（2-26）画得的 O_1、O_3 圆以外和 O_2 圆以内的影线部分（包括圆周上）。因此，在应力图上决定各斜面的应力值的各点必位于主应力圆围成的曲线三角形上。从三向应力莫尔圆上可看出一点的最大剪应力、主剪应力和主应力。同时要说明，应力莫尔圆上平面之间的夹角是

实际物理平面之间夹角的 2 倍。如图 2-12 所示，N_1、N_2、N_3 分别和 M_1、M_2、M_3 位置相对应。

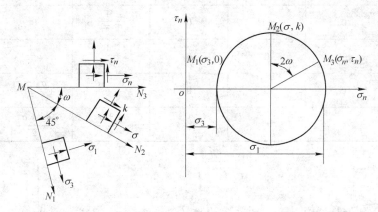

图 2-12　微分面方位改变时表示应力的点在应力圆上位置的变化

由应力图可以看出，当斜面分别通过 3 个主轴，又以 3 个主轴为轴转动时，剪应力将达到 3 个数值不同的极值。剪应力的这 3 个极值，在应力状态理论中称为主剪应力，主剪应力所在平面称为主剪应力平面。根据应力图，3 个主剪应力为：

$$\left.\begin{array}{l} \tau_1 = \pm\dfrac{1}{2}(\sigma_2 - \sigma_3) \\[2mm] \tau_2 = \pm\dfrac{1}{2}(\sigma_1 - \sigma_3) \\[2mm] \tau_3 = \pm\dfrac{1}{2}(\sigma_1 - \sigma_2) \end{array}\right\} \tag{2-28}$$

主剪应力为剪应力的极大值，所以其中最大者为最大剪应力。因此，最大剪应力等于代数值最大的主应力与代数值最小的主应力之差的一半。由应力图可求得，3 个主剪应力平面上的法应力分别为：

$$\frac{1}{2}(\sigma_2 + \sigma_3),\ \ \frac{1}{2}(\sigma_1 + \sigma_3),\ \ \frac{1}{2}(\sigma_1 + \sigma_2) \tag{2-29}$$

当三个主应力增加或减小某一相同数值，即叠加各向均匀拉伸或各向均匀压缩应力状态时，由方程式（2-25）可知，应力图中的主应力圆的半径不变，因而剪应力的大小不变，只是整个应力图沿 σ_n 轴移动。如果 3 个主应力值相等，应力图收缩为一点，各面上的剪应力值均等于零，而正应力为一常值，此即应力球张量。由应力图还可以看出，正应力的最小值为最小主应力 σ_3，正应力的最大值为最大主应力 σ_1。

以主剪应力平面上的主剪应力和法应力的数值代入方程式（2-24b）中的 τ_n 和 σ_n，可求得相应的主剪应力平面的方向余弦数值，见表 2-1。3 组方向余弦数值，每组决定两个通过同一主轴且和另外两个主轴成 45° 相交的平面（外法线与一个主轴相垂直，与另外两个主轴成 45° 和 135°）。因此，通过主轴且平分主平面二面角的主剪应力平面总计有 3 对，如图 2-13 所示。

表 2-1　主应力平面与主剪应力平面上的应力

l	0	0	± 1	0	$\pm\dfrac{1}{\sqrt{2}}$	$\pm\dfrac{1}{\sqrt{2}}$
m	0	± 1	0	$\pm\dfrac{1}{\sqrt{2}}$	0	$\pm\dfrac{1}{\sqrt{2}}$
n	± 1	0	0	$\pm\dfrac{1}{\sqrt{2}}$	$\pm\dfrac{1}{\sqrt{2}}$	0
$\tau_{\max}$	0	0	0	$\pm\dfrac{\sigma_2-\sigma_3}{2}$	$\pm\dfrac{\sigma_3-\sigma_1}{2}$	$\pm\dfrac{\sigma_1-\sigma_2}{2}$
σ	σ_3	σ_2	σ_1	$\dfrac{\sigma_2+\sigma_3}{2}$	$\dfrac{\sigma_3+\sigma_1}{2}$	$\dfrac{\sigma_1+\sigma_2}{2}$

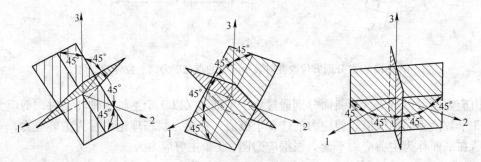

图 2-13　主剪应力面图示

2.5　应力张量的分解

2.5.1　八面体面和八面体应力

　　将坐标原点与物体中所考察的点相重合，并使坐标面与过该点的主微分面——主平面重合，即在主状态下，作 8 个倾斜的微分平面，它们与主微分平面同样倾斜，即所有这些面的方向余弦都相等，$l=m=n$。这 8 个面形成一个正八面体（见图 2-14），在这些面上的应力，称为八面体应力。

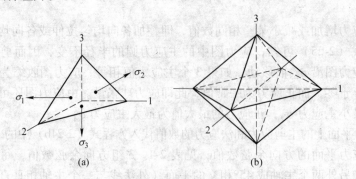

图 2-14　正八面体

　　由于这些斜微分面上的法线方向余弦相等，于是得：

$$l = \pm \frac{1}{\sqrt{3}}, \quad m = \pm \frac{1}{\sqrt{3}}, \quad n = \pm \frac{1}{\sqrt{3}} \tag{2-30}$$

将这些数值代入式 $\sigma_n = \sigma_1 l^2 + \sigma_2 m^2 + \sigma_3 n^2$ 得八面体上正应力:

$$\sigma_8 = \frac{1}{3}(\sigma_1 + \sigma_2 + \sigma_3) = \frac{1}{3}(\sigma_x + \sigma_y + \sigma_z) = \sigma_m \tag{2-31}$$

所以正八面体面上的正应力等于平均正应力。从塑性成型的观点来看,这个应力只能引起物体体积的改变(造成膨胀或缩小),而不能引起形状的变化。当 σ_1、σ_2、σ_3 均为压缩应力时,这个平均正应力即称为静水压力。

将 $l = m = n = \pm \frac{1}{\sqrt{3}}$ 代入式 (2-11):

$$\tau_n = \sqrt{S^2 - \sigma_n^2} = \sqrt{\sigma_1^2 l^2 + \sigma_2^2 m^2 + \sigma_3^2 n^2 - (\sigma_1 l^2 + \sigma_2 m^2 + \sigma_3 n^2)^2}$$

得八面体面上的切应力:

$$\tau_8 = \frac{1}{3}\sqrt{(\sigma_1 - \sigma_2)^2 + (\sigma_2 - \sigma_3)^2 + (\sigma_3 - \sigma_1)^2} \tag{2-32}$$

由上述讨论可知,通过物体内任意一点,在取定主坐标系的情况下,与金属成型最有直接关系的是 10 对特殊平面:6 对主切平面,4 对八面体面。它们都和成型力计算理论有密切关系,是成型力计算中不可缺少的基本概念。另外,从计算八面体上切应力的公式可以直观地看出,各主应力同时增加或同时减少相同的数值,切应力的计算值不变。可见,为了实现塑性成型,物体 3 个主轴方向等值地加上拉力或压力,并不能改变开始产生塑性成型时的应力情况,这就提供了在生产中利用静水压力效果的理论根据,也是下述应力张量能加以分解的原因。

2.5.2 应力球张量和应力偏张量

2.5.2.1 应力球张量

八面体上的正应力可称为在物体中一点的平均应力。设物体中一点的应力状态为 3 个主应力相同,并等于 σ_m,这点的应力状态用下列应力张量表示:

$$\boldsymbol{T}_\sigma'' = \left\{ \begin{array}{ccc} \sigma_m & 0 & 0 \\ \bullet & \sigma_m & 0 \\ \bullet & \bullet & \sigma_m \end{array} \right\} \tag{2-33}$$

由于 3 个主应力相同,通过该点的所有微分面上的应力相同,这时应力曲面为球形,式 (2-33) 构成应力球张量。

$$\sigma_m = \frac{1}{3}(\sigma_x + \sigma_y + \sigma_z) = \frac{1}{3}(\sigma_1 + \sigma_2 + \sigma_3) = \frac{1}{3}J_1 \tag{2-34}$$

2.5.2.2 应力偏张量

应力球张量 $\boldsymbol{T}_\sigma''$ 表示作用于点上的各向均匀拉伸或各向均匀压缩应力状态。由于增加各向均匀拉伸或各向均匀压缩应力状态,只意味着在法应力上增加或减去某一相同的数值,并不改变剪应力的大小。因此,由应力张量 $\boldsymbol{T}_\sigma$ 减去球张量 $\boldsymbol{T}_\sigma''$ 可表示为:

$$T_\sigma - T''_\sigma = \begin{Bmatrix} \sigma_x & \tau_{xy} & \tau_{xz} \\ \bullet & \sigma_y & \tau_{yz} \\ \bullet & \bullet & \sigma_z \end{Bmatrix} - \begin{Bmatrix} \sigma & 0 & 0 \\ \bullet & \sigma & 0 \\ \bullet & \bullet & \sigma \end{Bmatrix}$$

$$= \begin{Bmatrix} \sigma_x - \sigma & \tau_{xy} & \tau_{xz} \\ \bullet & \sigma_y - \sigma & \tau_{yz} \\ \bullet & \bullet & \sigma_z - \sigma \end{Bmatrix}$$

$$= \begin{Bmatrix} \sigma'_x & \tau_{xy} & \tau_{xz} \\ \bullet & \sigma'_y & \tau_{yz} \\ \bullet & \bullet & \sigma'_z \end{Bmatrix} = T'_\sigma \tag{2-35a}$$

所得到的张量 T'_σ 称为应力偏张量，其法应力分量为：

$$\sigma'_x = \sigma_x - \sigma_m, \quad \sigma'_y = \sigma_y - \sigma_m, \quad \sigma'_z = \sigma_z - \sigma_m \tag{2-35b}$$

当应力张量由主应力给出时，应力偏张量可由下列矩阵给出

$$T'_\sigma = \begin{Bmatrix} \sigma_1 - \sigma_m & 0 & 0 \\ \bullet & \sigma_2 - \sigma_m & 0 \\ \bullet & \bullet & \sigma_3 - \sigma_m \end{Bmatrix} = \begin{Bmatrix} \sigma'_1 & 0 & 0 \\ \bullet & \sigma'_2 & 0 \\ \bullet & \bullet & \sigma'_3 \end{Bmatrix} \tag{2-36a}$$

式中

$$\sigma'_1 = \sigma_1 - \sigma_m, \quad \sigma'_2 = \sigma_2 - \sigma_m, \quad \sigma'_3 = \sigma_3 - \sigma_m \tag{2-36b}$$

显然，应力偏张量的 3 个法向分量的代数和等于零：

$$\sigma'_x + \sigma'_y + \sigma'_z = \sigma'_1 + \sigma'_2 + \sigma'_3 = 0$$

根据等式（2-35a）可将点的应力状态张量 T_σ 表示为两个张量之和的形式：

$$T_\sigma = T'_\sigma + T''_\sigma \tag{2-37}$$

此式即为应力张量分解方程。

应力球张量可从任意张量中分出，因为它表示均匀各向受拉（受压），只能改变物体内给定微分单元的体积而不改变其形状，应力偏张量则只能改变微分单元的形状而不改变其体积，在研究物体的弹性状态时有重要的意义。

2.5.2.3 应力偏张量不变量

应力偏张量 T'_σ 亦有表征本身力学特性的不变量。如在方程式（2-13）中，未知的主应力用 σ_i 表示，根据等式（2-36b）设有下列等式：

$$\sigma'_i = \sigma_i - \sigma_m \tag{2-38}$$

根据等式（2-35b）及式（2-36b），可求得：

$$\left. \begin{aligned} \sigma_x - \sigma_i = \sigma'_x - \sigma'_i \\ \sigma_y - \sigma_i = \sigma'_y - \sigma'_i \\ \sigma_z - \sigma_i = \sigma'_z - \sigma'_i \end{aligned} \right\} \tag{2-39}$$

将方程式（2-15）中的应力差值加以代换，方程式仍然成立，于是得到确定应力偏张量的主分量 σ'_i 的方程式，展开后得：

$$-\sigma'^3_i + J'_2 \sigma'_i + J'_3 = 0 \tag{2-40}$$

该方程式的系数仍然是不变量，叫应力偏张量的不变量。

应力偏张量的一次不变量等于零：

$$J'_1 = \sigma'_x + \sigma'_y + \sigma'_z = (\sigma_x - \sigma_m) + (\sigma_y - \sigma_m) + (\sigma_z - \sigma_m) = (\sigma_x + \sigma_y + \sigma_z) - 3\sigma_m = 0$$

二次不变量：

$$J'_2 = -(\sigma'_x\sigma'_y + \sigma'_y\sigma'_z + \sigma'_z\sigma'_x) + \tau^2_{xy} + \tau^2_{yz} + \tau^2_{zx}$$
$$= -(\sigma'_1\sigma'_2 + \sigma'_2\sigma'_3 + \sigma'_3\sigma'_1) \tag{2-41}$$

三次不变量：

$$J'_3 = \sigma'_x\sigma'_y\sigma'_z + 2\tau_{xy}\tau_{yz}\tau_{zx} - \sigma'_x\tau^2_{yz} - \sigma'_y\tau^2_{zx} - \sigma'_z\tau^2_{xy} = \sigma'_1\sigma'_2\sigma'_3 \tag{2-42}$$

经变换后，应力偏张量的二次不变量 J'_2 具有如下的形式：

$$J'_2 = \frac{1}{6}\left[(\sigma_x - \sigma_y)^2 + (\sigma_y - \sigma_z)^2 + (\sigma_z - \sigma_x)^2 + 6(\tau^2_{xy} + \tau^2_{yx} + \tau^2_{zx})\right] \tag{2-43}$$

应力偏张量二次不变量的平方根称为剪应力强度：

$$T = \sqrt{J'_2} = \frac{1}{\sqrt{6}}\sqrt{(\sigma_x - \sigma_y)^2 + (\sigma_y - \sigma_z)^2 + (\sigma_z - \sigma_x)^2 + 6(\tau^2_{xy} + \tau^2_{yz} + \tau^2_{zx})}$$
$$= \frac{1}{\sqrt{6}}\sqrt{(\sigma_1 - \sigma_2)^2 + (\sigma_2 - \sigma_3)^2 + (\sigma_3 - \sigma_1)^2} \tag{2-44}$$

2.5.2.4 主应力偏张量

前已述及，应力张量可以分解。球应力分量 σ_m 可以从应力张量中分出。这里，如从各主应力中分出 σ_m，余下的应力分量将与遵守体积不变条件的成型过程相对应，这时的应力图示叫主偏差应力图示，主偏差应力图示有 3 种，如图 2-15 所示。

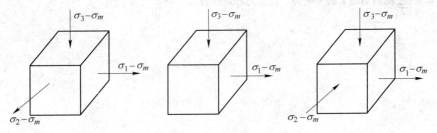

图 2-15 主偏差应力图

习 题

2-1 物体中某一点的应力分量为：$\sigma_{ij} = \begin{Bmatrix} 10 & 0 & -10 \\ 0 & -10 & 0 \\ -10 & 0 & 10 \end{Bmatrix}$ MPa，试求不变量 J_1、J_2、J_3 和主应力数值以及应力偏量不变量 J'_1、J'_2、J'_3。

2-2 σ_{ij}、σ_m 分别表示什么意思？它们在成形过程中有什么意义？

2-3 以任意坐标系应力分量如何表示八面体应力？若一点的应力分量中 $\sigma_{xx} = 50$MPa，$\sigma_{zz} = 100$MPa，其余为零，试求该点的八面体正应力和剪应力。

2-4 通过一点处的 3 个主应力是否可以用向量加法来求和？

2-5 绘出拉拔、挤压和轧制过程的主应力图示。

2-6 叙述下列术语的定义或含义：张量、应力张量、应力张量不变量、主应力、主切应力、主应力简图、八面体应力。

2-7　物体内一点处的应力分量为 σ_x、σ_y、σ_z，单位：MPa，如图 2-16 所示其他应变分量为零。试求：

(1) 应力张量不变量；

(2) 给出主变形图；

(3) 求出最大剪应力，绘出作用面。

2-8　已知应力状态如图 2-17 所示。

(1) 计算最大剪应力、八面体正应力、八面体剪应力，绘出其作用面；

(2) 绘出主偏差应力状态图，并说明若变形会发生何种形式的变形。

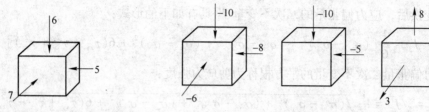

图 2-16　物体中一点处主应力图　　　　图 2-17　应力状态图

2-9　张量有哪些基本性质?

2-10　试说明应力偏张量和应力球张量的物理意义。

2-11　已知受力物体内一点的应力张量为 $\sigma_{ij} = \begin{Bmatrix} 50 & 50 & 80 \\ 50 & 0 & -75 \\ 80 & -75 & -30 \end{Bmatrix}$ MPa，试求外法线方向余弦为 $l = m = \dfrac{1}{2}$，$n = \dfrac{1}{\sqrt{2}}$ 的斜切面上的全应力、正应力和切应力。

3 应变分析

【学习要点】

（1）一点的位移张量及应变张量。

（2）主应变及应变张量不变量的求解方法。

（3）应变张量的分解和应变偏张量不变量。

（4）体积不变的条件：

$$\theta = \varepsilon_x + \varepsilon_y + \varepsilon_z = 0 \quad \text{或} \quad \theta = \varepsilon_1 + \varepsilon_2 + \varepsilon_3 = 0$$

（5）主应变图示类型。

3.1 位移与应变

物体受作用力后，其内部质点不仅要发生相对位置改变（产生位移），而且要产生形状变化，即产生变形。应变是表示变形大小的一个物理量。物体变形时，其体内各质点在各方向上都会产生应变，与应力分析一样，同样需引入"一点的应变状态"的概念。

3.1.1 位移分量和转动分量基本概念

首先考虑变形物体各点的位移，以变形物体上的某一点 o 为坐标原点，取坐标系 $oxyz$。物体中的任一点 $A(x, y, z)$（除坐标原点外）在物体变形后将移至新的位置 A' 点（见图 3-1）。线段 $\overrightarrow{AA'}$ 称为点 A 的全位移矢量。在一般情况下，对于物体内的各不同点，全位移矢量的大小和方向均不相同，全位移矢量是点坐标的连续函数，用 $u(x, y, z)$ 表示。在变形体力学中，用全位

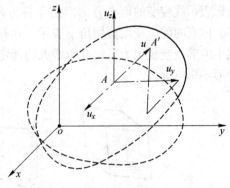

图 3-1 点的位移

移矢量 u 坐标轴上的投影——位移分量表示点的位移。在直角坐标中位移分量分别用 u_x、u_y、u_z 表示点的坐标的连续函数：$u_x = u_x(x, y, z)$，$u_y = u_y(x, y, z)$，$u_z = u_z(x, y, z)$。

为引出转动分量的概念，用平行坐标平面之诸平面，在 A 点附近截取一直角六面体体素。暂且先不考虑体素的变形。在物体变形对六面体除随 A 点产生刚性平移外，还可能绕某一轴产生刚性转动（见图 3-2）。六面体体素的刚性转动是一个通过研究点 A 的轴矢量，用 ω 表示。该矢量在坐标轴上的投影 ω_x、ω_y 及 ω_z 称为刚性转动分量。转动分量 ω_x 是体

素绕 x 轴的转角；ω_y 及 ω_z 是其绕 y 及 z 轴的转角。

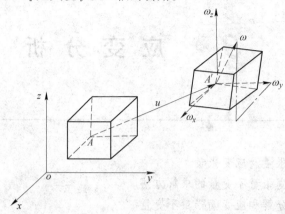

图 3-2　体素的刚性平移和刚性转动

由于体素可认为是无限小的，趋向于一点，故体素的转动分量 ω_x、ω_y 及 ω_z 即为研究点 $A(x,\ y,\ z)$ 的转动分量。在一般的情况下，转动分量是点坐标的连续函数 $\omega_x = \omega_x(x,\ y,\ z)$，$\omega_y = \omega_y(x,\ y,\ z)$，$\omega_z = \omega_z(x,\ y,\ z)$。

3.1.2　应变分量

考虑变形物体内任一点 A 附近的变形，点的应变状态可由在其周围截取的体素的应变状态表示。

在小变形时，忽略高阶无限小量，可以认为在任一点 A 附近截取的直角六面体体素，变形后变为斜角平行六面体。这样，六面体的变形为 6 个应变分量——3 个线应变分量和 3 个剪应变分量所完全描述（见图 3-3）。体素沿坐标方向的线应变，用相对伸长 ε 表示，角标表示线应变的所在方向。沿坐标方向伸长的线应变规定为正，缩短的线应变规定为负。体素的剪应变用剪切角 γ 表示，角标表示剪应变的所在平面。在坐标轴正方向间夹角减小的剪应变规定为正；夹角增大的规定为负。由于应变值较小，可认为六面体体素的剪变形不影响其线性尺寸。

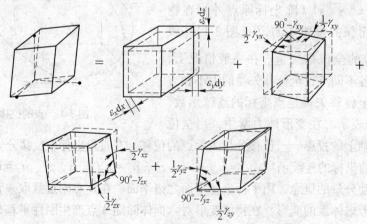

图 3-3　体素的变形

在研究体素的变形时可将其刚性转动分量分离出去，认为六面体的剪变形是变形前相垂直的各对表面绕公共棱线成对称转动的结果，即：

$$\gamma_{xy} = \frac{1}{2}\gamma_{xy} + \frac{1}{2}\gamma_{yx}, \qquad \frac{1}{2}\gamma_{xy} = \frac{1}{2}\gamma_{yx}$$

$$\gamma_{yz} = \frac{1}{2}\gamma_{yz} + \frac{1}{2}\gamma_{zy}, \qquad \frac{1}{2}\gamma_{yz} = \frac{1}{2}\gamma_{zy}$$

$$\gamma_{zx} = \frac{1}{2}\gamma_{zx} + \frac{1}{2}\gamma_{xz}, \qquad \frac{1}{2}\gamma_{zx} = \frac{1}{2}\gamma_{xz}$$

其中，$\frac{1}{2}\gamma_{xy}$ 是在坐标平面 xy 上，平行 y 轴的棱线向 x 轴方向转动产生的剪应变；$\frac{1}{2}\gamma_{yx}$ 是平行 x 轴的棱线向 y 轴方向转动产生的剪应变……剪应变和对应的剪应力具有相同的角标。

总结前述，六面体体素的应变状态，亦即点的应变状态系由下列 6 个应变分量完全给定：

$$\varepsilon_x, \qquad \frac{1}{2}\gamma_{xy} = \frac{1}{2}\gamma_{yx}$$

$$\varepsilon_y, \qquad \frac{1}{2}\gamma_{yz} = \frac{1}{2}\gamma_{zy}$$

$$\varepsilon_z, \qquad \frac{1}{2}\gamma_{zx} = \frac{1}{2}\gamma_{xz}$$

3.1.3 单位相对位移张量及应变张量

为了从解析上说明应变状态是一张量，首先引入单位相对位移张量的概念。

由某一点 $A(x, y, z)$ 任取一线素 $\overline{AB} = \mathrm{d}\rho$（见图 3-4）。线素在坐标轴上的投影用 $\mathrm{d}x$、$\mathrm{d}y$、$\mathrm{d}z$ 表示。因此，点 B 的坐标为：$x+\mathrm{d}x$，$y+\mathrm{d}y$，$z+\mathrm{d}z$。在物体变形时，任一点 A 的位移用位移函数 $u(x, y, z)$ 表示，则 B 点的位移为 $u(x + \mathrm{d}x, y + \mathrm{d}y, z + \mathrm{d}z)$。点 B 相对点 A 的相对位移 δu，可表示为：

$$\delta u = u(x + \mathrm{d}x, y + \mathrm{d}y, z + \mathrm{d}z) - u(x, y, z)$$

由于线段 $\overline{AB} = \mathrm{d}\rho$ 是无限小量，因此等式右边为无限小量，可用全微分来表示（略去高阶无限小量）：

$$\delta u = \frac{\partial u}{\partial x}\mathrm{d}x + \frac{\partial u}{\partial y}\mathrm{d}y + \frac{\partial u}{\partial z}\mathrm{d}z$$

用线段 $\mathrm{d}\rho$ 的原始长度 $\mathrm{d}\rho$ 除上式，并引用下列记号：

$$\frac{\mathrm{d}x}{\mathrm{d}\rho} = \alpha_x, \qquad \frac{\mathrm{d}y}{\mathrm{d}\rho} = \alpha_y, \qquad \frac{\mathrm{d}z}{\mathrm{d}\rho} = \alpha_z \tag{3-1}$$

可求得：

$$\frac{\delta u}{\mathrm{d}\rho} = \frac{\partial u}{\partial x}\alpha_x + \frac{\partial u}{\partial y}\alpha_y + \frac{\partial u}{\partial z}\alpha_z \tag{3-2}$$

将上式写成投影方程式，则为：

$$
\left.
\begin{aligned}
\frac{\delta u_x}{\mathrm{d}\rho} &= \frac{\delta u_x}{\partial x}\alpha_x + \frac{\delta u_x}{\partial y}\alpha_y + \frac{\delta u_x}{\partial z}\alpha_z \\[2mm]
\frac{\delta u_y}{\mathrm{d}\rho} &= \frac{\delta u_y}{\partial x}\alpha_x + \frac{\delta u_y}{\partial y}\alpha_y + \frac{\delta u_y}{\partial z}\alpha_z \\[2mm]
\frac{\delta u_z}{\mathrm{d}\rho} &= \frac{\delta u_z}{\partial x}\alpha_x + \frac{\delta u_z}{\partial y}\alpha_y + \frac{\delta u_z}{\partial z}\alpha_z
\end{aligned}
\right\}
\tag{3-3}
$$

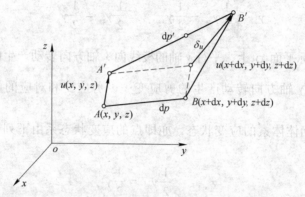

图 3-4 线素端点间的相对位移

方程式（3-3）同方程式（2-8）在形式上完全相同。$\delta u_x/\mathrm{d}\rho$、$\delta u_y/\mathrm{d}\rho$、$\delta u_z/\mathrm{d}\rho$ 为矢量 $\delta u/\mathrm{d}\rho$ 在坐标轴上的投影。显然，$\delta u/\mathrm{d}\rho$ 是线段 $\mathrm{d}\rho$ 上的单位相对位移，称为线段 $\mathrm{d}\rho$ 的单位相对位移。式中 α_x、α_y、α_z 为原始线段 $\mathrm{d}\rho$ 相对 3 个坐标方向的方向余弦数值。方向余弦的系数是 9 个位移偏导数。如前所述，$\dfrac{\partial u_x}{\partial x}$、$\dfrac{\partial u_y}{\partial x}$、$\dfrac{\partial u_z}{\partial x}$ 为 A 点附近的线素 $\mathrm{d}x$ 的单位相对位移的投影；$\dfrac{\partial u_x}{\partial y}$、$\dfrac{\partial u_y}{\partial y}$、$\dfrac{\partial u_z}{\partial y}$ 为 A 点附近的线素 $\mathrm{d}y$ 的单位相对位移的投影；$\dfrac{\partial u_x}{\partial z}$、$\dfrac{\partial u_y}{\partial z}$、$\dfrac{\partial u_z}{\partial z}$ 为 A 点附近的线素 $\mathrm{d}z$ 的单位相对位移的投影。可见，A 点附近的任意无限小线素 $\mathrm{d}\rho$ 的单位相对位移，均被与坐标方向平行的 3 个相互垂直的线素的单位相对位移给定。因此，单位相对位移是一张量，可用如下的矩阵表示：

$$
\left\{
\begin{array}{ccc}
\dfrac{\partial u_x}{\partial x} & \dfrac{\partial u_x}{\partial y} & \dfrac{\partial u_x}{\partial z} \\[3mm]
\dfrac{\partial u_y}{\partial x} & \dfrac{\partial u_y}{\partial y} & \dfrac{\partial u_y}{\partial z} \\[3mm]
\dfrac{\partial u_z}{\partial x} & \dfrac{\partial u_z}{\partial y} & \dfrac{\partial u_z}{\partial z}
\end{array}
\right\}
\tag{3-4}
$$

单位相对位移张量与应力张量不同，单位相对位移张量是非对称张量，如前所述，在一般的情况下，

$$
\frac{\partial u_y}{\partial x} \neq \frac{\partial u_x}{\partial y}, \qquad \frac{\partial u_z}{\partial y} \neq \frac{\partial u_y}{\partial z}, \qquad \frac{\partial u_z}{\partial x} \neq \frac{\partial u_x}{\partial z}
$$

可见，过所研究点的任一线素 $\mathrm{d}\rho$ 的单位相对位移由两部分所组成：一部分是由物体在所研究点附近的变形引起；另一部分是由物体在该点的刚性转动引起。

变形物体内某一点附近的体素的刚性转动与该点附近的变形无关。为了研究不同坐标系的应变分量间的变换关系，可设想将坐标轴固定在体素上，使坐标轴在物体变形过程中随同体素一起作一角位移 ω。这时，体素将相对坐标系无刚性转动，线素 $d\rho$ 的相对位移将仅由体素的变形引起（见图3-5）。用 e_ρ 表示 $d\rho$ 的单位相对位移，而其在坐标轴上的投影用 $e_{x\rho}$、$e_{y\rho}$、$e_{z\rho}$ 表示。此时，方程式（3-3）将具有如下的形式：

$$
\left.
\begin{aligned}
e_{x\rho} &= \varepsilon_x \alpha_x + \frac{1}{2}\gamma_{xy}\alpha_y + \frac{1}{2}\gamma_{xz}\alpha_z \\
e_{y\rho} &= \frac{1}{2}\gamma_{yx}\alpha_x + \varepsilon_y \alpha_y + \frac{1}{2}\gamma_{yz}\alpha_z \\
e_{z\rho} &= \frac{1}{2}\gamma_{zx}\alpha_x + \frac{1}{2}\gamma_{zy}\alpha_y + \varepsilon_z \alpha_z
\end{aligned}
\right\}
\tag{3-5}
$$

写成缩写式则为：

$$
e_{i\rho} = \varepsilon_{ij}\alpha_j \quad (i,\ j = x,\ y,\ z)
$$

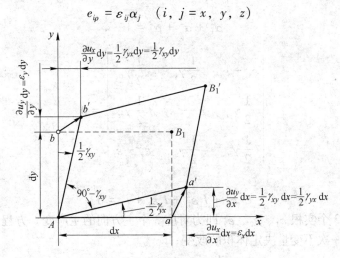

图 3-5 体素在坐标平面 xy 上的变形

已知一点附近的某一直角六面体体素的应变，即可由上式求得过该点的任意线素的与变形相关的单位相对位移。方程式（3-5）与方程式（2-8）在形式上完全相同，故一点的应变状态是一个二阶对称张量，可用如下的矩阵表示

$$
\boldsymbol{T}_\varepsilon =
\left\{
\begin{matrix}
\varepsilon_x & \dfrac{1}{2}\gamma_{xy} & \dfrac{1}{2}\gamma_{xz} \\
\bullet & \varepsilon_y & \dfrac{1}{2}\gamma_{yz} \\
\bullet & \bullet & \varepsilon_z
\end{matrix}
\right\}
\tag{3-6}
$$

3.2 主应变及应变张量不变量

应变张量是一对称张量，故具有对称张量的一切性质。应变张量有 3 个相互垂直的主轴方向存在，与主轴方向相重合的线素在变形过程中仅产生伸长或缩短，而不发生转动（相对固定于体素上的坐标系），即主平面不发生剪应变。沿主轴方向截取的直角六面体体

素，变形后仍为直角平行六面体，仅产生线应变。

假定线素 $d\rho$ 与应变主轴方向相重合，则相对位移 δu 在坐标轴上的投影可表示为：

$$\delta u_x = \delta u \alpha_x, \qquad \delta u_y = \delta u \alpha_y, \qquad \delta u_z = \delta u \alpha_z$$

用 $d\rho$ 除上面各式，并用 ε_i 表示主应变，得单位相对位移分量为：

$$e_{x\rho} = \varepsilon_i \alpha_x, \qquad e_{y\rho} = \varepsilon_i \alpha_y, \qquad e_{z\rho} = \varepsilon_i \alpha_z$$

将上式代到方程式（3-5）中去，得关于方向余弦的齐次方程式：

$$\left.\begin{array}{l}
(\varepsilon_x - \varepsilon_i)\alpha_x + \dfrac{1}{2}\gamma_{xy}\alpha_y + \dfrac{1}{2}\gamma_{xz}\alpha_z = 0 \\[3mm]
\dfrac{1}{2}\gamma_{yx}\alpha_x + (\varepsilon_y - \varepsilon_i)\alpha_y + \dfrac{1}{2}\gamma_{yz}\alpha_z = 0 \\[3mm]
\dfrac{1}{2}\gamma_{zx}\alpha_x + \dfrac{1}{2}\gamma_{zy}\alpha_y + (\varepsilon_z - \varepsilon_i)\alpha_z = 0
\end{array}\right\} \tag{3-7}$$

又由于：

$$\alpha_x^2 + \alpha_y^2 + \alpha_z^2 = 1 \tag{3-8}$$

故有：

$$\begin{vmatrix}
\varepsilon_x - \varepsilon_i & \dfrac{1}{2}\gamma_{xy} & \dfrac{1}{2}\gamma_{xz} \\[3mm]
\dfrac{1}{2}\gamma_{yx} & \varepsilon_y - \varepsilon_i & \dfrac{1}{2}\gamma_{yz} \\[3mm]
\dfrac{1}{2}\gamma_{zx} & \dfrac{1}{2}\gamma_{zy} & \varepsilon_z - \varepsilon_i
\end{vmatrix} = 0$$

展开后则为：

$$-\varepsilon_i^3 + I_1 \varepsilon_i^2 + I_2 \varepsilon_i + I_3 = 0 \tag{3-9}$$

该方程式的 3 个实根 ε_1、ε_2、ε_3 即为对应 3 个主方向的主应变。方程式的系数为应变张量的不变量，一次不变量决定体积的改变；

$$I_1 = \varepsilon_x + \varepsilon_y + \varepsilon_z \tag{3-10a}$$

二次不变量：

$$I_2 = -(\varepsilon_x \varepsilon_y + \varepsilon_y \varepsilon_z + \varepsilon_z \varepsilon_x) + \frac{1}{4}(\gamma_{xy}^2 + \gamma_{yz}^2 + \gamma_{zx}^2) \tag{3-10b}$$

三次不变量：

$$I_3 = \varepsilon_x \varepsilon_y \varepsilon_z + \frac{1}{4}(\gamma_{xy}\gamma_{yz}\gamma_{zx} - \varepsilon_x \gamma_{yz}^2 - \varepsilon_y \gamma_{zx}^2 - \varepsilon_z \gamma_{xy}^2) \tag{3-10c}$$

利用方程式（3-7）和关系式（3-8）可求出主轴的方向余弦数值。

如果已知主应变及主方向，应变张量可表示为：

$$T_\varepsilon = \begin{Bmatrix}
\varepsilon_1 & 0 & 0 \\
\bullet & \varepsilon_2 & 0 \\
\bullet & \bullet & \varepsilon_3
\end{Bmatrix}$$

不变量用主应变表示则为：

$$I_1 = \varepsilon_1 + \varepsilon_2 + \varepsilon_3 \tag{3-11a}$$
$$I_2 = -(\varepsilon_1 \varepsilon_2 + \varepsilon_2 \varepsilon_3 + \varepsilon_3 \varepsilon_1) \tag{3-11b}$$
$$I_3 = \varepsilon_1 \varepsilon_2 \varepsilon_3 \tag{3-11c}$$

3.3 体积应变及不可压缩性条件

在变形物体内某一点附近，用垂直该点主轴方向的诸平面截取一边长为 dx、dy、dz 的六面体体素（见图3-6），则变形前的体积为：

$$dV = dxdydz$$

考虑到小变形，剪应变引起的边长变化及体积的变化都是高阶微量，可以忽略，则体积的变化只是由线应变引起，如图 3-6 所示。在 x 方向上的线应变为：

$$\varepsilon_x = \frac{r_x - dx}{dx}$$

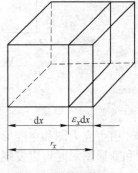

所以　　　　　　　　$r_x = dx(1 + \varepsilon_x)$

同理　　　　　　　　$r_y = dy(1 + \varepsilon_y)$

$$r_z = dz(1 + \varepsilon_z)$$

图 3-6　单元体边长的线变形

变形后单元体的体积为：

$$dV' = dxdydz(1 + \varepsilon_x)(1 + \varepsilon_y)(1 + \varepsilon_z)$$

将上式展开，并略去二阶以上的高阶微量，于是得单元体单位体积的变化（单位体积变化率）：

$$\theta = \frac{dV' - dV}{dV} = \frac{(1 + \varepsilon_x + \varepsilon_y + \varepsilon_z)dV - dV}{dV} = \varepsilon_x + \varepsilon_y + \varepsilon_z$$

在塑性变形时，由于材料内部质点连续且致密，体积变化很微小。所以由体积不变假设得：

$$\theta = \varepsilon_x + \varepsilon_y + \varepsilon_z = 0 \tag{3-12}$$

式中　　ε_x，ε_y，ε_z——塑性变形时的三个线应变分量。

式（3-12）称为塑性变形时的体积不变条件。

如以主应变表示，则为：

$$\theta = \varepsilon_1 + \varepsilon_2 + \varepsilon_3 = 0 \tag{3-13}$$

3.4　主应变图示

由式（3-12）和式（3-13）可以看出，塑性变形时，3 个线应变分量不可能全部同号，绝对值最大的应变分量永远和另外 2 个应变分量的符号相反。由此可见，体素的塑性变形方式仅可能有三种类型，如图 3-7 所示。

（1）压缩类变形。如图 3-7（a）所示，特征应变为负应变（即 $\varepsilon_1 < 0$），另两个应变为正应变，$\varepsilon_2 + \varepsilon_3 = -\varepsilon_1$。表明一向缩短两向伸长。轧制、自由锻等属于此类变形图示。

（2）剪切类变形（平面变形）。如图 3-7（b）所示，一个应变为零，其他两个应变大小相等，方向相反，$\varepsilon_2 = 0$，$\varepsilon_1 = -\varepsilon_3$。表明一向缩短一向伸长。轧制板带（忽略宽展）时属于此类变形。

（3）伸长类变形。如图 3-7（c）所示，特征应变为正应变，另两个应变为负应变，$\varepsilon_1 = -\varepsilon_2 - \varepsilon_3$。表明两向缩短一向伸长。挤压、拉拔等属于此类变形图示。

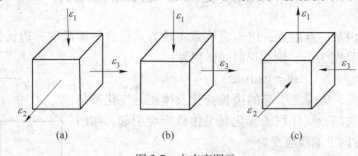

图 3-7　主应变图示

（a）压缩类变形；（b）剪切（平面）类变形；（c）伸长类变形

由主应力图和主变形图示可见，主应力图有 9 种，而主变形图仅有 3 种。比较应力图示和变形图示时可以发现，有的两者符号一致，也有的不一致。其原因是，主应力图中各主应力中包括引起弹性体积变化的主应力成分，即包括 $\sigma_m = \dfrac{1}{3}(\sigma_1 + \sigma_2 + \sigma_3)$，如从主应力中扣除 σ_m，即 $\sigma_1 - \sigma_m$、$\sigma_2 - \sigma_m$、$\sigma_3 - \sigma_m$，则应力图示也仅有 3 种，这就是前述的主偏差应力图示，主偏差应力图与主变形图是完全一致的。

有时，用变形图还可以判断应力的特点。例如，轧制板带时 $\varepsilon_2 = 0$，与此对应的主偏差应力为：

$$\sigma_2 - \sigma_m = 0$$

或：

$$\sigma_2 - \frac{\sigma_1 + \sigma_2 + \sigma_3}{3} = 0$$

从而得：

$$\sigma_2 = \frac{1}{2}(\sigma_1 + \sigma_3)$$

上式表明，平面变形时，在没有主变形的方向上有主应力存在，这是平面变形的应力特点。

3.5　应变张量的分解

同其他所有对称张量一样，应变张量可分解为应变偏张量和应变球张量：

$$\begin{Bmatrix} \varepsilon_x & \dfrac{1}{2}\gamma_{xy} & \dfrac{1}{2}\gamma_{xz} \\ \dfrac{1}{2}\gamma_{yx} & \varepsilon_y & \dfrac{1}{2}\gamma_{yz} \\ \dfrac{1}{2}\gamma_{zx} & \dfrac{1}{2}\gamma_{zy} & \varepsilon_z \end{Bmatrix} = \begin{Bmatrix} \varepsilon'_x & \dfrac{1}{2}\gamma_{xy} & \dfrac{1}{2}\gamma_{xz} \\ \dfrac{1}{2}\gamma_{yx} & \varepsilon'_y & \dfrac{1}{2}\gamma_{yz} \\ \dfrac{1}{2}\gamma_{zx} & \dfrac{1}{2}\gamma_{zy} & \varepsilon'_z \end{Bmatrix} + \begin{Bmatrix} \varepsilon & 0 & 0 \\ 0 & \varepsilon & 0 \\ 0 & 0 & \varepsilon \end{Bmatrix} \qquad (3\text{-}14a)$$

或表示为：

$$T_\varepsilon = T'_\varepsilon + T''_\varepsilon \tag{3-14b}$$

式中，ε 为平均应变。

$$\varepsilon = \frac{1}{3}(\varepsilon_x + \varepsilon_y + \varepsilon_z) = \frac{1}{3}(\varepsilon_1 + \varepsilon_2 + \varepsilon_3)$$

应变球张量：

$$T''_\varepsilon = \left\{ \begin{matrix} \varepsilon & 0 & 0 \\ \bullet & \varepsilon & 0 \\ \bullet & \bullet & \varepsilon \end{matrix} \right\}$$

表征体素的体积应变，即各向均匀拉伸或各向均匀压缩应变状态。体素只产生各向均匀拉伸或压缩时，变形前后保持几何相似。

应变偏张量：

$$T'_\varepsilon = \left\{ \begin{matrix} \varepsilon'_x & \dfrac{1}{2}\gamma_{xy} & \dfrac{1}{2}\gamma_{xz} \\[2mm] \dfrac{1}{2}\gamma_{yx} & \varepsilon'_y & \dfrac{1}{2}\gamma_{yz} \\[2mm] \dfrac{1}{2}\gamma_{zx} & \dfrac{1}{2}\gamma_{zy} & \varepsilon'_z \end{matrix} \right\}$$

式中

$$\varepsilon'_x = \varepsilon_x - \varepsilon, \quad \varepsilon'_y = \varepsilon_y - \varepsilon, \quad \varepsilon'_z = \varepsilon_z - \varepsilon \tag{3-15}$$

表征体素的形状改变，不包含体积应变，因为其法向分量的代数和等于零。在已知主应变时，应变偏张量可用如下的矩阵表示：

$$T'_\varepsilon = \left\{ \begin{matrix} \varepsilon'_1 & 0 & 0 \\ 0 & \varepsilon'_2 & 0 \\ 0 & 0 & \varepsilon'_3 \end{matrix} \right\}$$

式中

$$\varepsilon'_1 = \varepsilon_1 - \varepsilon, \quad \varepsilon'_2 = \varepsilon_2 - \varepsilon, \quad \varepsilon'_3 = \varepsilon_3 - \varepsilon \tag{3-16}$$

与应力偏张量相似，应变偏张量亦有特征方程和不变量。

应变偏张量的一次不变量是应变偏张量的 3 个线应变的代数和，其等于零。

$$I'_1 = \varepsilon'_x + \varepsilon'_y + \varepsilon'_z = \varepsilon'_1 + \varepsilon'_2 + \varepsilon'_3 = (\varepsilon_x - \varepsilon_m) + (\varepsilon_y - \varepsilon_m) + (\varepsilon_z - \varepsilon_m)$$

$$= \varepsilon_x + \varepsilon_y + \varepsilon_z - 3\varepsilon_m = 0 \tag{3-17a}$$

应变偏张量的二次不变量：

$$I'_2 = -(\varepsilon'_x \varepsilon'_y + \varepsilon'_y \varepsilon'_z + \varepsilon'_z \varepsilon'_x) + \frac{1}{4}(\gamma_{xy}^2 + \gamma_{yz}^2 + \gamma_{zx}^2) \tag{3-17b}$$

变换后得：

$$I'_2 = \frac{1}{6}\left[(\varepsilon'_x - \varepsilon'_y)^2 + (\varepsilon'_y - \varepsilon'_z)^2 + (\varepsilon'_z - \varepsilon'_x)^2 \right] + \frac{1}{4}(\gamma_{xy}^2 + \gamma_{yz}^2 + \gamma_{zx}^2)$$

$$= \frac{1}{6}\left[(\varepsilon'_1 - \varepsilon'_2)^2 + (\varepsilon'_2 - \varepsilon'_3)^2 + (\varepsilon'_3 - \varepsilon'_1)^2 \right]$$

$$I'_3 = \varepsilon'_x \varepsilon'_y \varepsilon'_z + \frac{1}{4}\gamma_{xy}\gamma_{yz}\gamma_{zx} - \frac{1}{4}\varepsilon'_x \gamma_{yz}^2 - \frac{1}{4}\varepsilon'_y \gamma_{zx}^2 - \frac{1}{4}\varepsilon'_z \gamma_{xy}^2 = \varepsilon'_1 \varepsilon'_2 \varepsilon'_3 \tag{3-17c}$$

3.6 变形的表示方法

3.6.1 绝对变形量

变形体变形前后绝对尺寸之差表示的变形量，称为绝对变形量。

压下量：$\Delta h = H - h$

宽展量：$\Delta b = b - B$

延伸量：$\Delta l = l - L$

用绝对变形不能正确说明变形量的大小，但由于习惯，前两种变形量常使用，而绝对延伸量一般情况下不使用。

3.6.2 相对变形量

相对变形有两种表示方法——工程应变和真应变。

工程应变是变形体变形前后尺寸的相对变化表示的变形量。

相对压下率：$e_h = \dfrac{H - h}{H} \times 100\%$

相对宽展率：$e_b = \dfrac{b - B}{B} \times 100\%$

相对伸长率：$e_l = \dfrac{l - L}{L} \times 100\%$

真变形又称为自然变形和对数变形。

高度方向的自然变形：$\varepsilon_h = \ln \dfrac{h}{H}$

宽度方向的自然变形：$\varepsilon_b = \ln \dfrac{b}{B}$

长度方向的自然变形：$\varepsilon_l = \ln \dfrac{l}{L}$

在大变形问题中，只有采用对数表示的变形程度才能得出合理的结果，这是因为：

(1) 工程变形不能表示实际情况，变形程度越大，误差也越大。

$$\varepsilon_l = \ln \frac{l}{L} = \ln \frac{l_n}{l_0} = \ln(1 + e_l) = e_l - \frac{e_l^2}{2} + \frac{e_l^3}{3} - \frac{e_l^4}{4} + \cdots$$

可以看出，变形程度很小时，工程应变才近似于对数应变，变形程度越大，误差也越大。

(2) 对数变形为可加变形，工程变形为不可加变形。

(3) 对数变形为可比较变形，工程变形为不可比较变形。

(4) 用对数变形表示的算式遵循体积不变原理。

$$\ln \frac{l}{L} + \ln \frac{b}{B} + \ln \frac{h}{H} = 0$$

从上式可以看出：塑性变形时相互垂直的 3 个方向上对数变形之和等于零；且 3 个主

变形中，必有一个与其他两者的符号相反，其绝对值与其他两个之和相等。所以，实际生产中允许采用最大主变形描述该过程的变形程度。

实际生产中，多采用工程变形算式，而对数变形一般用于科学研究中。

习　题

3-1　物体内一点处的应变分量为 ε_x，ε_y，$\frac{1}{2}\gamma_{xy}$，而其他应变分量为零。试求：

（1）应变张量不变量；

（2）主应变 ε_1 和 ε_3。

3-2　如何完整地表示受力物体内一点的应变状态？

3-3　用主应变简图来表示塑性变形的类型有哪些？

3-4　设一物体在变形过程中某一极短时间内的位移场为：

$u = (10 + 0.1xy + 0.05z) \times 10^{-3}$

$v = (5 - 0.05x + 0.1yz) \times 10^{-3}$

$w = (10 - 0.1xyz) \times 10^{-3}$

试求：点 A（1，1，1）的应变分量、应变球张量、应变偏张量、主应变。

3-5　试判断下列应变场能否存在：

（1）$\varepsilon_x = xy^2$，$\varepsilon_y = x^2y$，$\varepsilon_z = xy$，$\gamma_{xz} = 0$，$\gamma_{yz} = \frac{1}{2}(z^2 + y)$，$\gamma_{zx} = \frac{1}{2}(z^2 + y^2)$；

（2）$\varepsilon_x = x^2 + y^2$，$\varepsilon_y = y^2$，$\varepsilon_z = 0$，$\gamma_{xy} = 2xy$，$\gamma_{yz} = \gamma_{zx} = 0$。

3-6　物体中某一点的应变分量为 $\varepsilon_{ij} = \begin{Bmatrix} 1 & 0 & -1 \\ 0 & -1 & 0 \\ -1 & 0 & 1 \end{Bmatrix}$，试求应变不变量 I_1、I_2、I_3 和主应变数值以及应变偏量不变量 I_1'、I_2'、I_3'。

3-7　轧制宽板时，通常认为在宽度方向上无变形，试分析在宽度方向上是否有应力，为什么？

3-8　轧制宽板时，厚向总的对数变形为 $\ln\frac{H}{h} = 0.357$，总的压下率为30%，共轧制两个道次。第一道次的对数变形为0.223，第二道次的压下率为20%，求第二道次的对数变形和第一道次的压下率。

3-9　证明对数应变为可比变形，工程应变为不可比变形。

3-10　证明对数应变为可加变形，工程应变为不可加变形。

4 变形力学方程

【学习要点】

(1) 直角坐标系下的力平衡微分方程:

$$\left. \begin{array}{l} \dfrac{\partial \sigma_x}{\partial x} + \dfrac{\partial \tau_{yx}}{\partial y} + \dfrac{\partial \tau_{zx}}{\partial z} = 0 \\[3mm] \dfrac{\partial \tau_{xy}}{\partial x} + \dfrac{\partial \sigma_y}{\partial y} + \dfrac{\partial \tau_{zy}}{\partial z} = 0 \\[3mm] \dfrac{\partial \tau_{xz}}{\partial x} + \dfrac{\partial \tau_{yz}}{\partial y} + \dfrac{\partial \sigma_z}{\partial z} = 0 \end{array} \right\}$$

(2) 应变与位移的关系——几何方程。
(3) 屈服条件: 屈雷斯卡屈服条件和米塞斯屈服条件。
(4) 应力与变形的关系——本构关系。
(5) 等效应力、等效应变的概念及关系。
(6) 平面变形和轴对称变形问题。

在塑性变形理论中,分析问题需要从静力学、几何学和物理学等角度来考虑。静力学角度是从变形体中质点的应力分析出发,根据静力平衡条件导出应力平衡微分方程。几何学角度是根据变形体的连续性和匀质性假设,用几何的方法导出小应变几何方程。物理学角度是根据实验和基本假设导出变形体内应力与应变之间的关系式,即本构方程。此外,还要建立变形体由弹性状态进入塑性状态并继续进行塑性变形时所具备的力学条件,即屈服准则。

4.1 力平衡微分方程

要研究金属塑性成型时变形体内各部分的变形情况,必须了解变形体内的应力分布情况。一般情况下,变形体在外力作用下,内部产生的应力状态各处是不一样的,也就是说,各点之间的应力状态是变化的,这种变化(应力分布)的规律是什么呢? 力平衡微分方程就是描述这种规律的。

上一章介绍了应力状态的描述以及由已知坐标面上的应力分量求任意斜面上的应力的表达式。一般情况下,变形体内各点的应力状态是不相同的,不能用一个点的应力状态描述或表示整个变形体的受力情况;同时变形体内各点间的应力状态的变化又不是任意的,变形体内各点的应力分量必须满足静力平衡关系,即力平衡方程。也就是说,力平衡方程是研究和确定变形体内应力分布的重要依据。

不同的变形过程具有不同的几何特点，有的适用直角坐标系（如矩形件压缩），有的适用圆柱面坐标系或球面坐标系（如回转体的镦粗、挤压、拉拔等）。

在通常的材料成型中，体积力（惯性力和重力）远小于所需的变形力，所以在力平衡方程中将体积力忽略了。但是对于高速材料成型来说，不应忽略惯性力。

4.1.1 直角坐标系的力平衡微分方程

首先研究相邻两点的平衡问题。将物体置于直角坐标系中，物体内部各点的应力分量是坐标的连续函数。过物体内部的点的 $P(x, y, z)$ 的正应力和剪应力已知（图4-1），为：

$$\left. \begin{aligned} \sigma_x &= f_1(x, y, z) \\ \tau_{xy} &= f_2(x, y, z) \\ \tau_{yz} &= f_3(x, y, z) \end{aligned} \right\} \qquad (4\text{-}1)$$

在临近点 P 的点 $P_1(x + \mathrm{d}x, y + \mathrm{d}y, z + \mathrm{d}z)$ 处，该点的 σ_x 应力分量可写成：

$$\sigma_x^1 = \sigma_x + \frac{\partial \sigma_x}{\partial x}\mathrm{d}x \qquad (4\text{-}2)$$

这是过 P_1 点的沿 x 轴向的正应力。
同理：

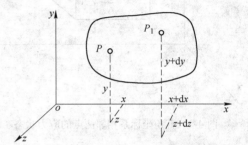

图 4-1 直角坐标系相邻两点的位置

$$\left. \begin{aligned} \sigma_y^1 &= \sigma_y + \frac{\partial \sigma_y}{\partial y}\mathrm{d}y \\[6pt] \sigma_z^1 &= \sigma_z + \frac{\partial \sigma_z}{\partial z}\mathrm{d}z \\[6pt] \tau_{xy}^1 &= \tau_{xy} + \frac{\partial \tau_{xy}}{\partial x}\mathrm{d}x \\[6pt] \tau_{xz}^1 &= \tau_{xz} + \frac{\partial \tau_{xz}}{\partial x}\mathrm{d}x \\[6pt] \tau_{yx}^1 &= \tau_{yx} + \frac{\partial \tau_{yx}}{\partial y}\mathrm{d}y \\[6pt] \tau_{yz}^1 &= \tau_{yz} + \frac{\partial \tau_{yz}}{\partial y}\mathrm{d}y \\[6pt] \tau_{zx}^1 &= \tau_{zx} + \frac{\partial \tau_{zx}}{\partial z}\mathrm{d}z \\[6pt] \tau_{zy}^1 &= \tau_{zy} + \frac{\partial \tau_{zy}}{\partial z}\mathrm{d}z \end{aligned} \right\} \qquad (4\text{-}3)$$

现在从变形体内部取出一平行六面体，其侧面平行于相应的坐标面。利用式（4-3）可以写出微分体各侧面上的应力分量，如图4-2所示。为清晰起见，在图4-3中标出只平行于 x 轴的各应力分量，而与 x 轴垂直的各应力分量没有标出。

如果变形体处于平衡状态，则从中取出的微分体也处于平衡状态。微分体应满足6个静力平衡方程：

$$\sum X = 0, \quad \sum Y = 0, \quad \sum Z = 0$$
$$\sum M_x = 0, \quad \sum M_y = 0, \quad \sum M_z = 0$$

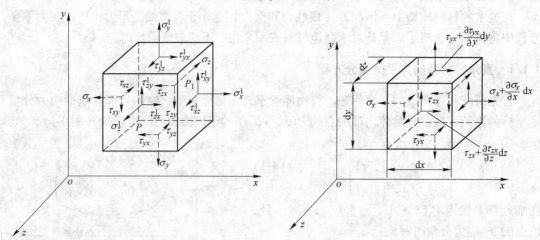

图 4-2 直角坐标系相邻两点的应力状态　　　图 4-3 相邻两点 x 轴向静力平衡应力

先应用平衡条件 $\sum X = 0$ 得：

$$\left(\sigma_x + \frac{\partial \sigma_x}{\partial x}\mathrm{d}x\right)\mathrm{d}y\mathrm{d}z - \sigma_x \mathrm{d}y\mathrm{d}z + \left(\tau_{yx} + \frac{\partial \tau_{yx}}{\partial y}\mathrm{d}y\right)\mathrm{d}x\mathrm{d}z -$$

$$\tau_{yx}\mathrm{d}x\mathrm{d}z + \left(\tau_{zx} + \frac{\partial \tau_{zx}}{\partial z}\mathrm{d}z\right)\mathrm{d}x\mathrm{d}y - \tau_{zx}\mathrm{d}x\mathrm{d}y = 0$$

化简后得：

$$\frac{\partial \sigma_x}{\partial x} + \frac{\partial \tau_{yx}}{\partial y} + \frac{\partial \tau_{zx}}{\partial z} = 0 \tag{4-4a}$$

同样，由 $\sum Y = 0$ 和 $\sum Z = 0$ 得：

$$\frac{\partial \tau_{xy}}{\partial x} + \frac{\partial \sigma_y}{\partial y} + \frac{\partial \tau_{zy}}{\partial z} = 0 \tag{4-4b}$$

$$\frac{\partial \tau_{xz}}{\partial x} + \frac{\partial \tau_{yz}}{\partial y} + \frac{\partial \sigma_z}{\partial z} = 0 \tag{4-4c}$$

式（4-4a）~式（4-4c）用张量符号可以表示成如下的简化形式：

$$\frac{\partial \sigma_{ij}}{\partial x_i} = 0 \tag{4-5}$$

当高速塑性加工时，应当考虑惯性力，此时的平衡方程为：

$$\frac{\partial \sigma_{ij}}{\partial x_i} + f_i = 0 \tag{4-6}$$

式中　f_i——i 方向的单位体积的惯性力。

　　力平衡方程式（4-4）、式（4-5）、式（4-6）反映了变形体内正应力的变化与剪应力变化的内在联系和平衡关系，即反映了过一点的 3 个正交微分面上的 9 个应力分量所应满足的条件，可用来分析和求解变形区的应力分布。

　　现在讨论第二组平衡条件——微分体各侧面应力对坐标轴的力矩为零：$\sum M_x = 0$

为简便起见，以过微分体中心的轴线 x_0 为转轴，如图4-4所示。实际上只有4个剪应力分量对此轴有力矩作用，而体积力对此轴无力矩作用。于是得：

$$\left(\tau_{zy} + \frac{\partial \tau_{zy}}{\partial z}\mathrm{d}z\right)\mathrm{d}x\mathrm{d}y\,\frac{\mathrm{d}z}{2} + \tau_{zy}\mathrm{d}x\mathrm{d}y\,\frac{\mathrm{d}z}{2} - \left(\tau_{yz} + \frac{\partial \tau_{yz}}{\partial y}\mathrm{d}y\right)\mathrm{d}x\mathrm{d}z\,\frac{\mathrm{d}y}{2} - \tau_{yz}\mathrm{d}x\mathrm{d}z\,\frac{\mathrm{d}y}{2} = 0$$

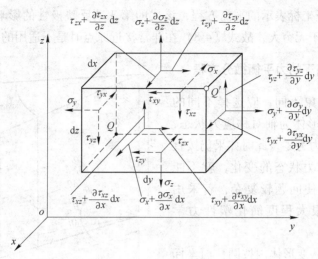

图4-4　相邻两点力矩平衡应力图

略去四阶无穷小量，约简后得 $\tau_{yz} = \tau_{zy}$；同理，取 $\sum M_Y = 0$ 和 $\sum M_Z = 0$ 可得其余两式。

$$\left.\begin{array}{l} \tau_{xy} = \tau_{yx} \\ \tau_{yz} = \tau_{zy} \\ \tau_{zx} = \tau_{xz} \end{array}\right\} \tag{4-7}$$

式（4-7）为剪应力互等定理，可表述如下：两个互相垂直的微平面上的剪应力，其垂直于该两平面交线的分量大小相等，而方向或均指向此交线，或均背离此交线。

4.1.2　极坐标系的力平衡微分方程

在平面问题里，当所考虑的物体是圆形、环形、扇形和楔形时，采用极坐标更为方便。此时，需将平面问题的力平衡方程用极坐标来表示。

在变形体内取一微小单元体 $abcd$，如图4-5所示，该单元体由两个圆柱面和两个径向平面截割而得。各应力下标是相对于过 $abcd$ 的中心的径向轴线 r 和切向轴线 θ 写出的，其意义和在直角坐标系中的 x 和 y 相当。

将极单元体各侧面上的力分别投影到交线 r 和切向 θ 上，忽略体积力并略去高阶小量，令所有作用力在坐标方向上的投影和等于零，得极坐标系下的平衡微分方程：

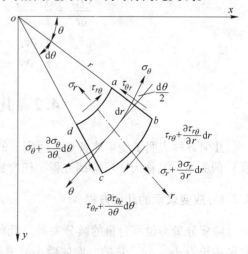

图4-5　极坐标系下平衡时的应力

$$\left.\begin{array}{c} \dfrac{\partial \sigma_r}{\partial r} + \dfrac{1}{r}\dfrac{\partial \tau_{\theta r}}{\partial \theta} + \dfrac{\sigma_r - \sigma_\theta}{r} = 0 \\[3mm] \dfrac{\partial \tau_{r\theta}}{\partial r} + \dfrac{1}{r}\dfrac{\partial \sigma_\theta}{\partial \theta} + \dfrac{2\tau_{r\theta}}{r} = 0 \end{array}\right\} \qquad (4\text{-}8)$$

式（4-8）是极坐标表示的平衡方程，该式的第 3 项反映极性的影响，当单元体接近原点时，第 3 项趋于无穷大，故式（4-8）在非常接近原点时是不适用的。

4.1.3　柱面坐标系下的力平衡微分方程

根据描述的对象不同，应选择不同的坐标系。例如，变形体为轴对称应力状态，其 θ 平面上的剪应力为零，此时如果仍按直角坐标系来描述应力状态的变化，就不能利用这个特点，会使问题较复杂；若采用柱面坐标系则可很大程度简化塑性力学方程。

图 4-6 所示是从变形体内按圆柱面坐标系取出的微分体。图中只标出了与 σ_r 有平衡关系的各应力分量。与直角坐标系微分体不同的是：两个 r 面是曲面，而且不相

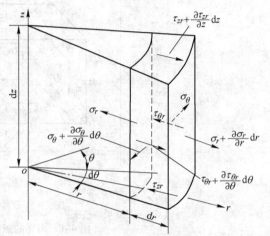

图 4-6　圆柱面坐标系相邻两点平衡时径向应力分量

等；两个 θ 面不平行，因此 σ_r 与 σ_θ 不互相垂直；两个 z 平面为扇形。

与极坐标系同理，可得：

$$\left.\begin{array}{c} \dfrac{\partial \sigma_r}{\partial r} + \dfrac{1}{r}\dfrac{\partial \tau_{\theta r}}{\partial \theta} + \dfrac{\partial \tau_{zr}}{\partial z} + \dfrac{\sigma_r - \sigma_\theta}{r} = 0 \\[3mm] \dfrac{\partial \tau_{r\theta}}{\partial r} + \dfrac{1}{r}\dfrac{\partial \sigma_\theta}{\partial \theta} + \dfrac{\partial \tau_{z\theta}}{\partial z} + \dfrac{2\tau_{r\theta}}{r} = 0 \\[3mm] \dfrac{\partial \tau_{rz}}{\partial r} + \dfrac{1}{r}\dfrac{\partial \tau_{\theta z}}{\partial \theta} + \dfrac{\partial \sigma_z}{\partial z} + \dfrac{\tau_{rz}}{z} = 0 \end{array}\right\} \qquad (4\text{-}9)$$

4.2　几 何 方 程

几何方程表明了变形体各点之间变形的协调关系，即位移与应变（应变增量、应变速度）的关系，又称为变形协调方程、相容方程。这种关系是由变形体的连续性决定的。

4.2.1　应变表示的几何方程

应变分量与位移分量的微分关系是几何方程的基本形式。在变形体内任一点 A 附近，截取边长为 dx、dy、dz 的六面体微小的单元体体积，其变形可用其在 3 个坐标平面上的投影的变形表示。为了消除体素的刚性平移，把坐标原点取在所研究点 A 上。于是，六面体在坐标平面 xy 上的投影 AaB_1b 变形后变为 $Aa'B_1'b'$（见图 4-7 及图 4-8）。点 a 相对点 A 在

坐标 x 上有一增量 dx，故点 a 相对点 A 在 x 轴方向上的相对位

移为 $\dfrac{\partial u_x}{\partial x}dx$；在 y 轴方向上的相对位移为 $\dfrac{\partial u_y}{\partial x}dx$。由于点 b 相对

点 A 在坐标 y 上有一增量 dy，故点 b 相对点 A 在 x 轴方向上的

相对位移为 $\dfrac{\partial u_x}{\partial y}dy$；而在 y 轴方向上的相对位移为 $\dfrac{\partial u_y}{\partial y}dy$。微小

的线段 Aa 和 Ab 间的剪应变为：$\gamma_{xy} = \dfrac{\partial u_y}{\partial x} + \dfrac{\partial u_x}{\partial y}$。

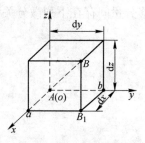

图 4-7　微小的单元体积在
坐标平面上的投影

　　由于假定微小的单元体积的剪变形是对称产生的，故微小

的单元体积在坐标平面 xy 上的投影，由 AaB_1b 变化到 $Aa'B_1'b'$，可视为由变形和刚性转动

两部分组成的。由此，如图 4-9 所示，可认为首先是棱线 Aa 向 y 轴方向、Ab 向 x 轴方向

对称地转动一相同的角度，即 $\dfrac{1}{2}\gamma_{xy} = \dfrac{1}{2}\gamma_{yx}$，此乃微小的单元体积在平面 xy 上的变形；然

后，整个投影一起绕 z 轴转一转角为 ω_z 的刚性转动，最终达到位置 $Aa'B_1'b'$。

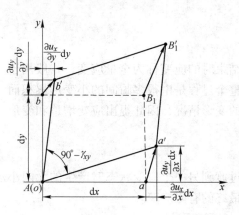

图 4-8　在坐标平面 xy 上微小单元
体积投影的角顶的位移

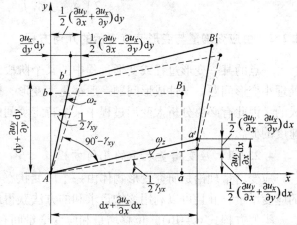

图 4-9　微小的单元体积在坐标平面
xy 上的刚性

　　根据图 4-7，假定变形较小，剪变形不影响线性尺寸，可求得微小线段 Aa 和 Ab 的相

对伸长（线应变）为：

$$\varepsilon_x = \frac{\partial u_x}{\partial x}, \quad \varepsilon_y = \frac{\partial u_y}{\partial y}$$

剪应变：

$$\frac{1}{2}\gamma_{xy} = \frac{1}{2}\gamma_{yx} = \frac{1}{2}\left(\frac{\partial u_y}{\partial x} + \frac{\partial u_x}{\partial y}\right)$$

刚性转动分量：

$$\omega_z = \frac{1}{2}\left(\frac{\partial u_y}{\partial x} - \frac{\partial u_x}{\partial y}\right)$$

　　同样，继续考察六面体在其余两个坐标平面上的投影的变形，最后求得应变分量与位

移分量间存在下列微分关系式：

$$\varepsilon_x = \frac{\partial u_x}{\partial x}, \quad \varepsilon_y = \frac{\partial u_y}{\partial y}, \quad \varepsilon_z = \frac{\partial u_z}{\partial z}$$

$$\left. \begin{aligned} \frac{1}{2}\gamma_{xy} &= \frac{1}{2}\gamma_{yx} = \frac{1}{2}\left(\frac{\partial u_y}{\partial x} + \frac{\partial u_x}{\partial y}\right) \\ \frac{1}{2}\gamma_{yz} &= \frac{1}{2}\gamma_{zy} = \frac{1}{2}\left(\frac{\partial u_z}{\partial y} + \frac{\partial u_y}{\partial z}\right) \\ \frac{1}{2}\gamma_{zx} &= \frac{1}{2}\gamma_{xz} = \frac{1}{2}\left(\frac{\partial u_x}{\partial z} + \frac{\partial u_z}{\partial x}\right) \\ \omega_x &= \frac{1}{2}\left(\frac{\partial u_z}{\partial y} - \frac{\partial u_y}{\partial z}\right) \\ \omega_y &= \frac{1}{2}\left(\frac{\partial u_x}{\partial z} - \frac{\partial u_z}{\partial x}\right) \\ \omega_z &= \frac{1}{2}\left(\frac{\partial u_y}{\partial x} - \frac{\partial u_x}{\partial y}\right) \end{aligned} \right\} \tag{4-10}$$

4.2.2 由应变增量与变形速度表示的几何方程

一点的某一变形过程或变形过程中的某个阶段结束时的应变称为全量应变，一般用于处理小变形问题。塑性成形问题一般都是大变形，整个过程是由很多瞬间的小变形累积而成的，因此有必要分析大变形过程中某个特定瞬间的变形情况，因此提出应变增量和变形速度的概念。

4.2.2.1 应变增量表示的几何方程

应变增量理论是研究变形物体由一个应变状态过渡到另一个应变状态时产生的无限小的应变增量，并且可以利用该增量求和的方法获得最终的有限应变。

类似方程式（4-10），位移增量和应变增量间有如下关系式：

$$\left. \begin{aligned} \mathrm{d}\varepsilon_x &= \frac{\partial}{\partial x}\mathrm{d}u_x \\ \mathrm{d}\varepsilon_y &= \frac{\partial}{\partial y}\mathrm{d}u_y \\ \mathrm{d}\varepsilon_z &= \frac{\partial}{\partial z}\mathrm{d}u_z \\ \mathrm{d}\gamma_{xy} &= \frac{\partial}{\partial x}\mathrm{d}u_y + \frac{\partial}{\partial y}\mathrm{d}u_x \\ \mathrm{d}\gamma_{yz} &= \frac{\partial}{\partial y}\mathrm{d}u_z + \frac{\partial}{\partial z}\mathrm{d}u_y \\ \mathrm{d}\gamma_{zx} &= \frac{\partial}{\partial z}\mathrm{d}u_x + \frac{\partial}{\partial x}\mathrm{d}u_z \end{aligned} \right\} \tag{4-11}$$

这些分量显然是无限小应变增量张量 $\boldsymbol{T}_{d\varepsilon}$ 的分量。在应变增量理论中，有与前述的小变形理论完全相应的定义和方程式（张量、偏张量、不变量等）。只要将应变分量 ε_x、ε_y、…、$\frac{1}{2}\gamma_{zx}$用相应的应变增量分量代换，上述的应变状态理论也可认为是无限小的应变增量理论。

4.2.2.2 应变速度表示的几何方程

变形物体内点的位移是以一定的速度进行的，在无限小的时间间隔 dt 内，点的位移产生位移增量：

$$du_x = v_x dt$$
$$du_y = v_y dt$$
$$du_z = v_z dt$$

根据式（4-11）可求得与位移增量相应的应变增量张量的分量，各应变增量分量具有相同的因子 dt。用 dt 除应变增量张量，即得到相应的应变速度张量：

$$T_\xi = \begin{Bmatrix} \xi_x & \frac{1}{2}\eta_{xy} & \frac{1}{2}\eta_{xz} \\ \bullet & \xi_y & \frac{1}{2}\eta_{yz} \\ \bullet & \bullet & \xi_z \end{Bmatrix} \tag{4-12}$$

式中

$$\xi_x = \frac{\partial v_x}{\partial x}, \ \xi_y = \frac{\partial v_y}{\partial y}, \ \xi_z = \frac{\partial v_z}{\partial z}$$

$$\left. \begin{aligned} \frac{1}{2}\eta_{xy} &= \frac{1}{2}\left(\frac{\partial v_y}{\partial x} + \frac{\partial v_x}{\partial y}\right) \\ \frac{1}{2}\eta_{yz} &= \frac{1}{2}\left(\frac{\partial v_z}{\partial y} + \frac{\partial v_y}{\partial z}\right) \\ \frac{1}{2}\eta_{zx} &= \frac{1}{2}\left(\frac{\partial v_x}{\partial z} + \frac{\partial v_z}{\partial x}\right) \end{aligned} \right\} \tag{4-13}$$

应变速度分量 ξ_x、ξ_y、ξ_z 为微小的单元体积沿坐标方向的线应变速度；分量 η_{xy}、η_{yz}、η_{zx} 为微小的单元体积在相应的坐标平面内的剪应变速度。

应变速度张量亦可由主方向和主分量给出：

$$T_\xi = \begin{Bmatrix} \xi_1 & 0 & 0 \\ \bullet & \xi_2 & 0 \\ \bullet & \bullet & \xi_3 \end{Bmatrix}$$

应变速度张量 T_ξ 同所有的对称张量一样，可分解为应变速度偏张量 T'_ξ 和应变速度球量 T''_ξ，即

$$T_\xi = T'_\xi + T''_\xi \tag{4-14}$$

或表示为

$$\begin{Bmatrix} \xi_x & \frac{1}{2}\eta_{xy} & \frac{1}{2}\eta_{xz} \\ \bullet & \xi_y & \frac{1}{2}\eta_{yz} \\ \bullet & \bullet & \xi_z \end{Bmatrix} = \begin{Bmatrix} \xi'_x & \frac{1}{2}\eta_{xy} & \frac{1}{2}\eta_{xz} \\ \bullet & \xi'_y & \frac{1}{2}\eta_{yz} \\ \bullet & \bullet & \xi'_z \end{Bmatrix} + \begin{Bmatrix} \xi & 0 & 0 \\ \bullet & \xi & 0 \\ \bullet & \bullet & \xi \end{Bmatrix}$$

式中

$$\xi = \frac{1}{3}(\xi_x + \xi_y + \xi_z) = \frac{1}{3}(\xi_1 + \xi_2 + \xi_3)$$

$$\xi'_x = \xi_x - \xi, \ \xi'_y = \xi_y - \xi, \ \xi'_z = \xi_z - \xi$$

应变速度张量和应变速度偏张量也有特征方程式和不变量。

应变速度张量的不变量:

$$L_1 = \xi_x + \xi_y + \xi_z = \xi_1 + \xi_2 + \xi_3 \tag{4-15a}$$

$$L_2 = -(\xi_x\xi_y + \xi_y\xi_z + \xi_z\xi_x) + \frac{1}{4}(\eta_{xy}^2 + \eta_{yz}^2 + \eta_{zx}^2) = -(\xi_1\xi_2 + \xi_2\xi_3 + \xi_3\xi_1) \tag{4-15b}$$

应变速度偏张量的不变量

$$L'_1 = 0$$

$$L'_2 = \frac{1}{6}\left[(\xi_x - \xi_y)^2 + (\xi_y - \xi_z)^2 + (\xi_z - \xi_x)^2 + \frac{3}{2}(\eta_{xy}^2 + \eta_{yz}^2 + \eta_{zx}^2)\right]$$

$$= \frac{1}{6}\left[(\xi_1 - \xi_2)^2 + (\xi_2 - \xi_3)^2 + (\xi_3 - \xi_1)^2\right] \tag{4-16}$$

剪应变速度强度由下式定义:

$$H = 2\sqrt{L'_2} = \sqrt{\frac{2}{3}}\sqrt{(\xi_x - \xi_y)^2 + (\xi_y - \xi_z)^2 + (\xi_z - \xi_x)^2 + \frac{3}{2}(\eta_{xy}^2 + \eta_{yz}^2 + \eta_{zx}^2)}$$

$$= \sqrt{\frac{2}{3}}\sqrt{(\xi_1 - \xi_2)^2 + (\xi_2 - \xi_3)^2 + (\xi_3 - \xi_1)^2} \tag{4-17}$$

应变速度强度(或称有效应变速度)定义如下:

$$\xi_{ef} = \frac{\sqrt{2}}{3}\sqrt{(\xi_x - \xi_y)^2 + (\xi_y - \xi_z)^2 + (\xi_z - \xi_x)^2 + \frac{3}{2}(\eta_{xy}^2 + \eta_{yz}^2 + \eta_{zx}^2)}$$

$$= \frac{\sqrt{2}}{3}\sqrt{(\xi_1 - \xi_2)^2 + (\xi_2 - \xi_3)^2 + (\xi_3 - \xi_1)^2} \tag{4-18}$$

应变速度偏张量的二次不变量及剪应变速度强度也可表示为:

$$L'_2 = \frac{1}{2}\xi'_{ij}\xi'_{ij} \tag{4-19}$$

$$H = \sqrt{2}\sqrt{\xi'_{ij}\xi'_{ij}} \quad (i, j = x, y, z) \tag{4-20}$$

4.3　屈　服　准　则

　　物体在力的作用下,某质点处于单向应力状态时,只要单向应力达到材料的屈服点时,则该质点就开始进入塑性状态,即处于屈服。然而在多向应力的复杂应力状态下,必须综合考虑所有的应力分量的影响,才能判断受力物体内的质点何时进入塑性状态。所受的应力状态是变形体屈服的外部条件,变形体本身的力学性能是决定其屈服的内因。塑性理论的目的之一就是确定变形体由弹性状态过渡到塑性状态的条件,就是要找出变形体受外力后产生的应力分量与材料的物理常数间的一定关系，这种关系象征着塑性状态的出现，称为屈服准则或塑性条件。

在单向拉伸时，这个条件就是一般表示为 $\sigma = \sigma_s$，即拉应力 σ 达到 σ_s 就发生屈服，σ_s 是材料的一个物理常数，可以由拉伸实验得到。问题是在复杂的应力状态下这个条件是否存在并如何表达。

对处于复杂应力状态的各向同性体，实验表明，某向正应力可能远远超过屈服极限 σ_s，却并没有发生塑性变形。于是可以设想，塑性变形的发生不取决于某个应力分量，而由一点的应力分量的某种组合所决定。既然塑性变形是在一定的应力状态下发生，而任何应力状态最简便的是用 3 个主应力表示，故所寻求的条件如果存在，则这个条件应是 3 个正主应力的函数，即：

$$f(\sigma_1, \sigma_2, \sigma_3) = C$$

式中　C——材料的物理常数。

塑性状态是一种物理状态，它不应与坐标轴的选择有关，因此，最好用应力张量的不变量来表示塑性条件，即：

$$f(J_1, J_2, J_3) = C$$

若注意到在很大的静水压力下各向同性的材料不至于屈服这一公认的事实，则可断言，平均应力的大小与屈服无关，故上式应该用偏差应力张量的不变量来表示。因 $J_1' = 0$，故有：

$$f(J_2', J_3') = C$$

对于匀质、各向同性、理想刚塑性材料，判定进入屈服的条件有屈雷斯卡屈服条件和米赛斯屈服条件。当材料产生加工硬化时，此时的屈服条件称为后继屈服条件。

4.3.1　屈雷斯卡屈服准则

屈雷斯卡屈服条件是法国学者屈雷斯卡（H. Trasca）根据铅试件的挤压实验提出的，即塑性变形的产生不是取决于主应力的绝对值，而是取决于主应力之差，即最大剪应力值。圣维南（B. Saint-Venant）于 1871 年提出了最大剪应力等于常值的假设，并以此为基础建立了塑性变形理论。

对该假设的进一步的叙述如下：欲使处于应力状态的韧性材料中的某一点进入塑性状态，必须使其最大剪应力达到材料所允许的极限数值，并且该极限数值和应力状态无关，而为一常值。即：

$$\tau_{\max} = \frac{\sigma_1 - \sigma_3}{2} = C \tag{4-21}$$

式中的 C 由简单应力状态来确定。

4.3.1.1　对于单向应力状态（简单拉伸或压缩）

单向拉伸时的应力状态为一维受力，$\sigma_x \neq 0$ 其余为：

$$\sigma_y = \sigma_z = \tau_{xy} = \tau_{yz} = \tau_{zx} = 0$$

主应力状态为：

$$\sigma_1 = \sigma_x$$

屈服时：

$$\sigma_1 = \sigma_x = \sigma_s$$

式中，σ_s 为材料的屈服点。

代入式（4-21），则单向拉伸屈服时的 $C = \sigma_s/2$，再代回式（4-21），得：

$$\sigma_1 - \sigma_3 = \sigma_s \tag{4-22}$$

4.3.1.2　薄壁管纯扭转

薄壁管纯扭转时的应力状态为（见图4-10）：

$$\tau_{xy} \neq 0$$

其余为：

$$\sigma_x = \sigma_y = \sigma_z = \tau_{yz} = \tau_{zx} = 0$$

主应力状态为：

$$\sigma_1 = -\sigma_3 = \tau_{xy} = \tau_{yx}$$

屈服时：

$$\sigma_1 = -\sigma_3 = \tau_{xy} = k$$

式中，k 为材料的剪切屈服强度。

图 4-10　纯剪切应力状态

代入式（4-21），则薄壁管纯扭转屈服时

$$C = \frac{\sigma_1 - (-\sigma_1)}{2} = k$$

再代回式（4-21），得：

$$\sigma_1 - \sigma_3 = 2k \tag{4-23}$$

式（4-22）和式（4-23）均称为屈雷斯卡屈服准则。可见按最大剪应力理论，有：

$$k = \frac{\sigma_s}{2}$$

应指出，屈雷斯卡屈服准则，由于计算比较简单，有时也比较符合实际，所以比较常用。但是，由于该准则未反映出中间主应力 σ_2 的影响，故仍有不足之处。

4.3.2　密赛斯屈服准则

4.3.2.1　密赛斯屈服准则

可以理解，不管采用什么样的变形方式，在变形体内某点发生屈服的条件应当仅仅是该点处各应力分量的函数，即：

$$f(\sigma_{ij}) = 0$$

此函数称为屈服函数。

上文已讲到，因为金属屈服是物理现象，所以对各向同性材料这个函数不应随坐标的选择而变。金属的屈服与对应形状改变的偏差应力有关，而与对应弹性体积变化的球应力无关。已知偏差应力的一次不变量为零，所以变形体的屈服可能与不随坐标选择而变的偏差应力二次不变量有关，因而此常量可以作为屈服的判据。也就是说，对同一金属在相同的变形温度、应变速率和预先加工硬化条件下，不管采用什么样的变形方式，也不管如何选择坐标系，只要偏差应力张量二次不变量 I_2' 达到某一值，金属便由弹性变形过渡到塑性变形，即：

$$f(\sigma_{ij}) = I_2' - C = 0$$

由式

$$I_2' = \frac{1}{6}\left[(\sigma_x - \sigma_y)^2 + (\sigma_y - \sigma_z)^2 + (\sigma_z - \sigma_x)^2 + 6(\tau_{xy}^2 + \tau_{yz}^2 + \tau_{zx}^2)\right] = C \quad (4\text{-}24)$$

如所取坐标轴为主轴，则：

$$I_2' = \frac{1}{6}\left[(\sigma_1 - \sigma_2)^2 + (\sigma_2 - \sigma_3)^2 + (\sigma_3 - \sigma_1)^2\right] = C \quad (4\text{-}25)$$

现按简单应力状态下的屈服条件来确定式（4-24）和式（4-25）中的常数 C。

单向拉伸或压缩时，σ_x 或 $\sigma_1 = \sigma_s$，其他应力分量为零，代入式（4-24）和式（4-25），确定常数 $c = \sigma_s^2/3$；薄壁管扭转时，$\tau_{xy} = k$，其他应力分量为零，或 $\sigma_1 = -\sigma_3 = \tau_{xy} = k$，$\sigma_2 = 0$，分别代入式（4-24）和式（4-25）中，则其常数 $C = k^2$，把 $C = \sigma_s^2/3 = k^2$ 代入式（4-24）和式（4-25），则得：

$$(\sigma_x - \sigma_y)^2 + (\sigma_y - \sigma_z)^2 + (\sigma_z - \sigma_x)^2 + 6(\tau_{xy}^2 + \tau_{yz}^2 + \tau_{zx}^2) = 2\sigma_s^2 = 6k^2$$

或：

$$f(\sigma_{ij}) = \left[(\sigma_x - \sigma_y)^2 + (\sigma_y - \sigma_z)^2 + (\sigma_z - \sigma_x)^2 + 6(\tau_{xy}^2 + \tau_{yz}^2 + \tau_{zx}^2)\right] - 2\sigma_s^2 = 0$$

$$(4\text{-}26)$$

所取坐标轴为主轴时，则：

$$(\sigma_1 - \sigma_2)^2 + (\sigma_2 - \sigma_3)^2 + (\sigma_3 - \sigma_1)^2 = 2\sigma_s^2 = 6k^2$$

或：

$$f(\sigma_{ij}) = \left[(\sigma_1 - \sigma_2)^2 + (\sigma_2 - \sigma_3)^2 + (\sigma_3 - \sigma_1)^2\right] - 2\sigma_s^2 = 0 \quad (4\text{-}27)$$

式（4-26）和式（4-27）称为密赛斯屈服准则。

由式（4-26）和式（4-27）可见，按密赛斯屈服准则，有：

$$k = \frac{\sigma_s}{\sqrt{3}} = 0.577\sigma_s$$

密赛斯屈服准则只用一个式子表示，而且可以不必求出主应力，也不论是平面还是空间问题，所以显得较简便。并且后来大量事实证明，密赛斯屈服准则更符合实际，而且对这一准则给出了物理的和几何上的解释。

（1）一个解释是汉基提出的。汉基认为密赛斯屈服准则表示各向同性材料内所储存的单位体积变形能达到某一定值时会发生屈服，而这个变形能只与材料性质有关，与应力状态无关。

在弹性变形时有下列广义虎克定律：

$$\varepsilon_1 = \frac{1}{E}\left[\sigma_1 - \nu(\sigma_2 + \sigma_3)\right]$$

$$\varepsilon_2 = \frac{1}{E}\left[\sigma_2 - \nu(\sigma_1 + \sigma_3)\right]$$

$$\varepsilon_3 = \frac{1}{E}\left[\sigma_3 - \nu(\sigma_2 + \sigma_1)\right]$$

单位体积的弹性变形能可借助于这个式子用应力表示为：

$$W = \frac{1}{2}(\varepsilon_1 \sigma_1 + \varepsilon_2 \sigma_2 + \varepsilon_3 \sigma_3) = \frac{1}{2E}[\sigma_1^2 + \sigma_2^2 + \sigma_3^2 - 2\nu(\sigma_1\sigma_2 + \sigma_2\sigma_3 + \sigma_3\sigma_1)]$$

其中与物体形状改变有关的部分 W_f，可借将此式中的应力分量代以偏差应力分量求得：

$$W_f = \frac{1}{2E}[(\sigma_1')^2 + (\sigma_2')^2 + (\sigma_3')^2 - 2\nu(\sigma_1'\sigma_2' + \sigma_2'\sigma_3' + \sigma_3'\sigma_1')]$$

$$= \frac{1+\nu}{6E}[(\sigma_1 - \sigma_2)^2 + (\sigma_2 - \sigma_3)^2 + (\sigma_3 - \sigma_1)^2] = \frac{1+\nu}{E}I_2'$$

于是，发生塑性变形时的单位体积形状变化能达到的极值是：

$$W_f = \frac{1+\nu}{3E}\sigma_s^2$$

所以，密赛斯屈服准则也称为变形能定值理论。

（2）对密赛斯屈服准则的另一种解释是纳达依提出的，他认为，因为八面体上的剪应力 τ_8 也是与坐标轴选择无关的常数，所以屈服时不是最大剪应力为常数，而是正八面体面上的剪应力达到某一极限值，即在同样的变形条件下对同一种金属，τ_8 达到一定值时便发生屈服，而与应力状态无关。

$$\tau_8 = \frac{1}{3}\sqrt{(\sigma_1 - \sigma_2)^2 + (\sigma_2 - \sigma_3)^2 + (\sigma_3 - \sigma_1)^2} = C$$

单向拉伸时，$\sigma_1 = \sigma_s$，其他应力分量为零，代入上式得：

$$\tau_8 = \frac{\sqrt{2}}{3}\sigma_s$$

这符合将密赛斯屈服准则带入八面体剪应力表达式得到的结果。

4.3.2.2　中间主应力的影响

为了将密赛斯屈服准则简化成与屈雷斯卡屈服准则同样的形式并考虑中间主应力 σ_2 对屈服的影响，这里引入应力参数，称为罗德应力参数。

中间主应力 σ_2 的变化范围为 $\sigma_1 \sim \sigma_3$，取该变化范围的中间值 $\frac{\sigma_1 + \sigma_3}{2}$ 为参考值，则 σ_2 与参考值间的偏差为 $\sigma_2 - \frac{\sigma_1 + \sigma_3}{2}$，$\sigma_2$ 的相对偏差为：

$$\mu_d = \frac{\sigma_2 - \dfrac{\sigma_1 + \sigma_3}{2}}{\dfrac{\sigma_1 - \sigma_3}{2}}$$

式中　μ_d——罗德参数。

因此，有：

$$\sigma_2 = \frac{\sigma_1 + \sigma_3}{2} + \frac{\mu_d}{2}(\sigma_1 - \sigma_3)$$

将 σ_2 代入密赛斯屈服准则，得：

$$\sigma_1 - \sigma_3 = \frac{2}{\sqrt{3 + \mu_d^2}} \sigma_s = \beta \sigma_s \qquad (4\text{-}28a)$$

$$\beta = \frac{2}{\sqrt{3 + \mu_d^2}} \qquad (4\text{-}28b)$$

式（4-28a）、式（4-28b）是密赛斯屈服准则的简化形式。

$\sigma_2 = \sigma_1$，$\mu_d = 1$，$\sigma_1 - \sigma_3 = \sigma_s$（轴对称应力状态）

$$\sigma_2 = \frac{\sigma_1 + \sigma_3}{2}, \quad \mu_d = 0, \quad \sigma_1 - \sigma_3 = \frac{2}{\sqrt{3}} \sigma_s （平面$$

变形状态）

$\sigma_2 = \sigma_3$，$\mu_d = -1$，$\sigma_1 - \sigma_3 = \sigma_s$（轴对称应力状态）

中间主应力与最大、最小主应力关系如图 4-11 所示。

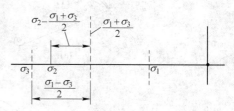

图 4-11　中间主应力与最大主应力和最小主应力的关系

4.3.3　屈服准则的几何图形

4.3.3.1　屈服准则的塑性表面

如果把式（4-27）：

$$f(\sigma_{ij}) = \left[(\sigma_1 - \sigma_2)^2 + (\sigma_2 - \sigma_3)^2 + (\sigma_3 - \sigma_1)^2 \right] - 2\sigma_s^2 = 0$$

中的主应力看成是主轴坐标系的 3 个自变量，则此式是一个轴线通过原点并与 3 个坐标轴 $o\sigma_1$、$o\sigma_2$、$o\sigma_3$ 成等倾角、无限长的圆柱面，如图 4-12 所示。

如图 4-12 所示，若变形体内一点的主应力为（σ_1、σ_2、σ_3），则此点的应力状态可用主应力坐标空间的一点 P 来表示，此点的坐标为 σ_1，σ_2，σ_3，而：

$$\overline{oP}^2 = \overline{oP_1}^2 + \overline{P_1M}^2 + \overline{MP}^2 = \sigma_1^2 + \sigma_2^2 + \sigma_3^2$$

现通过原点 o 作一条与 3 个坐标轴成等倾角的直线 oH，oH 与各坐标轴夹角的方向余弦都等于 $1/\sqrt{3}$。所以可得到 oP 在 oH 上的投影为：

$$\overline{oN} = \sigma_1 l + \sigma_2 m + \sigma_3 n = \frac{1}{\sqrt{3}}(\sigma_1 + \sigma_2 + \sigma_3)$$

或

$$\overline{oN}^2 = \frac{1}{3}(\sigma_1 + \sigma_2 + \sigma_3)^2 = 3\sigma_m^2 \qquad (4\text{-}29)$$

而

$$\overline{PN}^2 = \overline{oP}^2 - \overline{oN}^2 = \sigma_1^2 + \sigma_2^2 + \sigma_3^2 - 3\sigma_m^2$$

$$= \sigma_1^2 + \sigma_2^2 + \sigma_3^2 - 6\sigma_m \frac{\sigma_1 + \sigma_2 + \sigma_3}{3} + 3\sigma_m^2 \qquad (4\text{-}30)$$

$$= (\sigma_1')^2 + (\sigma_2')^2 + (\sigma_3')^2$$

将密赛斯屈服准则式（4-27）代入式（4-30），则有：

$$\overline{PN}^2 = \frac{2}{3}\sigma_s^2 = 2k^2$$

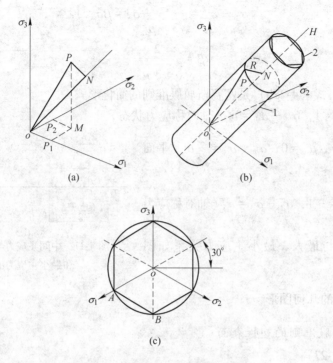

图 4-12 屈服准则的图形表述

（a）主应力空间坐标；（b）屈服柱面；（c）π 平面

或

$$PN = \sqrt{\frac{2}{3}}\sigma_s = \sqrt{2}k$$

这表明，密赛斯屈服准则在主应力空间是一个其轴线与坐标轴成等倾角、无限长的圆柱面，半径 $R = PN = \sqrt{2/3}\sigma_s$ 或 $\sqrt{2}k$，把这个圆柱面称为屈服表面。由此表示若一点的应力状态位于此圆柱面以内，则该点处于弹性状态；若位于圆柱面上，则处于塑性状态。从加工硬化的角度看，圆柱的半径会在继续塑性变形时增大，因此实际的应力状态不可能处于圆柱面以外。

此外，由式（4-29）和式（4-30）可知，oN 为球应力分量的矢量和，PN 为偏差应力分量的矢量和。

前已述及，球应力分量和静水应力对屈服无影响，仅偏差应力分量与屈服有关。因此，oN 的大小对屈服无影响，仅 PN 与屈服有关。既然 oN 对屈服无影响，则可取 oN 等于零，或 $\sigma_1 + \sigma_2 + \sigma_3 = 0$，即通过原点与屈服圆柱面轴线垂直的 π 平面上的屈服轨迹便可解释屈服。密赛斯屈服准则在 π 平面上的屈服轨迹为圆（即塑性圆柱面与 π 平面的交线），如图 4-12 所示。

不难证明，屈雷斯卡屈服准则在应力空间中表示其轴线与 3 个坐标轴等倾并具有 3 对平行平面的正六棱柱面。如图 4-12（c）所示，断面的边长等于 $\sqrt{\frac{2}{3}}\sigma_s$，在 π 平面上的屈服轨迹为密赛斯屈服轨迹圆的内接正六角形。由图 4-12 (c) 可见，两个屈服准则在 π 平面上的屈服轨迹差别最大之处 R 与 oM 之比为 $2/\sqrt{3} = 1.155$。

必须注意的是上述讨论是在 σ_1、σ_2、σ_3 不受 $\sigma_1 > \sigma_2 > \sigma_3$ 的排列限制时得出的。如果 3 个主应力的标号按代数值的大小依次排列，则图 4-12 中的圆柱面或 π 平面上的屈服轨迹只存在 1/6，如图 4-12 (c) 中的 $\overset{\frown}{AB}$ 段，其余都是虚构的，只有这部分曲线上的点才能满足 $\sigma_1 > \sigma_2 > \sigma_3$。

4.3.3.2 屈服准则的塑性表面

G. I. 泰勒和 H. 奎奈用薄壁管在轴向拉伸和横向扭转联合作用下进行实验，如图 4-13 所示。由于是薄壁管，所以可以认为在整个管壁上，拉应力 σ_x 和剪应力 τ_{xy} 是常数，以避免应力不均匀分布的影响。其应力状态如图 4-13 (b) 所示。此时 $\sigma_x \neq 0$，$\tau_{xy} \neq 0$，$\sigma_y = \sigma_z = \tau_{yz} = \tau_{zx} = 0$。其非主状态下的应力状态张量为：

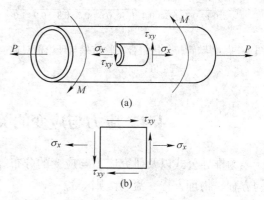

图 4-13　薄壁管拉扭组合作用下的应力状态

$$T_\sigma = \begin{bmatrix} \sigma_x & \tau_{yx} & 0 \\ \tau_{xy} & 0 & 0 \\ 0 & 0 & 0 \end{bmatrix}$$

主状态为：

$$\sigma_1 = \frac{\sigma_x}{2} + \sqrt{\frac{\sigma_x^2}{4} + \tau_{xy}^2} \tag{4-31}$$

$$\sigma_2 = 0$$

$$\sigma_3 = \frac{\sigma_x}{2} - \sqrt{\frac{\sigma_x^2}{4} + \tau_{xy}^2}$$

把式 (4-31) 代入屈雷斯卡屈服准则式 (4-23) 中，整理得：

$$\left(\frac{\sigma_x}{\sigma_s}\right)^2 + 4\left(\frac{\tau_{xy}}{\sigma_s}\right)^2 = 1 \tag{4-32}$$

把式 (4-31) 代入密赛斯屈服准则式 (4-27) 中，整理得：

$$\left(\frac{\sigma_x}{\sigma_s}\right)^2 + 3\left(\frac{\tau_{xy}}{\sigma_s}\right)^2 = 1 \tag{4-33}$$

图 4-14 是由式 (4-32) 和式 (4-33) 确定的两个椭圆和实验点。由图可见，密赛斯屈服准则与实验结果更接近。

W. 罗德 (Lode) 在内压力和拉伸载荷联合作用下对用钢、镍和铜制作的薄壁管进行了实验。按照式 (4-28) 绘制出理论曲线，如图 4-15 所示，图中提供了罗德的实验数据。此实验表明，与屈雷斯卡屈服准则相比，密赛斯屈服准则与实际更为符合。

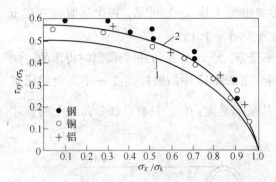
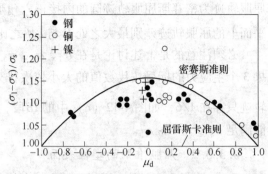

图 4-14　薄壁管拉、扭组合实验结果与理论值对比　　　　图 4-15　罗德实验结果与理论值对比
1—理论值；2—实验结果

4.4　应力与应变的关系方程（本构方程）

为推导公式以及研究应力与应变的分布等，必须知道应力与应变的关系方程（也称本构方程、物理方程、流动法则等）。

4.4.1　弹性变形时应力与应变的关系

由材料力学可知，单向应力状态时的应力与应变关系就是熟知的虎克定律，将它推广到一般应力状态的各向同性材料，应力与应变关系就服从广义虎克定律：

$$\left. \begin{array}{l} \varepsilon_x = \dfrac{1}{E}\left[\sigma_x - \nu(\sigma_y + \sigma_z)\right], \ \gamma_{xy} = \dfrac{1}{G}\tau_{xy} \\[2mm] \varepsilon_y = \dfrac{1}{E}\left[\sigma_y - \nu(\sigma_z + \sigma_x)\right], \ \gamma_{yz} = \dfrac{1}{G}\tau_{yz} \\[2mm] \varepsilon_z = \dfrac{1}{E}\left[\sigma_z - \nu(\sigma_x + \sigma_y)\right], \ \gamma_{zx} = \dfrac{1}{G}\tau_{zx} \end{array} \right\} \tag{4-34}$$

式中　E——弹性模量；

　　　ν——泊松系数；

　　　G——剪切模量，$G = \dfrac{E}{2(1+\nu)}$。

弹性变形中同样包含了体积变化和形状变化，可以分别写出它们与应力之间的关系。将式（4-34）前 3 式相加并除以 3，整理后得：

$$\varepsilon_{\mathrm{m}} = \frac{\varepsilon_x + \varepsilon_y + \varepsilon_z}{3} = \frac{1-2\nu}{3E}(\sigma_x + \sigma_y + \sigma_z) = \frac{1-2\nu}{E}\sigma_{\mathrm{m}} \tag{4-35}$$

式中　$\varepsilon_{\mathrm{m}}'$，$\sigma_{\mathrm{m}}$——平均应变和平均应力。

将式（4-34）第一项减去式（4-35）可得：

$$\varepsilon_x' = \varepsilon_x - \varepsilon_{\mathrm{m}} = \frac{1+\nu}{E}(\sigma_x - \sigma_{\mathrm{m}}) = \frac{1}{2G}(\sigma_x - \sigma_{\mathrm{m}})$$

即：

$$\varepsilon'_x = \frac{1}{2G}\sigma'_x$$

同理：

$$\varepsilon'_y = \frac{1}{2G}\sigma'_y$$

$$\varepsilon'_z = \frac{1}{2G}\sigma'_z$$

于是应力偏分量与应变偏分量关系可以表示如下：

$$\varepsilon'_x = \frac{1}{2G}\sigma'_x, \qquad \gamma_{xy} = \frac{1}{G}\tau_{xy}$$

$$\varepsilon'_y = \frac{1}{2G}\sigma'_y, \qquad \gamma_{yz} = \frac{1}{G}\tau_{yz}$$

$$\varepsilon'_z = \frac{1}{2G}\sigma'_z, \qquad \gamma_{zx} = \frac{1}{G}\tau_{zx}$$

上式表明了弹性变形时，形状变化的应变偏分量与应力偏分量成正比，比例系数为 $1/G$。

4.4.2　塑性变形时应力与应变的关系

材料在塑性变形时，应力与应变的关系要比弹性变形状态复杂得多。为了便于掌握材料在塑性变形状态时应力与应变之间的变化规律，首先讨论材料在简单拉伸试验中所呈现的性质。在塑性变形状态中对应力与应变关系的研究，许多概念的形成，都是根据简单拉伸试验时观察到的现象再进一步推广到一般应力状态的。当然，这类推广都必须用另外的方法加以验证。

图 4-16 所示为低碳钢在常温并且均匀加载的情况下单向拉伸应力-应变曲线。在拉伸图上 OA 段内，材料变形属于弹性变形，应力应变关系符合虎克定律，故 A 点称为比例极限。通常弹性阶段要超过比例极限 A 而延伸到屈服极限 B。加载超过 B 点，材料便进入塑性阶段，这时变形是不可逆的。如果在 C 点沿着 CD 卸载，且 CD 平行于 OA 到 E 点，卸载完毕，材料将留下塑性变形，如图中 OE 所示，也称为残余变形，记作 ε^p。在总应变 OC' 中，EC' 代表可以恢复的弹性应变部分，记作 ε^e。设总应变为 ε，则可表示为 $\varepsilon = \varepsilon^p + \varepsilon^e$。

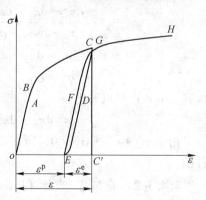

图 4-16　拉伸应力-应变曲线

如果从 E 点重新加载，则应力和应变便沿着 EF 直线上升，在 G 点屈服。由此可见，由于产生了塑性变形，使材料的屈服极限提高了，这种现象称为强化。为了将屈服点 B 和 G 加以区别，常将 B 点称为初始屈服点，而 G 点称为后继屈服点。重新加载的曲线 EFG 和卸载曲线 CDE 不重合，两者之间形成一狭长的回线，其面积表示这次卸载和重新加载的循环中所消耗的功。如果再继续加载，应力和应变将沿 GH 增长。

由此可见，塑性变形时应力与应变之间关系是非线性的，不可恢复的，应力与应变之间没有一一对应关系，且与加载历史或应变路线有关。所以近百年来，不少学者曾提出各种理论来描述材料处于塑性状态时应力与应变之间复杂的关系。

目前为止，所有描述塑性应力应变关系的理论可分为两大类：

(1) 塑性变形时应力与应变增量（或应变速度）之间的关系——增量理论；

(2) 塑性变形时全量应变和应力之间的关系——全量理论。

4.4.3　塑性变形增量理论

塑性变形增量理论是在假设应变增量主轴与应力主轴（或偏差应力主轴）相重合的前提下，建立的偏差应力和应变增量之间成正比的关系。所谓应变增量是指每一瞬时各应变分量的无限小的变化量，记作 $d\varepsilon_x$，$d\varepsilon_y$，$\cdots$，$d\gamma_{zx}$ 等。塑性应变增量理论不受加载方式的限制，因而比其他理论适用范围较广。下面讨论属于增量理论的列维-米塞斯方程和普朗特-劳斯方程。

4.4.3.1　列维-米塞斯（Levy-Mises）方程

列维-米塞斯认为：在变形过程中，弹性应变增量为零，塑性应变增量就是总应变增量。在应力主轴（偏差应力主轴）与应变增量主轴相重合的前提下，应变增量和偏差应分量成正比关系，即：

$$\frac{d\varepsilon_x}{\sigma_x'} = \frac{d\varepsilon_y}{\sigma_y'} = \frac{d\varepsilon_z}{\sigma_z'} = \frac{d\gamma_{xy}}{2\tau_{xy}} = \frac{d\gamma_{yz}}{2\tau_{yz}} = \frac{d\gamma_{zx}}{2\tau_{zx}} = d\lambda$$

式中，$d\lambda$ 为瞬时的非负比例系数，在变形过程中随载荷及点的位置而变化。卸载时，$d\lambda = 0$。在同一点同一载荷下，对各个方向而言是常数。利用等比定律可以得到下列常用的两式：

$$\left.\begin{array}{l} \dfrac{d\varepsilon_x - d\varepsilon_y}{\sigma_x - \sigma_y} = \dfrac{d\varepsilon_y - d\varepsilon_z}{\sigma_y - \sigma_z} = \dfrac{d\varepsilon_z - d\varepsilon_x}{\sigma_z - \sigma_x} = d\lambda \\[3mm] \text{或} \quad \dfrac{d\varepsilon_1 - d\varepsilon_2}{\sigma_1 - \sigma_2} = \dfrac{d\varepsilon_2 - d\varepsilon_3}{\sigma_2 - \sigma_3} = \dfrac{d\varepsilon_3 - d\varepsilon_1}{\sigma_3 - \sigma_1} = d\lambda \end{array}\right\} \tag{4-36}$$

由式（4-36）可以看出：

$$d\varepsilon_x + d\varepsilon_y + d\varepsilon_y = d\lambda(\sigma_x' + \sigma_y' + \sigma_z')$$

由于 $\sigma_x' + \sigma_y' + \sigma_z' = 0$，所以 $d\varepsilon_x + d\varepsilon_y + d\varepsilon_y = 0$，这是符合塑性变形时体积不变条件的。

4.4.3.2　普朗特-劳斯（Prandtl-Reuses）方程

普朗特-劳斯在列维-米塞斯方程的基础上进一步考虑了弹性变形，认为在变形时忽略了弹性应变部分，对变形较大的问题是可行的，但对于小变形，忽略了弹性变形部分会带来较大的误差。因而提出，塑性变形时，总应变增量由塑性应变增量（用上角标 p 表示塑性）和弹性应变增量（用上角标 e 表示弹性）组成，即：

$$d\varepsilon_x = d\varepsilon_x^p + d\varepsilon_x^e, \quad \cdots, \quad d\gamma_{zx} = d\gamma_{zx}^p + d\gamma_{zx}^e \tag{4-37}$$

若用偏差变形增量表示：

$$d\varepsilon_x' = (d\varepsilon_x')^p + (d\varepsilon_x')^e = (d\varepsilon_x')^e + d\varepsilon_x^p - d\varepsilon_m^p$$

因为塑性变形时体积不变，即：

$$d\varepsilon_x^p + d\varepsilon_y^p + d\varepsilon_z^p = 0$$

或：

$$d\varepsilon_m^p = \frac{d\varepsilon_x^p + d\varepsilon_y^p + d\varepsilon_z^p}{3} = 0$$

所以：

$$d\varepsilon' = (d\varepsilon_x')^e + d\varepsilon_x^p$$

$$d\gamma_{xy} = d\gamma_{xy}^e + d\gamma_{xy}^p$$

假设在加载过程中任一瞬间，塑性应变增量的各分量与相应的偏差应力分量及剪应力分量成比例，即：

$$\frac{d\varepsilon_x^p}{\sigma_x'} = \frac{d\varepsilon_y^p}{\sigma_y'} = \frac{d\varepsilon_z^p}{\sigma_z'} = \frac{d\gamma_{xy}^p}{\tau_{xy}} = \frac{d\gamma_{yz}^p}{\tau_{yz}} = \frac{d\gamma_{zx}^p}{\tau_{zx}} = d\lambda \tag{4-38}$$

弹性偏差应变增量可由式（4-34）微分求得，于是可得普朗特-劳斯方程：

$$\left.\begin{aligned}
d\varepsilon_x' &= \frac{d\sigma_x'}{2G} + \sigma_x'd\lambda, & d\gamma_{xy}' &= \frac{d\tau_{xy}}{G} + 2\tau_{xy}d\lambda \\
d\varepsilon_y' &= \frac{d\sigma_y'}{2G} + \sigma_y'd\lambda, & d\gamma_{yz}' &= \frac{d\tau_{yz}}{G} + 2\tau_{yz}d\lambda \\
d\varepsilon_z' &= \frac{d\sigma_z'}{2G} + \sigma_z'd\lambda, & d\gamma_{zx}' &= \frac{d\tau_{zx}}{G} + 2\tau_{zx}d\lambda
\end{aligned}\right\} \tag{4-39}$$

4.4.4 塑性变形的全量理论

全量理论又称为形变理论，它是在物体处于简单加载的前提下，建立应力与应变全量之间的关系。简单加载是指在加载的过程中，物体内各点的应力分量按同一比例增长，且应力主轴方向固定不变。由于应变增量的主轴和应力主轴重合，且方向始终不变，故对劳斯方程积分就可得到全量应变和应力之间的关系。对式（4-39）积分得：

$$\left.\begin{aligned}
\varepsilon_x' &= \left(\frac{1}{2G} + \lambda\right)\sigma_x', & \gamma_{xy}' &= \left(\frac{1}{G} + 2\lambda\right)\tau_{xy} \\
\varepsilon_y' &= \left(\frac{1}{2G} + \lambda\right)\sigma_x', & \gamma_{yz}' &= \left(\frac{1}{G} + 2\lambda\right)\tau_{yz} \\
\varepsilon_z' &= \left(\frac{1}{2G} + \lambda\right)\sigma_x', & \gamma_{zx}' &= \left(\frac{1}{G} + 2\lambda\right)\tau_{zx}
\end{aligned}\right\} \tag{4-40}$$

式中，$\varepsilon_x' = \varepsilon_x - \varepsilon_m$，$\varepsilon_y' = \varepsilon_y - \varepsilon_m$，$\varepsilon_z' = \varepsilon_z - \varepsilon_m$。其中 $\varepsilon_m = \frac{1-2\gamma}{E}\sigma_m$。

式（4-40）最早由汉基 1924 年提出来，所以又称为汉基方程。

4.5 等效应力和等效应变

4.5.1 等效应力

八面体上正应力：

$$\sigma_8 = \frac{1}{3}(\sigma_1 + \sigma_2 + \sigma_3) = \frac{1}{3}(\sigma_x + \sigma_y + \sigma_z) = \sigma_m \qquad (4\text{-}41)$$

八面体上剪应力:

$$\tau_8 = \frac{1}{3}\sqrt{(\sigma_1 - \sigma_2)^2 + (\sigma_2 - \sigma_3)^2 + (\sigma_3 - \sigma_1)^2} \qquad (4\text{-}42)$$

取八面体剪应力绝对值的 $\dfrac{3}{\sqrt{2}}$ 倍所得之参量称为等效应力,也称为广义应力或应力强度。对主轴坐标系有:

$$\sigma_{ef} = \frac{1}{\sqrt{2}}\sqrt{(\sigma_1 - \sigma_2)^2 + (\sigma_2 - \sigma_3)^2 + (\sigma_3 - \sigma_1)^2} \qquad (4\text{-}43a)$$

对任意坐标系有:

$$\sigma_{ef} = \frac{1}{\sqrt{2}}\sqrt{(\sigma_x - \sigma_y)^2 + (\sigma_y - \sigma_z)^2 + (\sigma_z - \sigma_x)^2 + 6(\tau_{xy}^2 + \tau_{yz}^2 + \tau_{zx}^2)} \qquad (4\text{-}43b)$$

等效应力有如下特点:

(1) 等效应力是一个不变量。

(2) 等效应力在数值上等于单向均匀拉伸(或压缩)时的拉伸(或压缩)应力。

(3) 等效应力并不代表某一实际平面上的应力,因而不能在某一特定的平面上表示出来。

(4) 等效应力可以理解为代表一点应力状态中应力偏张量的综合作用。

4.5.2 等效应变

八面体平面的法线方向线元的应变称为八面体应变。

八面体线应变:

$$\varepsilon_8 = \frac{1}{3}(\varepsilon_x + \varepsilon_y + \varepsilon_z) = \frac{1}{3}(\varepsilon_1 + \varepsilon_2 + \varepsilon_3) = \varepsilon_m \qquad (4\text{-}44)$$

八面体剪应变:

$$\gamma_8 = \frac{1}{3}\sqrt{(\varepsilon_x - \varepsilon_y)^2 + (\varepsilon_y - \varepsilon_z)^2 + (\varepsilon_z - \varepsilon_x)^2 + \frac{3}{2}(\gamma_{xy}^2 + \gamma_{yz}^2 + \gamma_{zx}^2)}$$

$$= \frac{1}{3}\sqrt{(\varepsilon_1 - \varepsilon_2)^2 + (\varepsilon_2 - \varepsilon_3)^2 + (\varepsilon_3 - \varepsilon_1)^2} \qquad (4\text{-}45)$$

取八面体剪应变绝对值的 $\sqrt{2}$ 倍所得之参量称为等效应变,也称为广义应变或应变强度。对主轴坐标系有:

$$\varepsilon_{ef} = \frac{\sqrt{2}}{3}\sqrt{(\varepsilon_1 - \varepsilon_2)^2 + (\varepsilon_2 - \varepsilon_3)^2 + (\varepsilon_3 - \varepsilon_1)^2} \qquad (4\text{-}46a)$$

对任意坐标系有:

$$\varepsilon_{ef} = \frac{\sqrt{2}}{3}\sqrt{(\varepsilon_x - \varepsilon_y)^2 + (\varepsilon_y - \varepsilon_z)^2 + (\varepsilon_z - \varepsilon_x)^2 + \frac{3}{2}(\gamma_{xy}^2 + \gamma_{yz}^2 + \gamma_{zx}^2)} \qquad (4\text{-}46b)$$

等效应变有如下特点:

（1）等效应变是一个不变量。

（2）等效应变在数值上等于单向均匀拉伸或均匀压缩方向上的线应变。

4.5.3 等效应力与等效应变的关系

把列维–密赛斯流动法则代入式（4-46a），则等效应变增量可写成：

$$d\varepsilon_e = \sqrt{\frac{2}{9}d\lambda^2\left[(\sigma_1' - \sigma_2')^2 + (\sigma_2' - \sigma_3')^2 + (\sigma_3' - \sigma_1')^2\right]}$$

$$= \sqrt{\frac{2}{9}d\lambda^2\left[(\sigma_1 - \sigma_2)^2 + (\sigma_2 - \sigma_3)^2 + (\sigma_3 - \sigma_1)^2\right]}$$

把式（4-43a）代入此式，则得等效应变增量与等效应力的关系：

$$d\varepsilon_e = \frac{2}{3}d\lambda\sigma_e$$

或

$$d\lambda = \frac{3}{2}\frac{d\varepsilon_e}{\sigma_e} \tag{4-47}$$

于是用式（4-38）表示的流动法则可写成：

$$\left.\begin{aligned}
d\varepsilon_x &= \frac{3}{2}\frac{d\varepsilon_e}{\sigma_e}\sigma_x' \\[6pt]
d\varepsilon_y &= \frac{3}{2}\frac{d\varepsilon_e}{\sigma_e}\sigma_y' \\[6pt]
d\varepsilon_z &= \frac{3}{2}\frac{d\varepsilon_e}{\sigma_e}\sigma_z' \\[6pt]
d\varepsilon_{xy} &= \frac{3}{2}\frac{d\varepsilon_e}{\sigma_e}\tau_{xy} \\[6pt]
d\varepsilon_{yz} &= \frac{3}{2}\frac{d\varepsilon_e}{\sigma_e}\tau_{yz} \\[6pt]
d\varepsilon_{zx} &= \frac{3}{2}\frac{d\varepsilon_e}{\sigma_e}\tau_{zx}
\end{aligned}\right\} \tag{4-48}$$

或写成：

$$d\varepsilon_{ij} = \frac{3}{2}\frac{d\varepsilon_e}{\sigma_e}\sigma_{ij}' \tag{4-49}$$

这样，由于引入等效应力 σ_e 和等效应变增量 $d\varepsilon_e$，则 4.4 节中所导出的塑性变形时应力与应变关系中之 $d\lambda$ 便可确定，进而也就可以求出应变增量的具体数值。

4.6 平面变形和轴对称变形问题的塑性成型力学方程

塑性力学问题有 6 个应力分量和 3 个位移分量，即共 9 个未知数。与此对应的有 3 个力平衡方程式和 6 个应力与应变的关系式。在原则上虽然是满足求解条件的，但要求出严密解是困难的。然而对于平面变形问题和轴对称问题就较容易求解，尤其是当把变形材料看成是刚-塑性体时，问题就更容易处理。以后将会看到，如果应力边界条件给定，对平面变形问题，静力学可以求出应力分布，这就是所谓静定问题。对轴对称问题，如引入适当的假设，也可以静定化，这样便可在避免求应变的情况下确定应力场，进而计算塑性加工所需的力和能。塑性成型问题许多是平面变形问题和轴对称问题，也有许多问题可以分区简化成平面变形问题来处理。

本节的目的是归纳总结平面变形问题和轴对称问题的变形力学方程，为以后各章解各种塑性成型实际问题做准备。

4.6.1 平面应变问题

对于三向空间问题，求解物体内的应力分布是十分困难的，因为要解一个很复杂的偏微分方程组。为了避免数学上的困难，在工程计算上通常将大量问题近似地看作平面问题。这在许多情况下是允许的。平面问题有两种：（1）平面应变问题；（2）平面应力问题。下面主要研究平面应变问题，因为在压力加工中碰到的多半是平面应变问题，轧制板、带材，平面变形挤压和拉拔等都属于平面变形问题。（应该指出，这里仅就塑性应变而言）

为了简化，假设材料是刚-塑性体，不考虑弹性变形。

所谓平面应变问题，就是变形物体内的各点有一公共的主轴方向存在，并且在该方向上应变等于零。也就是说，对于 z 轴和上述的主轴方向相重合的任一坐标系 $oxyz$ 来讲，有如下的应变分量存在：

$$\varepsilon_x = \varphi_1(x,\ y); \qquad \gamma_{xy} = \varphi_4(x,\ y)$$
$$\varepsilon_y = \varphi_2(x,\ y); \qquad \gamma_{yz} = 0$$
$$\varepsilon_z = 0; \qquad \gamma_{zx} = 0$$

上面的应变分量亦可看作微小的应变增量分量，在大塑性变形的情况下，忽略弹性变形，则有：

$$\left. \begin{aligned} \mathrm{d}\varepsilon_x &= \mathrm{d}\lambda(\sigma_x - \sigma) \\ \mathrm{d}\gamma_{xy} &= \mathrm{d}\lambda(2\tau_{xy}) \end{aligned} \right\} \tag{4-50}$$

将其函数关系代入式（4-50），求得平面应变问题的应力条件为：

$$\left. \begin{aligned} \sigma_x &= f_1(x,\ y); \qquad \sigma_y = f_2(x,\ y); \\ \sigma_z &= \sigma_2 = \frac{1}{2}(\sigma_1 + \sigma_3) = \frac{1}{2}(\sigma_x + \sigma_y) = \sigma_m \\ \tau_{xy} &= f_4(x,\ y); \qquad \tau_{yz} = 0; \qquad \tau_{zx} = 0 \end{aligned} \right\} \tag{4-51}$$

可见，在平面应变问题中，物体在与坐标平面 xy 相平行之各变形平面上应力和应变的分布相同，因此只对其某一变形平面加以研究就足够了。

平面应变问题的应力方程式可由前述的体应力状态方程式导出。在平面应变问题的一变形平面上，任选一直角坐标系 oxy，假定 x 轴和任一点的主轴 l 的夹角为 α，则 x 轴关于主轴的方向余弦将具有如下的数值：

$$a_1 = \cos\alpha$$
$$a_2 = 0$$
$$a_3 = \cos\left(\frac{\pi}{2} + \alpha\right) = -\sin\alpha$$

将 x 轴看作为斜面的外法线，将上面的方向余弦数值代入式（2-24a），求得坐标平面上的应力：

$$\sigma_x = \sigma_1 \cos^2\alpha + \sigma_3 \sin^2\alpha = \frac{\sigma_1 + \sigma_3}{2} + \frac{\sigma_1 - \sigma_3}{2}\cos2\alpha$$

$$\tau_{xy} = \frac{\sigma_1 - \sigma_3}{2}\sin2\alpha$$

如图 4-17 所示，坐标轴 y 和主轴 l 的夹角为 $\frac{\pi}{2} - \alpha$，将上式中的 α 角用 $\frac{\pi}{2} - \alpha$ 代换，即可求得与 y 轴方向相应的法应力：

$$\sigma_y = \frac{\sigma_1 + \sigma_3}{2} - \frac{\sigma_1 - \sigma_3}{2}\cos2\alpha$$

将所求得的方程式写在一起，并考虑到 $\frac{1}{2}(\sigma_1 + \sigma_3) = \sigma_m$，则有：

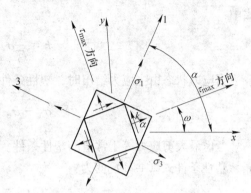

图 4-17　主应力及最大剪应力的方向

$$\left. \begin{array}{l} \sigma_x = \sigma_m + \dfrac{\sigma_1 - \sigma_3}{2}\cos2\alpha \\[2mm] \sigma_y = \sigma_m - \dfrac{\sigma_1 - \sigma_3}{2}\cos2\alpha \\[2mm] \tau_{xy} = \dfrac{\sigma_1 - \sigma_3}{2}\sin2\alpha \end{array} \right\} \tag{4-52}$$

由图 4-17 可以看出，表示主应力方向的 α 角和表示最大剪应力方向的 ω 角间有如下的关系式存在：

$$\alpha = \omega + \frac{\pi}{4}$$

将上式所示的 α 值，代入式（4-52），求得应力与 ω 及 σ 间的函数关系：

$$\left. \begin{array}{l} \sigma_x = \sigma_m - \dfrac{\sigma_1 - \sigma_3}{2}\sin2\omega \\[2mm] \sigma_y = \sigma_m + \dfrac{\sigma_1 - \sigma_3}{2}\sin2\omega \\[2mm] \tau_{xy} = \dfrac{\sigma_1 - \sigma_3}{2}\cos2\omega \end{array} \right\} \tag{4-53}$$

考虑到平面应变问题的应力条件式（4-51），在平面应变的情况下，平衡微分方程式具有如下的形式：

$$\left. \begin{array}{l} \dfrac{\partial \sigma_x}{\partial x} + \dfrac{\partial \tau_{xy}}{\partial y} = 0 \\[2mm] \dfrac{\partial \tau_{xy}}{\partial x} + \dfrac{\partial \sigma_y}{\partial y} = 0 \end{array} \right\} \tag{4-54}$$

将平面应变问题的应力条件：

$$\sigma_z = \sigma_2 = \frac{1}{2}(\sigma_1 + \sigma_3) = \frac{1}{2}(\sigma_x + \sigma_y)$$

代入塑性方程式（4-26）中去，求得平面应变情况的塑性条件：

$$(\sigma_x - \sigma_y)^2 + 4\tau_{xy}^2 = 4k^2 \tag{4-55a}$$

式中：

$$k = \frac{1}{\sqrt{3}}\sigma_s \approx 0.577\sigma_s$$

当应力状态由主应力给出时，塑性条件（4-55a）可表示为：

$$\sigma_1 - \sigma_3 = \frac{2}{\sqrt{3}}\sigma_s = 2k \tag{4-55b}$$

考虑最大剪应力等于常值的塑性条件。由于在平面应变情况下，通常假设 $\sigma_1 > \sigma_2 > \sigma_3$，塑性条件式（4-21）变为：

$$\sigma_1 - \sigma_3 = \sigma_s \tag{4-56}$$

将平面应变状态的应力条件代入方程式（2-15a），求得：

$$(\sigma_z - \sigma_i)\begin{vmatrix} \sigma_x - \sigma_i & \tau_{xy} \\ \tau_{xy} & \sigma_y - \sigma_i \end{vmatrix} = 0$$

由此，求得主应力：

$$\left.\begin{array}{l} \sigma_1 = \dfrac{\sigma_x + \sigma_y}{2} + \dfrac{1}{2}\sqrt{(\sigma_x - \sigma_y)^2 + 4\tau_{xy}^2} \\[3mm] \sigma_3 = \dfrac{\sigma_x + \sigma_y}{2} - \dfrac{1}{2}\sqrt{(\sigma_x - \sigma_y)^2 + 4\tau_{xy}^2} \\[3mm] \sigma_2 = \sigma_z \end{array}\right\} \tag{4-57}$$

将 σ_1 及 σ_3 的值代入塑性条件式（4-56），求得关于任意应力分量的最大剪应力等于常值的塑性条件：

$$(\sigma_x - \sigma_y)^2 + 4\tau_{xy}^2 = \sigma_s^2 \tag{4-58}$$

如果令 $\sigma_s = 2k$（即 $k = \frac{1}{2}\sigma_s$）则方程式（4-56）和式（4-58）将与方程式（4-55b）和式（4-55a）具有相同的形式，故可将其综合地表示为：

$$(\sigma_x - \sigma_y)^2 + 4\tau_{xy}^2 = 4k^2 \tag{4-59a}$$

或：

$$\sigma_1 - \sigma_3 = 2k \tag{4-59b}$$

式中　k —— 塑性指数。

对于单位弹性形状改变势能等于常值的塑性条件为：

$$k = \frac{1}{\sqrt{3}}\sigma_s \tag{4-59c}$$

对于最大剪应力等于常值的塑性条件为：

$$k = \frac{1}{2}\sigma_s \tag{4-59d}$$

下面确定平面应变问题的速度方程式。用时间间隔 dt 方程式（4-50），得应变速度分量和应力分量间的关系 $\begin{cases} \xi_x = \lambda'(\sigma_x - \sigma_m) \\ \eta_{xy} = 2\lambda'\tau_{xy} \end{cases}$，联立式（4-57）则有下列关系式存在：

$$\xi_x = \frac{\partial v_x}{\partial x} = \lambda'(\sigma_x - \sigma_m)$$

$$\xi_y = \frac{\partial v_y}{\partial y} = \lambda'(\sigma_y - \sigma_m)$$

$$\eta_{xy} = \frac{\partial v_y}{\partial x} + \frac{\partial v_x}{\partial y} = 2\lambda'\tau_{xy}$$

又根据方程式（4-53）求得：

$$\frac{\sigma_y - \sigma_x}{2\tau_{xy}} = \tan 2\omega$$

由此，可求得下列流动速度方程式：

$$\frac{\dfrac{\partial v_y}{\partial y} - \dfrac{\partial v_x}{\partial x}}{\dfrac{\partial v_y}{\partial x} + \dfrac{\partial v_x}{\partial y}} = \frac{\sigma_y - \sigma_x}{2\tau_{xy}} = \tan 2\omega$$

或表示为：

$$\frac{\partial v_x}{\partial x} - \frac{\partial v_y}{\partial y} + \tan 2\omega \times \left(\frac{\partial v_y}{\partial x} + \frac{\partial v_x}{\partial y} \right) = 0 \qquad (4\text{-}60)$$

根据变形金属的不可压缩性条件，可求得应变速度的第二个方程式：

$$\xi_x + \xi_y + \xi_z = 0$$

即：

$$\frac{\partial v_x}{\partial x} + \frac{\partial v_y}{\partial y} = 0 \qquad (4\text{-}61)$$

对于平面应变问题共有下列 5 个方程式：

$$\left. \begin{array}{l} \dfrac{\partial \sigma_x}{\partial x} + \dfrac{\partial \tau_{xy}}{\partial y} = 0 \\[3mm] \dfrac{\partial \tau_{xy}}{\partial x} + \dfrac{\partial \sigma_y}{\partial y} = 0 \\[3mm] (\sigma_x - \sigma_y)^2 + 4\tau_{xy}^2 = 4k^2 \\[3mm] \dfrac{\partial v_x}{\partial x} - \dfrac{\partial v_y}{\partial y} + \tan 2\omega \times \left(\dfrac{\partial v_y}{\partial x} + \dfrac{\partial v_x}{\partial y} \right) = 0 \\[3mm] \dfrac{\partial v_x}{\partial x} + \dfrac{\partial v_y}{\partial y} = 0 \end{array} \right\} \qquad (4\text{-}62)$$

在上面 5 个方程式中共含有 5 个未知量：σ_x、σ_y、τ_{xy}、v_x、v_y，故可求解。但在一般情况下，精确求解在数学上也是困难的。

4.6.2　轴对称问题

当旋转体承受的外力对称于旋转轴分布时，则旋转体内质点所处的应力状态称为轴对称应力状态。处于轴对称应力状态时，旋转体的每个子午面（通过旋转体轴线的平面，即

θ 面）都始终保持平面，面与子午面之间夹角保持不变，同时应力和应变以 z 轴对称分布。例如压缩、挤压和拉拔圆柱体等都属于轴对称问题，这时最好采用圆柱坐标系。

由于应变的轴对称性，在 θ 方向无位移（假定绕 z 轴无转动），即 $u_\theta = 0$；因为子午面（即 z-r 面）变形时不产生弯曲，即 $\mathrm{d}\varepsilon_{\theta z} = \mathrm{d}\varepsilon_{\theta r} = 0$（但应注意 $\mathrm{d}\varepsilon_\theta \neq 0$），故轴对称变形时的微小应变或应变增量为：

$$\mathrm{d}\varepsilon_r = \frac{\partial(\mathrm{d}u_r)}{\partial r}$$

$$\mathrm{d}\varepsilon_z = \frac{\partial(\mathrm{d}u_z)}{\partial z}$$

$$\mathrm{d}\varepsilon_\theta = \frac{\mathrm{d}u_r}{r}$$

$$\mathrm{d}\varepsilon_{zr} = \frac{1}{2}\left[\frac{\partial(\mathrm{d}u_r)}{\partial z} + \frac{\partial(\mathrm{d}u_z)}{\partial r}\right] \tag{4-63}$$

轴对称的应力分量如图 4-18 所示。由于 $\mathrm{d}\varepsilon_{\theta z} = \mathrm{d}\varepsilon_{\theta r} = 0$，所以：

$$\tau_{\theta z} = \tau_{\theta r} = 0 \tag{4-64}$$

即轴对称的应力张量中只有 4 个独立的应力分量，而且 σ_θ 是一个主应力。

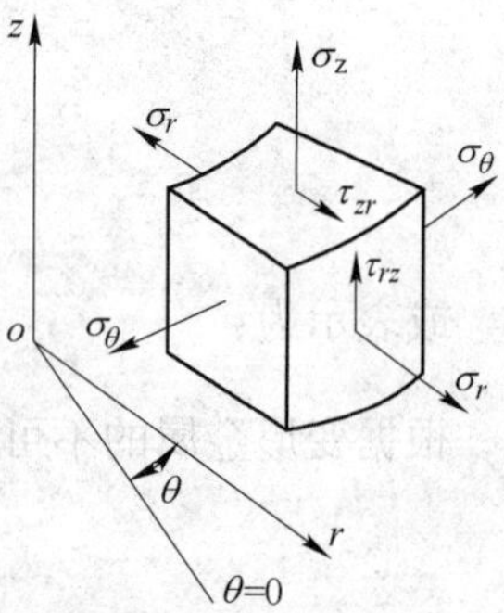

注意到 $\mathrm{d}\varepsilon_{\theta z} = \mathrm{d}\varepsilon_{\theta r} = 0$，并把流动法则中的 x、y、z 换成圆柱坐标的 r、θ、z，则：

$$\frac{\mathrm{d}\varepsilon_r}{\sigma_r'} = \frac{\mathrm{d}\varepsilon_\theta}{\sigma_\theta'} = \frac{\mathrm{d}\varepsilon_z}{\sigma_z'} = \frac{\mathrm{d}\varepsilon_{zr}}{\tau_{zr}} = \mathrm{d}\lambda$$

且：
$$\mathrm{d}\varepsilon_r + \mathrm{d}\varepsilon_\theta + \mathrm{d}\varepsilon_z = 0$$

图 4-18　轴对称问题的应力分量

符合体积不变条件。

轴对称变形时，采用圆柱坐标系的力平衡微分方程式可写成：

$$\left.\begin{aligned}
&\frac{\partial\sigma_r}{\partial r} + \frac{\partial\tau_{zr}}{\partial z} + \frac{\sigma_r - \sigma_\theta}{r} = 0 \\
&\frac{\partial\tau_{rz}}{\partial r} + \frac{\partial\sigma_z}{\partial z} + \frac{\tau_{rz}}{r} = 0 \\
&\frac{\partial\sigma_\theta}{\partial\theta} = 0
\end{aligned}\right\} \tag{4-65}$$

把密赛斯塑性条件中的 x、y、z 换成 r、θ、z，并注意到式（4-64），则式（4-26）可写成：

$$(\sigma_r - \sigma_\theta)^2 + (\sigma_\theta - \sigma_z)^2 + (\sigma_z - \sigma_r)^2 + 6\tau_{zr}^2 = 6k^2 = 2\sigma_s^2 \tag{4-66}$$

式（4-65）的力平衡微分方程式的前两式和式（4-66）的塑性条件是轴对称问题的基本方程式。共有 4 个应力分量 σ_r、σ_θ、σ_z、τ_{zr}，然而只有 3 个仅含有应力分量间关系的式子，所以，即使是采用 σ_s 或 k 为定值的刚-塑性材料，通常不是静定问题。

对于一些轴对称问题，为简化计算，例如在解圆柱体镦粗、挤压、拉拔，属于轴对称问题时，这种情况下周向应力和径向应力必相等，即 $\sigma_r = \sigma_\theta$，从而可使应力分量的未知数的个数由原来的 4 个减少为 3 个，则式（4-66）可进一步简化为：

$$(\sigma_z - \sigma_r)^2 + 3\tau_{zr}^2 = \sigma_s^2 \tag{4-67}$$

使其变为静定问题。

此外还必须要注意轴对称问题与轴对称应力状态的区别。前者是指变形体内的应力、应变的分布对称于 z 轴；后者是指点应力状态中的 $\sigma_2 = \sigma_3$ 或 $\sigma_1 = \sigma_2$。

4-1　写出平面应变状态下应变与位移关系的几何方程。

4-2　写出主应力表示的塑性条件表达式。

4-3　试写出屈雷斯卡塑性条件和密赛斯塑性条件的内容，并说明各自的适用范围。

4-4　推导薄壁管扭转时等效应力和等效应变的表达式。

4-5　某理想塑性材料在平面应力状态下的各应力分量为 $\sigma_x = 75\text{MPa}$，$\sigma_y = 15\text{MPa}$，$\sigma_z = 0$，$\tau_{xy} = 15\text{MPa}$，若该应力状态足以产生屈服，试问该材料的屈服应力是多少？

4-6　某受力物体内应力场为：$\sigma_x = -6xy^2 + c_1 x^3$，$\sigma_y = -\dfrac{3}{2}c_2 xy^2$，$\tau_{xy} = -c_2 y^3 - c_3 x^2 y$，$\sigma_z = \tau_{yz} = \tau_{zx} = 0$，试求系数 c_1、c_2、c_3（提示：应力应满足力平衡微分方程）。

4-7　证明直角坐标系下力平衡微分方程：$\dfrac{\partial \sigma_x}{\partial x} + \dfrac{\partial \tau_{yz}}{\partial y} + \dfrac{\partial \tau_{zx}}{\partial z} = 0$。

4-8　已知在两向压应力的平面应力状态下产生了平面变形，如果材料的屈服极限为 200MPa，试求第二和第三主应力。

4-9　已知在三向压应力状态下产生了轴对称的变形状态，且第一主应力为 -50MPa，如果材料的屈服极限为 200MPa，试求第二和第三主应力。

4-10　给出密赛斯屈服条件表达式的简化形式，指出 β 参数的变化范围和 k 与屈服应力的关系。

4-11　已知应力状态为 $\sigma_1 = -50\text{MPa}$，$\sigma_2 = -80\text{MPa}$，$\sigma_3 = -120\text{MPa}$，$\sigma_s = 10\sqrt{79}\text{MPa}$，判断产生何种变形，绘出变形状态图，并写出密赛斯屈服准则简化形式。

4-12　试判断下列应力状态使材料处于弹性状态还是处于塑性状态：

$$\sigma = \begin{bmatrix} -4\sigma_s & & \\ & -5\sigma_s & \\ & & -5\sigma_s \end{bmatrix}; \quad \sigma = \begin{bmatrix} -0.2\sigma_s & & \\ & -0.8\sigma_s & \\ & & -0.8\sigma_s \end{bmatrix};$$

$$\sigma = \begin{bmatrix} -0.5\sigma_s & & \\ & -\sigma_s & \\ & & -1.5\sigma_s \end{bmatrix}$$

5 塑性变形抗力

【学习要点】
(1) 变形抗力的概念。
(2) 变形抗力曲线的测定方法和数学模型。
(3) 影响变形抗力的因素。
(4) 变形抗力曲线的种类。

5.1 变形抗力的概念

变形抗力是材料抵抗变形的力学指标，是指材料在一定变形温度、变形速度和变形程度条件下，保持原有状态而抵抗塑性变形的能力。

变形抗力的微观解释是，在原子组成的质点系统中，原子间相互作用存在引力，同样也存在斥力。当原子间的距离较大时，原子间的相互作用表现为引力；随着距离的减小，斥力比引力增大的快，因此在距离较小时斥力将超过引力，原子间的作用将表现为斥力。当原子间的吸引力和斥力相互平衡时，原子的势能最低，原子所处的位置将是稳定平衡位置，此时称物体处于自由状态。

当外力作用于物体上时，原子将离开其稳定平衡位置而被激发。结果物体的势能增高，并且产生尺寸和形状的弹性改变。被激发的原子力图回到其稳定平衡位置上去，原子偏离稳定平衡位置愈严重，力图回到稳定平衡位置的趋向愈大。

随着外力的增大，原子相对其本身稳定平衡位置的偏离将增大，当超过一定数值时，原子即转向新的稳定平衡位置，结果物体开始产生塑性变形。可见塑性变形的单元过程乃是大量原子定向地由一些稳定平衡位置向另一些稳定平衡位置的非同步移动。这种过程的多次重演，就使物体的尺寸和形状产生可觉察的塑性改变。

欲使大量的原子定向地由原来的稳定平衡位置移向新的稳定平衡位置，必须在物体内建立起一定的应力场，以克服力图使原子回到原来平衡位置上去的弹性力，即物体有保持其原有形状而抵抗变形的能力，即变形抗力。金属塑性加工变形时，使金属发生塑性变形的外力称为变形力。变形力与变形抗力数值相等，方向相反。

不同金属材料的变形抗力不一样；而对同一金属材料，在一定的变形温度、变形速度和变形程度下，以单向压缩（或拉伸）时的屈服应力 σ_s 的大小来表征其变形抗力。但是金属塑性加工过程（如锻造、轧制、挤压、拉拔等）都具有复杂的应力状态，金属屈服极限一般要比单向应力状态时大得多。因此，实际测得的工作应力值，已经包含了应力状态的影响，即：

$$\bar{p} = n_\sigma \sigma_s \tag{5-1}$$

式中　$\bar{p}$——实际测试的工作应力，MPa；

　　　n_σ——应力状态影响系数；

　　　σ_s——变形抗力，MPa。

在研究金属材料变形抗力时，既要考虑到金属所固有的内部特点，也要考虑到材料变形时所有的外部因素（变形温度、变形速度、变形程度、受力状态等）。因此，在一般生产条件下，在生产设备上进行实验可以得到较可靠的金属变形抗力数据。一般实验室条件下，如果尽可能全面模拟各种生产条件，亦可测出有关的变形抗力数据。

当材料屈服点不明显时，常以相对残余变形为 0.2% 时的应力 $\sigma_{0.2}$ 作为屈服应力（变形抗力）。

金属的塑性和变形抗力是两个不同的概念，前者反映材料塑性变形的能力，后者反映塑性变形的难易程度。塑性好的金属不一定变形抗力低，反之亦然。例如奥氏体不锈钢在冷状态时能够很好地变形，但是需要很大的外力才能产生变形。因此，人们认为这种钢具有好的塑性，同时还具有很高的变形抗力，这样，奥氏体不锈钢在冷状态时变形很困难。从另一方面来看，所有黑色金属的合金在高温下变形抗力很小，也就是不需要很大的外力金属就可以发生变形；但是，不能认为他们具有很好的塑性。其原因是金属容易"过热"或"过烧"，产生裂纹和断裂，即塑性很坏。虽然变形时变形抗力小，但是塑性也差。

5.2　变形抗力的测定

如上所述，塑性变形时确定的等效应力 σ_e，其大小等于单向应力状态的变形抗力，也就是金属的变形抗力 σ_s 或等于 $\sqrt{3}$ 倍屈服剪应力。所以不论是简单应力状态或复杂应力状态做出的 $\sigma_e - \varepsilon_e$ 曲线，叫做变形抗力曲线或加工硬化曲线，有的书也叫真应力曲线。在很多情况下，材料的变形抗力是采用实验测定的方法来确定的，通过对材料变形抗力的测定，可获得各种条件下的变形抗力。

目前常用以下 4 种简单应力状态试验来建立材料变形抗力曲线。

5.2.1　拉伸实验法

如图 5-1（a）所示，拉伸实验中所用的试样通常为圆柱体，在拉伸变形体积内的应力状态为单向拉伸，并均匀分布。此时 $\sigma_1 > 0$，$\sigma_2 = \sigma_3 = 0$；$-d\varepsilon_2 = -d\varepsilon_3 = d\varepsilon_1/2$，代入等效应力公式和等效应变增量公式，则：

$$\sigma_e = \sigma_1 = \sigma_s$$

$$\varepsilon_e = \int d\varepsilon_e = \int d\varepsilon_1 = \int_{l_0}^{l_1} \frac{dl}{l} = \ln \frac{l_1}{l_0}$$

因为在选择拉伸试样材质时，很难保证内部组织均匀，所以在此实验中所测定的应力和变形为其平均值。但从总体来看，是能够保证均匀拉伸变形的，其不均匀变形程度要比不压缩变形小得多。拉伸法的不足之处在于其所得到的均匀变形程度一般不超过 20% ~ 30%。

5.2.2 压缩实验法

如图 5-1（b）所示，压缩变形时，变形金属承受单向压应力，此时 $\sigma_3 < 0$，$\sigma_2 = \sigma_1 = 0$（假设接触表面无摩擦）；$d\varepsilon_1 = d\varepsilon_2 = -d\varepsilon_3/2$，代入等效应力公式和等效应变增量公式，则：

$$\sigma_e = \sigma_3 = \sigma_s$$

$$\varepsilon_e = \varepsilon_3 = \int_{h_0}^{h_1} d\varepsilon_3$$

$$\varepsilon_e = \int_{h_0}^{h_1} \frac{dh}{h} = -\ln\frac{h_0}{h_1}$$

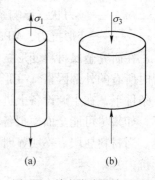

图 5-1 单向应力状态试验
(a) 单向拉伸；(b) 单向压缩

由此可见，单向拉伸或压缩试验时等效应力等于金属变形抗力 σ_s，等效应变等于绝对值最大主应变 ε_1（或 ε_3）。在压缩试验中完全消除接触摩擦的影响是很困难的，所以，所测出的应力值稍偏高，但其优点在于能使试验产生更大的变形。

5.2.3 平面变形压缩试验

如图 5-2 所示，此时 $\sigma_3 < 0$，$\sigma_1 = 0$，因为接触表面充分润滑，接触表面可近似地看作无摩擦，$\sigma_2 = \sigma_3/2$，代入等效应力公式和等效应变增量公式，则：

$$\sigma_e = \frac{\sqrt{3}}{2}\sigma_3 = \sigma_s$$

或

$$\sigma_3 = \frac{2}{\sqrt{3}}\sigma_s = 1.155\sigma_s$$

$$\varepsilon_e = \frac{2}{\sqrt{3}}\varepsilon_3 = -\frac{2}{\sqrt{3}}\ln\frac{h_0}{h_1} = -1.155\ln\frac{h_0}{h_1}$$

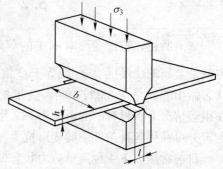

图 5-2 平面变形压缩试验

通常把平面压缩时压缩方向的应力 $\sigma_3 = 1.155\sigma_s$ 称为平面变形抗力，常用 K 表示，即 $K = 1.155\sigma_s = 2k$。

5.2.4 扭转实验法

扭转法的应用一般不广，扭转实验时，在圆柱体试样两端加大小相等、方向相反的扭矩，在扭矩的作用下试样会产生扭转角 ϕ。为了使应力状态趋向均匀，可取扭转试样为空心的管状试样，如图 5-3 所示，此时 $\sigma_1 = -\sigma_3$，$\sigma_2 = 0$；$d\varepsilon_1 = -d\varepsilon_3$，$d\varepsilon_2 = 0$，代入等效应力公式和等效应变增量公式，则：

$$\sigma_e = \sqrt{3}\sigma_1 = \sigma_s = \sqrt{3}k$$

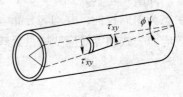

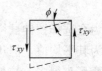

图 5-3 薄壁管扭转实验

或

$$\sigma_1 = \frac{\sigma_s}{\sqrt{3}} = k$$

$$\varepsilon_e = \frac{2}{\sqrt{3}}\varepsilon_1$$

5.3 变形抗力计算模型

5.3.1 热变形时变形抗力模型

为了确定热轧时的变形抗力，可以根据实验数据，采用回归分析的方法获得变形抗力的计算模型。鸠真等在凸轮式变形抗力试验机上对 26 种不同的钢种进行了实验研究。在实验中模拟了轧制时变形随时间变化的规律，目的在于使由实验确定的不同变形程度的平均变形抗力值能适用于轧制过程。为了便于实际工程计算，鸠真将实验数据按热力参数进行了处理，提出按式（5-2）确定不同变形温度、变形速度及变形程度下的平均变形抗力值：

$$\sigma_s = k_t k_\varepsilon k_u \sigma_0 \tag{5-2}$$

式中　k_t——温度系数，$k_t = A_1 \mathrm{e}^{-m_1 t}$；

　　　k_ε——变形程度系数，$k_\varepsilon = A_2 \varepsilon^{m_2}$；

　　　k_u——变形速度系数，$k_u = A_3 u^{m_3}$；

　　　σ_0——在 $t = 1000{}^\circ\!\mathrm{C}$、$u = 10\mathrm{s}^{-1}$、$\varepsilon = 0.1$ 时的平均变形抗力值。

于是式（5-2）可表示为：

$$\sigma_m = \frac{A_1 A_2 A_3 \varepsilon^{m_2} u^{m_3}}{\mathrm{e}^{m_1 t}} \sigma_0 = \frac{A \varepsilon^{m_2} u^{m_3}}{\mathrm{e}^{m_1 t}} \sigma_0 \tag{5-3}$$

对于不同的钢种确定热轧变形抗力的经验公式见表 5-1。

表 5-1　几种钢与合金确定热轧变形抗力的经验公式

钢　　种	温度 T/℃	变形程度 ε/%	应变速率 $\dot{\varepsilon}$/s^{-1}	$\sigma_s \times 9.81$/MPa
45	1000~1200	5~40	0.1~100	$133\varepsilon^{0.252}\dot{\varepsilon}^{0.143}\mathrm{e}^{-0.0025T}$
12CrNi3A	900~1200	5~40	0.1~100	$230\varepsilon^{0.252}\dot{\varepsilon}^{0.143}\mathrm{e}^{-0.0029T}$
4Cr13	900~1200	5~40	0.1~100	$430\varepsilon^{0.28}\dot{\varepsilon}^{0.087}\mathrm{e}^{-0.0033T}$
Cr17Ni2	900~1200	5~40	0.1~100	$705\varepsilon^{0.28}\dot{\varepsilon}^{0.087}\mathrm{e}^{-0037T}$
Cr18Ni9Ti	900~1200	5~40	0.1~100	$325\varepsilon^{0.28}\dot{\varepsilon}^{0.087}\mathrm{e}^{-0.0028T}$
CrNi75TiAl	900~1200	5~25	0.1~100	$890\varepsilon^{0.35}\dot{\varepsilon}^{0.098}\mathrm{e}^{-0.0032T}$
CrNi75MoNbTiAl	900~1200	5~25	0.1~100	$1100\varepsilon^{0.35}\dot{\varepsilon}^{0.018}\mathrm{e}^{-0.0032T}$
Cr25Ni65W15	900~1200	5~25	0.1~100	$775\varepsilon^{0.35}\dot{\varepsilon}^{0.098}\mathrm{e}^{-0.0028T}$
CrNi70Al	900~1200	5~25	0.12~100	$1330\varepsilon^{0.35}\dot{\varepsilon}^{0.0098}\mathrm{e}^{-0.0033T}$

5.3.2 冷变形时变形抗力模型

确定金属和合金冷变形的变形抗力模型（屈服极限 $\sigma_{0.2}$）按下式计算：

$$\sigma_B = A + B\varepsilon^n$$

式中 A——退火状态时变形金属的变形抗力；

       B，n——与材质、变形条件有关的系数。

几种金属和合金冷变形的变形抗力模型见表 5-2。

表 5-2   几种金属与合金确定冷变形抗力的经验公式

（$\sigma_{0.2}$，$\sigma_B \times 9.81/\text{MPa}$）

金属与合金	$\sigma_{0.2}$ 与 ε 的关系	σ_B 与 ε 的关系
L1	$\sigma_{0.2} = 1.8 + 0.28\varepsilon^{0.74}$	$\sigma_B = 4.1 + 0.05\varepsilon^{1.08}$
L2	$\sigma_{0.2} = 6 + 0.64\varepsilon^{0.62}$	$\sigma_B = 9.5 + 0.1\varepsilon$
LF21	$\sigma_{0.2} = 5 + 0.6\varepsilon^{0.7}$	$\sigma_B = 11 + 0.03\varepsilon^{1.34}$
LF3	$\sigma_{0.2} = 7.5 + 6.4\varepsilon^{0.3}$	$\sigma_B = 22 + 0.66\varepsilon^{0.63}$
LY11	$\sigma_{0.2} = 8.8 + 3.5\varepsilon^{0.4}$	$\sigma_B = 18.3 + 0.56\varepsilon^{0.73}$
LY12		$\sigma_B = 45 + 4\varepsilon^{031}$
M1		$\sigma_B = 25 + 1.5\varepsilon^{0.58}$
M4	$\sigma_{0.2} = 7.5 + 5.6\varepsilon^{0.41}$	$\sigma_B = 23 + 0.8\varepsilon^{0.72}$
H96		$\sigma_B = 27.5 + 1.4\varepsilon^{0.68}$
H90	$\sigma_{0.2} = 23 + 2.9\varepsilon^{0.52}$	$\sigma_B = 31 + 1.3\varepsilon^{0.65}$
H80	$\sigma_{0.2} = 10 + 3\varepsilon^{0.7}$	$\sigma_B = 29 + 1.3\varepsilon^{0.83}$
H70	$\sigma_{0.2} = 12 + 2\varepsilon^{0.78}$	$\sigma_B = 32.5 + 0.57\varepsilon^{0.98}$
H68	$\sigma_{0.2} = 12 + 3.6\varepsilon^{0.62}$	$\sigma_R = 32.5 + 1.1\varepsilon^{0.8}$
H62	$\sigma_{0.2} = 15 + 3.1\varepsilon^{0.65}$	$\sigma_B = 36 + 0.6\varepsilon^{0.94}$
HPb59-1	$\sigma_{0.2} = 17.5 + 2.9\varepsilon^{0.6}$	$\sigma_R = 36 + 1.8\varepsilon^{0.69}$
HAl77-2		$\sigma_B = 34 + 0.64\varepsilon$
HPb60-1	$\sigma_{0.2} = 15 + 5.6\varepsilon^{0.61}$	$\sigma_B = 36 + \varepsilon^{0.36}$
QAl9-2		$\sigma_B = 49.5 + 0.62\varepsilon$
QBc2	$\sigma_{0.2} = 40 + 3.1\varepsilon^{0.75}$	$\sigma_B = 58 + 2.5\varepsilon^{0.73}$
08F	$\sigma_{0.2} = 23 + 3.4\varepsilon^{0.6}$	$\sigma_B = 32.5 + 1.48\varepsilon^{0.54}$
工业纯铁	$\sigma_{0.2} = 25 + 5\varepsilon^{0.56}$	$\sigma_B = 37 + 3.3\varepsilon^{0.61}$
20	$\sigma_{0.2} = 37.5 + 3.16\varepsilon^{0.64}$	$\sigma_B = 51 + 0.58\varepsilon^{0.98}$
45	$\sigma_{0.2} = 35 + 8.66\varepsilon^{0.48}$	$\sigma_B = 58.5 + 1.44\varepsilon^{0.83}$
T10	$\sigma_{0.2} = 45 + 2.5\varepsilon^{0.79}$	$\sigma_B = 62 + 1.8\varepsilon^{0.83}$
30CrMnSi	$\sigma_{0.2} = 47.5 + 8.6\varepsilon^{0.45}$	$\sigma_B = 64 + 3.4\varepsilon^{0.61}$
0Cr13	$\sigma_{0.2} = 32.5 + 7.2\varepsilon^{0.45}$	$\sigma_B = 50 + 1.7\varepsilon^{0.71}$
1Cr18Ni9	$\sigma_{0.2} = 25 + 1.9\varepsilon$	$\sigma_B = 63 + 0.13\varepsilon^{1.6}$

5.4   影响变形抗力的因素

影响变形抗力的主要因素包括合金成分、组织状态、变形温度、变形程度和变形速度等。

5.4.1 金属化学成分及组织状态对变形抗力的影响

不同的金属变形抗力不同。例如铅的变形抗力比钢的变形抗力低得多，铅的屈服极限 σ 为 1.6kgf/mm^2，而最软的碳素结构钢 08F 的屈服极限为 18kgf/mm^2。同一金属所含合金元素量和杂质元素量不同，其变形抗力也不同。

5.4.1.1 含碳量对变形抗力的影响

众所周知，含碳量高的钢要比低碳钢的变形抗力高，一般钢中增加 0.1% 的碳可使钢的强度极限提高 $6\sim8\text{kgf/mm}^2$。当增加 0.1% 合金元素 Mn 时，可提高钢的强度极限约 3.6kgf/mm^2。合金元素的存在及其基体中存在的形式对变形抗力都有显著的影响。这是因为合金元素加入后，基体金属晶体点阵畸变增加，或者形成第二相组织，这些都使变形抗力增加。合金元素在基体中，主要是以固溶体和化合物的形式存在，前者对变形抗力影响较小，而后者使基体金属变形抗力升高。例如，碳对碳钢的性能影响为：碳能固溶于铁，形成铁素体和奥氏体，它们都具有好的塑性和低的变形抗力。当碳的含量超过铁的溶碳能力，多余的碳便与铁形成化合物 Fe_3C，称之为渗碳体。渗碳体具有很高的硬度（HB = 800）和强度且很脆，它对基体的塑性变形起着阻碍作用，使碳钢塑性降低，抗力提高。同时，渗碳体数量、形状、大小和分散程度都对变形抗力有影响：数量越多，越细小，弥散度越大，形状越复杂都将提高变形抗力。

5.4.1.2 合金元素对变形抗力的影响

合金元素一般都使钢的再结晶温度升高，再结晶速度降低，因而使钢的硬化倾向性和速度敏感性增加。在变形速度高时，钢会表现出比变形速度低时更高的变形抗力。

5.4.1.3 晶粒大小对变形抗力的影响

金属和合金的变形抗力不仅取决于它们的种类、材质纯净度和化学成分，而且还取决于它们晶粒大小。屈服极限与金属晶粒大小的关系满足下式，称为 Hall-Petch 关系式。

$$\sigma_s = \sigma_0 + Kd^{-1/2} \tag{5-4}$$

式中　σ_s——金属的屈服强度；

　　　σ_0——移动单个位错时产生的晶格摩擦阻力；

　　　K——比例常数；

　　　d——晶粒直径。

5.4.2 变形温度对变形抗力的影响

温度是对变形抗力影响最大的一个因素。随着温度的升高，金属原子热振动的振幅增大，原子间的键力减弱，金属原子间的结合力降低，从而使金属和合金的所有强度指标（屈服极限、强度极限及硬度等）均降低，即变形抗力随温度的升高而降低。但是在某些温度区域，由于金属的脆性，随温度升高，变形抗力反而出现上升的例外情况。如碳钢在蓝脆温度范围内（$200\sim350℃$ 左右）和相变温度区间（$800\sim950℃$ 左右），变形抗力随温度升高而上升，如图 5-4 所示。

另外，随着温度的升高，金属的硬化强度减小，温度升高至一定值后，硬化曲线几乎为一水平线，这表明金属变形中的硬化效应完全被软化所抵消，如图 5-5 所示。

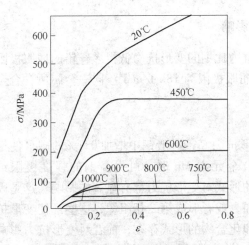

图 5-4　低碳钢在不同温度下的流动应力

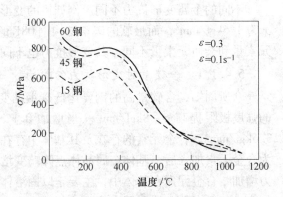

图 5-5　低碳钢在不同温度下的静载压缩时的
真实应力-应变曲线

5.4.3　变形程度对变形抗力的影响

变形程度是影响变形抗力的另一个重要因素。在冷状态下由于金属的强化（或称加工硬化）随变形程度的增大变形抗力将显著提高。加工硬化是金属随变形程度的增大所呈现的强度塑性指标（屈服极限、强度极限及硬度等）增大、塑性指标（相对伸长率、断面收缩率及冲击韧性等）降低、物理及化学性能发生变化（电阻增大、抗腐蚀性及导热性降低、磁导率改变）等现象的总称。

由于金属的基本变形规律是滑移，金属的加工硬化通常认为是由于在塑性变形过程中空间晶格产生弹性畸变所引起。金属空间晶格的畸变会阻碍滑移的进行，畸变越严重塑性变形越难于产生，金属的变形抗力越大，塑性越低。随着变形程度的增大，晶格的畸变增大，滑移带将产生严重的弯曲，在滑移带中晶体将碎化为微晶块，同时产生微观裂纹，这就进一步使金属的变形抗力增大，塑性降低。

变形抗力随变形程度增大而增加的速度，一般用强化强度来度量。强化强度可用强化曲线（真实应力曲线）在相应点上的切线的斜率表示。在同样的变形程度下，对于不同的金属强化强度不同。一般纯金属和高塑性金属的强化强度小于合金和低塑性金属的强化强度。铜、铅、铝等属于高塑性金属，低碳钢与中碳钢属于具有中等塑性的金属。它们的特点是在总变形程度 ε 达 30%~50%之前，变形抗力随变形程度的增加增大的较快，即强化强度较大，而后则强化强度减小。低塑性金属，如不锈钢、热强钢等，其特点是强化强度大，随变形程度的增加变形抗力急剧增大。

实验表明，随变形程度的增大屈服极限比强度极限增大的快。因此，随变形程度的增大屈服极限与强度极限之差值（屈强比）不断减小。

许多实验研究证明，金属不仅在冷状态下在变形过程中产生强化，在热状态下亦有强化产生。在热状态下，随变形温度的提高金属的强化强度逐渐减小（见图 5-6）。这是由于随温度的提高，软化（恢复和再结晶）的速度增大之故。

从图 5-6 的曲线可以看出，在变形程度较小时，随变形程度的增大变形抗力增大的很

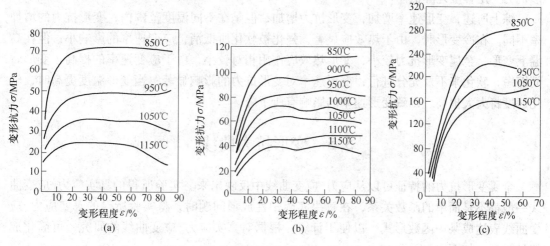

图 5-6 各种不同温度下的钢 B2 的强化曲线

（a）$u = 3 \times 10^{-4} s^{-1}$；（b）$u = 3 \times 10^{-2} s^{-1}$；（c）$u = 100 s^{-1}$

快，即强化强度较大。在变形程度约等于 20%～30% 时变形抗力即差不多达到强化极限，此后变形程度再增大变形抗力基本保持不变，或者有所降低。

此外，在热状态下由于金属中的软化过程比较强烈，非晶扩散塑性机理也表现的比较明显，变形速度对强化的影响较大。随变形速度的提高强化强度明显增大。

5.4.4 变形速率对变形抗力的影响

单位时间内的相对变形程度或相对变形对时间的导数称为变形速率，可表示为：

$$u = \frac{d\varepsilon}{dt}$$

对于简单压缩，在时间 dt 内物体所产生的相对变形 $d\varepsilon = \frac{dh}{h}$，因此变形速率为：

$$u = \frac{dh}{dt} \times \frac{1}{h}$$

式中的导数 dh/dt 即变形工具在变形方向上的运动速率：

$$\frac{dh}{dt} = v$$

结果得 $u = \frac{v}{h}(s^{-1})$。

轧制时的变形速率一般为 $1～10 s^{-1}$。

变形速率对变形抗力的影响很大，强化—恢复理论认为，塑性变形过程中，变形金属内有两个相反的过程，即强化过程和软化过程（回复和再结晶）同时存在。由于软化过程是在一定的速度下进行的，变形速度越大，软化过程越来不及充分进行，金属强化越严重，因此随变形速度的升高，变形抗力增大。但是，随着变形速率增加，单位时间内的变形功增加，转化为热的能量增加，从而使金属热效应增加，金属温度上升，反而使金属变形抗力一定程度地降低。

　　综上所述，变形速率增加，变形抗力增加，但是在不同温度范围内，变形抗力的增加率不同。在冷变形时，由于热效应显著，强化被软化所抵消，应变速率的影响小；但在高温下变形，金属变形抗力较小，变形热效应作用相对较小，由于应变速率的提高，变形时间缩短，软化来不及充分进行，变形速率对变形抗力的影响显著；当变形温度更高时，软化速度将大大提高，以致变形速率的影响有所下降。

5.5　变形抗力曲线

　　金属变形抗力的特征可以从应力-应变曲线中反映出来。实验所得的真实应力-应变曲线一般都不是简单的函数关系，在解决实际塑性成形问题时，将实验所得的真实应力-应变曲线表达成某一函数形式，以便于计算。根据对真实应力-应变曲线的研究，可简化成四种类型，如图 5-7 所示。

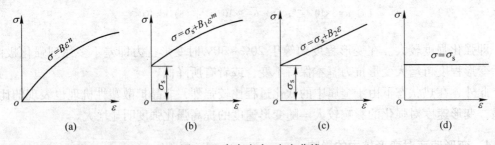

图 5-7　真实应力-应变曲线
（a）幂指数硬化曲线；（b）刚塑性硬化曲线；（c）刚塑性硬化直线；（d）理想刚塑性水平直线

　　（1）幂指数硬化曲线，如图 5-7（a）所示。大多数工程金属在室温下都有加工硬化，其真实应力-应变曲线近似于抛物线形状，可精确地用指数方程表达：

$$\sigma = B\varepsilon^{n}(\overline{\sigma} = B\,\overline{\varepsilon}^{\,n}) \tag{5-5}$$

式中　B——强度系数；

　　　　n——硬化指数。

B 与 n 不仅与材料的化学成分有关，而且与其热处理状态有关。

　　（2）有初始屈服应力的刚塑性硬化曲线，如图 5-7（b）所示。当有初始屈服应力 σ_s 时，可表达为：

$$\sigma = \sigma_s + B_1\varepsilon^{m}(\overline{\sigma} = \sigma_s + B_1\overline{\varepsilon}^{\,m}) \tag{5-6}$$

式中　B_1，m——与材料性能有关的参数，需根据实验曲线求出。

　　由于与塑性变形相比，弹性变形很小，可以忽略。所以，该形式为刚塑性硬化曲线。

　　（3）有初始屈服应力的刚塑性硬化直线，如图 5-7（c）所示。有时为了简化起见，可用直线代替硬化曲线，则是线性硬化形式，或称硬化直线，其表达式为：

$$\sigma = \sigma_s + B_2\varepsilon(\overline{\sigma} = \sigma_s + B_2\overline{\varepsilon}) \tag{5-7}$$

式中　B_2——硬化系数。

　　（4）无加工硬化的水平直线，如图 5-7（d）所示。对于几乎不产生加工硬化的材料，此

时硬化指数 $n=0$，可以认为真实应力-应变曲线是一水平直线，这时的表达式为：

$$\sigma = \sigma_s(\overline{\sigma} = \sigma_s) \tag{5-8}$$

这就是理想刚塑性材料的模型。大多数金属在高温低速下的大变形及一些低熔点金属（如铅）在室温下的大变形可采用无加工硬化假设。

习　题

5-1　什么是金属的变形抗力，它与金属的塑性有何区别？

5-2　金属变形抗力的大小受哪些因素的影响？

5-3　如何用单向拉伸、单向压缩及轧制实验来确定第三类真实应力-应变曲线？在单向拉伸实验中，出现缩颈后为什么要对曲线进行修正？

5-4　真实应力-应变曲线的简化类型有哪些？分别写出其数学表达式。

5-5　变形温度和变形速度对真实应力-应变曲线有什么影响？

5-6　测定变形抗力的方法有哪些，各有哪些优缺点？

6 金属塑性成形中的摩擦和润滑

【学习要点】

（1）金属塑性成形过程中摩擦的特点。

（2）金属塑性成形过程中摩擦的分类。

（3）成形过程中接触表面的摩擦条件。

（4）影响摩擦系数的因素。

（5）塑性成形的润滑要求及常用的润滑剂。

6.1　金属塑性成形中摩擦的特点和影响

金属在塑性成形过程中，由于工具和变形体相互接触，接触表面之间存在相对运动，产生摩擦，妨碍变形金属自由流动，即称为外摩擦；变形金属内晶界面上或晶体滑移面上产生的摩擦，即称为内摩擦。本章主要研究外摩擦，简称摩擦。

金属塑性成形时的摩擦和机械传动中的摩擦相比具有以下特点：

（1）高压作用下的摩擦。塑性成形时接触摩擦表面上的单位压力很大。在热塑性变形时达到 500MPa 左右；在钢材冷变形（冷轧、冷拔、冷挤压）时高达 2500MPa。而机械传动中承受载荷的轴承的工作压力一般约为 10MPa 左右，即使重型轧机的轴承承受的压力也不过在 20~40MPa。接触面的压力越高，润滑越困难。

（2）接触表面不断更新、扩大。由于接触压力大，塑性变形过程中接触面不断扩大，包括原来未接触的表面所形成的新表面，以及从原有表面下涌出的新表面。例如，轧制时，高向压缩的金属自由流动，在横向形成宽展，迫使变形体横向增加，从而轧辊与变形金属的接触表面随着变形程度的增加而扩大。另外，在轧制变形中，原有表面下的一部分变形金属翻转到接触表面上来，也使得接触表面增加。这部分新增的变形金属表面上无氧化铁皮，工具与变形体直接接触，导致摩擦力增大，需要及时不断地添加润滑剂来改善接触表面。

（3）金属塑性流动差异明显。塑性成形中，工具强度和刚度很大，通常被认为只发生弹性变形，变形金属发生塑性变形。另外，变形金属受变形工具表面状态、形状结构等影响，接触面上各处塑性流动情况各不相同，有快有慢，还有的黏着，因而各处的摩擦也不一样。而机械零件间的摩擦，两个表面摩擦都是发生在弹性变形情况下的。

（4）高温下的摩擦。塑性成形中，许多加工变形都是在高温下进行的，例如，为了降低钢材的变形抗力，提高金属的塑性，将钢材加热到 800~1200℃进行轧制，在这种情况下，金属表面产生熔融的氧化铁皮，改善了接触表面摩擦。另外，高温下导致润滑剂分解，润滑性能下降会带来一系列问题。

（5）接触表面金属组织和性能发生改变。金属在高温下热变形，表面金属组织和性能发生改变，尤其是表面被氧化而形成疏松且硬而脆的氧化层，在加工变形阶段氧化层发生脱落、再次氧化等变化，从而对摩擦及润滑产生影响。

可以看出，金属塑性成形时的摩擦要比机械传动时的复杂得多。

金属塑性成形时，其接触摩擦在大多数情况下是有害的：它改变变形体内应力状态，增大变形抗力；引起不均匀变形，产生附加应力和残余应力；使工件脱模困难，影响生产效率；增加工具的磨损，缩短模具的使用寿命。但是，在某些情况下，摩擦在金属塑性成形时会起积极的作用：可以利用摩擦阻力来控制金属的滑动，例如，轧制变形咬入阶段，凭借轧辊与变形体的摩擦力将坯料拖进辊缝进行轧制，必要的情况下，可采取在轧辊上刻痕等办法增大摩擦系数。

6.2　金属塑性成形中摩擦的分类及机理

金属塑性成形时，依据工具和变形体之间接触摩擦的性质，通常可将其分为干摩擦、流体摩擦和边界摩擦。

6.2.1　干摩擦

干摩擦是指变形体与工具的接触表面上完全不存在外来的任何其他物质，只是金属与金属之间的摩擦。在实际生产中，塑性成型时金属表面上总要产生氧化膜，或吸附一些气体、灰尘等，因此真正的干摩擦是理想化的、不存在的。通常所说的干摩擦就是指金属之间没有添加润滑剂的接触状态，如图6-1（a）所示。

6.2.2　边界摩擦

边界摩擦是指变形体与工具表面之间被一层极薄润滑油膜分开时的摩擦状态，其厚度约为 $0.1\mu m$，如图6-1（b）所示。在成形过程中，随着作用于接触表面上的压力增大，变形体表面的部分"凸峰"被压平，润滑剂形成一层薄膜残留在接触面间，或被挤入附近的"凹谷"，或被完全挤出接触表面。这时变形金属直接接触工具表面，发生粘模现象。这种摩擦介于干摩擦和流体摩擦之间。大多数金属塑性成形的表面接触状态都属于这种边界摩擦。

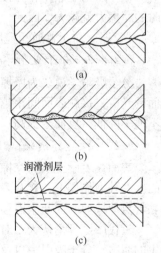

（a）

（b）

润滑剂层

（c）

图6-1 摩擦分类示意图
（a）干摩擦；（b）边界摩擦；
（c）流体摩擦

6.2.3　流体摩擦

流体摩擦是指变形体与工具表面不直接接触，完全被较厚的润滑油膜分隔，如图6-1（c）所示。与干摩擦和边界摩擦不同，流体摩擦发生在流体内部分子之间，故摩擦系数很小，且摩擦力大小与接触面的表面状态无关，而取决于润滑剂的性质（如黏度）、速度梯度等因素。

在实际塑性变形中，上述三种摩擦状态不是截然分开的，时常会出现混合摩擦状态（半干摩擦，半流体摩擦），干摩擦与边界摩擦混合状态称为半干摩擦；边界摩擦与流体摩擦混合的状态称为半流体摩擦。

6.2.4　摩擦机理

摩擦使得塑性成形技术更复杂化，关于摩擦产生机理有以下 3 种学说。

6.2.4.1　表面凸凹学说

表面凸凹学说认为摩擦产生的原因是由金属表面之间的"凸峰"和"凹谷"形状引起的。从微观角度来看，所有经过机械加工的金属表面不可避免地呈现出无数的"凸峰"和"凹谷"，当凸凹不平的两个表面相互接触时，在外力作用下，一个表面的部分"凸峰"可能会陷入另一个表面的"凹谷"，产生机械咬合，如图 6-2 所示。在发生相对运动时，相互咬合的部分金属或被剪断，或发生剪切变形，这些"凸峰"被剪切时的变形阻力即为摩擦力。摩擦力取决于金属材料本身的强度、"凸峰"的数量与形状大小

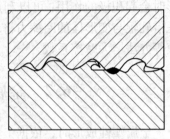

图 6-2　接触表面凹凸不平形成机械咬合

等。根据这一观点，相互接触的表面越粗糙，微"凸峰"、"凹谷"越多，发生相对运动时的摩擦力就越大。因此，为了减少摩擦，需降低工具表面粗糙度或涂抹润滑剂以填补表面"凹谷"。对于普通粗糙度的表面来说，这种观点已得到实践的验证。

6.2.4.2　分子吸附学说

分子吸附学说认为摩擦产生的原因是金属接触表面之间分子相互吸引的结果。物体表面越光滑，接触表面间距越小，实际接触面积也就越大，分子吸引力就越强，接触摩擦力不但不降低，反而会提高。这一现象无法用机械咬合理论来解释。

6.2.4.3　表面黏着学说

表面黏着学说认为摩擦产生的原因是由接触表面上某些接触点发生黏着或焊合引起的。在外力作用下，接触表面上某些接触点可能发生黏着或焊合，当二者发生相运动时，黏着点即被剪断而产生滑移。摩擦力是剪断金属黏着所需要的剪切力。

近代摩擦理论认为：对于干摩擦来说，塑性变形过程中摩擦力包含机械相互咬合所产生的阻力、分子吸引力以及剪断接触点黏着的阻力。由于金属表面的形态、组织和工况的不同，各种学说所引起的摩擦力的大小和效应也就不同。对于流体摩擦来说，摩擦力主要表现为润滑剂层的流动阻力。

6.3　接触表面摩擦力计算

金属塑性成形时，工具与变形体接触面上摩擦力计算通常采用以下两种条件。

6.3.1　库仑摩擦条件

采用库仑摩擦条件的前提是假设沿整个接触表面金属均相对工具产生滑动，且不考虑

接触面上的黏合现象，单位面积上的摩擦切应力 τ 与接触面上的正应力 σ_n 成正比，即：

$$\tau = \mu \sigma_n \qquad (6-1)$$

式中　τ——接触表面上的摩擦切应力；

　　　σ_n——接触面上的正应力；

　　　μ——摩擦系数。

使用式（6-1）应注意，摩擦切应力 τ 不能随着 σ_n 的增大而无限制地增大，因为当 $\tau = \tau_{\max} = k$（变形金属的剪切屈服极限）时，变形金属接触表面的质点将要产生塑性流动，此时 $\sigma_n = \sigma_s$，所以此时 $k = \mu \sigma_s$。又根据屈服条件，$k = \left(\dfrac{1}{2} \sim \dfrac{1}{\sqrt{3}}\right) \sigma_s$，代入式（6-1），可以得到 $\mu = 0.5 \sim 0.577$。

6.3.2 常摩擦力条件

这一条件认为，接触面上的摩擦切应力 τ 与被加工金属的剪切屈服强度 k 成正比，即：

$$\tau = mk \qquad (6-2)$$

式中　m——摩擦因子，取值范围为 $0 \leqslant m \leqslant 1$。

当 $m = 1$ 时，$\tau = \tau_{\max} = k$，与库仑摩擦条件计算结果是一致的，称为最大摩擦力条件。

在热塑性成形时，常采用最大摩擦力条件。在用上限法或有限元法分析塑性成形过程时，一般采用常摩擦力条件，因为采用这一条件事先不需知道接触面上的正压应力分布情况，因而比较方便。

6.4　影响摩擦系数的主要因素

6.4.1　金属的种类和化学成分的影响

金属的种类和化学成分对摩擦系数影响很大。由于不同种类金属的表面硬度、强度、吸附能力、原子扩散能力、被氧化速度、氧化膜的性质以及与工具之间的相互结合力等特性各不相同，因此各种不同种类的金属及不同化学成分的金属具有不同的摩擦系数。一般来说，材料的强度越高、硬度越高，摩擦系数越小。如图6-3所示为不同温度下钢中含碳量对金属摩擦系数的影响。可以看出，随着含碳量的增加，摩擦系数是降低的。

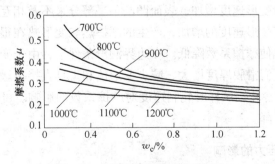

图6-3　碳含量对摩擦系数的影响

6.4.2　工具表面状态的影响

按照表面凹凸学说，工具表面粗糙度越小，表面凸凹不平程度越轻，摩擦系数就越小。但是，按照分子吸附学说，工具和变形体的接触表面愈光滑，摩擦系数愈大，不过这种现象在塑性成形中并不常见，表面凹凸学说作用的摩擦效应占主导地位。另外，工具表面粗糙度在各个方向不同时，则各向的摩擦系数亦不相同。实验证明，沿着加工方向的摩擦系数比垂直加工方向的摩擦系数约小20%。

6.4.3　变形温度的影响

变形温度对摩擦系数的影响很复杂，因为温度变化时，材料的塑性、强度、硬度及接触面上氧化皮的性能都会发生变化。在热轧条件下，轧制温度主要通过氧化铁皮的性质影响摩擦系数。如图6-4所示，低温阶段（300~700℃）摩擦系数随温度升高而升高；达到最大值（700℃）以后，随温度升高（700~1100℃），摩擦系数降低。这是因为低温阶段，氧化膜黏附在金属表面上，质地又较硬，使摩擦系数增大。随着温度的升高，氧化膜增厚而且分子间的吸附能力也增强，因而摩擦系数继续增大。当温度继续升高时，氧化铁皮开始熔化起润滑作用，因而摩擦系数下降。

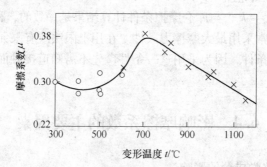

图6-4　热轧时温度对碳钢摩擦系数的影响

6.4.4　变形速度的影响

许多实验结果表明，摩擦系数随变形速度的增加而有所下降。例如，锤上镦粗的摩擦系数要比在机械压力机上镦粗时小20%~25%，其原因在不同的摩擦条件下是不同的。

在干摩擦时，随着变形速度增加，表面凹凸不平部分来不及相互咬合，表现出摩擦系数的下降。另外，随着变形速度的增加，产生的摩擦热和变形热在很短的时间内聚集，使接触表面温度升高，也使摩擦系数降低。在边界润滑条件下，由于变形速度的增加，减少润滑剂被挤出的数量，润滑膜厚度增大，减少变形体和工具直接接触的区域，使摩擦系数下降。如图6-5所示为冷轧铝试样时轧制速度对摩擦系数的影响。可以看出，随着轧制速度的增加，摩擦系数下降。

6.4.5　接触面上单位压力的影响

当单位压力较小时，表面分子吸附作用不明显，摩擦系数保持不变，和正压力无关。

当单位压力增加到一定数值后，接触表面的氧化膜遭到破坏，润滑剂被挤掉，变形体和工具接触面间的分子吸附作用越发明显，摩擦系数随单位压力的增大而增大，但增大到一定程度后又趋于稳定，如图 6-6 所示。

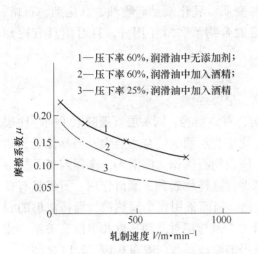

图 6-5　轧制速度对铝的摩擦系数的影响

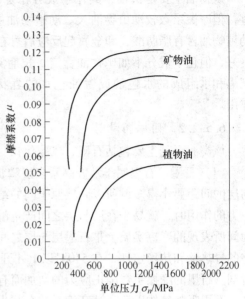

图 6-6　正压力对摩擦系数的影响

6.5　金属塑性成形中的润滑

润滑时降低接触表面摩擦、改善塑性变形、提高工具使用寿命、提高产品精度及组织性能等是最有效的措施。为了实现上述目的，必须选择使用合适的润滑剂。

6.5.1　金属塑性成形对润滑剂的要求

塑性成形中使用的润滑剂一般应符合以下要求：

（1）应有良好的耐压性能。塑性变形在高压环境下进行，要求润滑膜在高压作用下仍能吸附在接触表面上，保持良好的润滑效果。

（2）应有良好的耐高温性能。塑性变形在高温环境下进行，要求润滑膜在高温作用下不分解，不变质。

（3）应有冷却模具的作用。避免模具过热，提高模具使用寿命，要求有冷却模具的作用。

（4）对金属和模具无腐蚀作用。

（5）对人体无毒、无害，不污染环境。

（6）应使用清理方便，来源丰富，价格便宜。

6.5.2　塑性成形时常用的润滑剂

塑性成形时常用的润滑剂有液体润滑剂和固体润滑剂两大类。

6.5.2.1 液体润滑剂

该类润滑剂主要包括各种矿物油、动物油、植物油、乳液和有机化合物等。

矿物油主要是机油，其化学成分稳定，与金属不发生化学反应，来源充足，价格便宜，但摩擦系数较动植物油大。动植物油主要有猪油、牛油、鲸油、蓖麻油、棕榈油等。动植物油含有脂肪酸，和金属起反应后可在金属表面生成脂肪酸和润滑膜，因而润滑性能良好，但化学成分不如矿物油稳定，长期储存易变质。乳化液是矿物油、乳化剂、石蜡、肥皂和水组成的水包油或者油包水的乳状稳定混合物，润滑作用好，且对模具有冷却作用。

6.5.2.2 固体润滑剂

该类润滑剂主要包括石墨、二硫化钼、玻璃、皂类等。

（1）石墨。石墨属于六方晶系多层鳞状结构，有油脂感。同一层石墨的原子间距比层与层的间距要小得多，所以同层原子间的结合力比层与层间的结合力要大。当晶体受到切应力的作用时，就易于在层与层之间产生滑移。所以用石墨作为润滑剂，金属与工具接触面间所表现的摩擦实质上是石墨层与层之间的摩擦，这样就起到了润滑作用。石墨具有良好的导热性和热稳定性，在540℃以上才开始氧化，因而常用作金属热锻、温挤成形的润滑剂。石墨的摩擦系数随正应力的增加而有所增大，但与相对滑动速度几乎没有关系。此外，石墨吸附气体以后，其摩擦系数会减小。石墨的摩擦系数一般在0.05~0.19之间。

（2）二硫化钼。二硫化钼也属于六方晶系结构，其润滑原理与石墨相似。但它在真空中的摩擦系数比大气中小，所以更适合作为真空中的润滑剂。二硫化钼的摩擦系数一般为0.12~0.15之间。二硫化钼的氧化温度是400℃左右，在较高温度下使用时，润滑效果不及石墨。

石墨和二硫化钼是目前塑性成形中常用的固体润滑剂，使用时可制成水剂或油剂，比例大致为1:1。

（3）玻璃。玻璃是出现稍晚的一种固体润滑剂。当玻璃和高温变形体接触时，它可以在工具和坯料接触面间熔成液体薄膜，达到隔开两接触表面的目的，但不会燃烧，也不会逸出有害气体，所以玻璃又称为熔体润滑剂。热挤压钢材和合金时，常采用玻璃做润滑剂。玻璃的使用温度范围广，从450℃至2200℃都可使用。此外，使用时可以制成粉状、薄片或网状，既可单独使用，也可与其他润滑剂混合作用，化学稳定性好，润滑效果好。玻璃导热性差，模具应避免过热，有助于延长模具寿命，但工件变形后，玻璃会牢牢地黏附在工件表面，不易清理，影响产品表面质量及后续加工工序。玻璃的摩擦系数很小，一般在0.04~0.06之间。

（4）皂类。皂类润滑剂有硬脂酸钠、硬脂酸锌以及一般肥皂等。挤压时使用皂类润滑剂可以显著减小挤压力，提高工件表面质量。

除此以外，硼砂、氯化钠、碳酸钾和磷酸盐等也是良好的固体润滑剂。固体润滑剂的使用状态可以是粉末，但多数是制成糊剂或悬浮液。

6.5.3 润滑剂中的添加剂

为了提高润滑剂的润滑、耐磨、防腐等性能，常在润滑剂中加入少量的活性物质，这种活性物质总称为添加剂。

添加剂的种类很多，塑性成形中常用的添加利有油性剂、极压剂、抗磨剂和防锈剂等。

油性剂是指天然酯、醇、脂肪酸等物质，这些物质的分子中都有羧（COOH）类活性基，活性基通过与金属表面的吸附作用在金属表面形成润滑膜，起到润滑和减磨的作用。润滑剂中加入油性剂以后，可使摩擦系数减小。但油性剂形成的润滑膜仅适合在温度不高、压力较低的条件下使用。

极压剂是一些含硫、磷、氨的有机化合物，这些有机化合物在高温、高压下发生分解，分解后的产物与金属表面起化学反应而生成熔点低、吸附性强、具有片状结构的氧化铁和硫化铁等薄膜。因此加入极压剂后润滑剂在较高温、高压力下仍然能起润滑作用。

塑性成形中常用的添加剂及添加量见表6-1。由于润滑剂中加入适当的添加剂后，能使摩擦系数降低，产品表面质量改善，模具使用寿命延长，经济效益提高，因此目前广泛采用有添加剂的润滑剂。

表 6-1　塑性成形中常用的添加剂及添加量

种　类	作　用	化合物名称	添加量/%
1. 油性剂	形成油膜，减小摩擦	长链脂肪酸、油酸	0.1～1
2. 极压剂	防止接触表面黏合	有机硫化物、氯化物	5～10
3. 抗磨剂	形成保护膜，防止磨损	磷酸酯	5～10
4. 防锈剂	防止润滑剂生锈	羧酸、酒精	0.1～1
5. 乳化剂	使油乳化，稳定乳液	硫酸、磷酸酯	约3
6. 流动点下降剂	防止低温时油中石蜡固化	氯化石蜡	0.1～1
7. 黏度剂	提高润滑油黏度	聚甲基丙烯酸等聚合物	2～10

6.5.4　表面磷化—皂化处理

钢材冷挤压塑性变形，接触面上的压力往往高达 2000～2500MPa，在这样高的压力下，即使润滑剂中加入添加剂，油膜也会遭到破坏或被挤掉而失去润滑作用。为此要进行磷化处理，磷化就是在坯料表面上用化学方法制成一种磷酸盐或草酸盐薄膜，磷化膜的厚度约在 $10～20\mu m$ 之间，是由细小片状的无机盐结晶组成的，呈多孔状态，对润滑剂有吸附作用。它与金属表面结合很牢，具有一定的塑性，在挤压时能与钢材一起变形。磷化处理后须进行润滑处理，常用的有硬脂酸钠、肥皂，故称为皂化。磷化—皂化后，润滑剂被储存在磷化膜中，挤压时逐渐释放出来，起到润滑的作用。

磷化皂化处理方法出现之后，大大推动了钢材冷挤压工艺的应用发展。由于磷化—皂化工序繁杂，人们还在研究新的润滑方法。

6.6　不同塑性加工条件下的摩擦系数

塑性变形中，摩擦系数的计算对产品成形条件和成形质量的控制以及成形过程数值模拟准确性等都具有十分重要的意义，表 6-2～表 6-5 为部分常用的摩擦系数，以备参考。

表 6-2　热锻时的摩擦系数

材　料	坯料温度/℃	不同润滑剂的 μ 值		
		无润滑	炭末	机油石墨
45 钢	1000	0.37	0.18	0.29
	1200	0.43	0.25	0.31

锻铝	400	无润滑	气缸油 +10%石墨	胶体石墨	精制石蜡 +10%石墨	精制石蜡
		0.48	0.09	0.10	0.09	0.16

表 6-3　磷化处理后冷锻时的摩擦系数

压力/MPa	μ 值			
	无磷化膜	磷酸锌	磷酸锰	磷酸镉
7	0.108	0.013	0.085	0.034
35	0.068	0.032	0.070	0.069
70	0.057	0.043	0.057	0.055
140	0.07	0.043	0.066	0.055

表 6-4　拉伸时的摩擦系数

材　料	μ 值		
	无润滑	矿物油	油+石墨
08 钢	0.20～0.25	0.15	0.08～0.10
12Cr18Ni9Ti	0.30～0.35	0.25	0.15
铝	0.25	0.15	0.10
杜拉铝	0.22	0.16	0.08～0.10

表 6-5　有色金属热挤压时的摩擦系数

润　滑	μ 值					
	铜	黄铜	青铜	铝	铝合金	镁合金
无润滑	0.25	0.18～0.27	0.27～0.29	0.28	0.35	0.28
石墨+油	比上面相应数值降低 0.030～0.035					

应当注意的是：

钢热挤压时（用玻璃作润滑剂），$\mu = 0.025～0.050$。

热轧时，咬入过程 $\mu = 0.3～0.6$；轧制过程 $\mu = 0.2～0.4$。

拉拔低碳钢 $\mu = 0.05～0.07$；拉拔铜及铜合金 $\mu = 0.05～0.08$；拉拔铝及铝合金 $\mu = 0.07～0.11$。

习　题

6-1　解释摩擦的意义，塑性成形时金属的外摩擦有哪些特点？

6-2　塑性成形时的摩擦可分为哪几种类型，各类型有什么特点？

6-3　摩擦理论主要有哪几种，各理论有什么特点？

6-4　塑性成形过程中的摩擦定律有哪几种？试写出其表达式。

6-5　影响摩擦系数的主要因素有哪些，确定摩擦系数的方法有哪几种？

6-6　塑性成形对润滑剂有什么要求，常用润滑剂有哪几种？

7 滑移线理论及应用

【学习要点】

（1）滑移线的基本概念。

（2）汉基方程：

$$\sigma - 2k\omega = c_1(\beta)$$

$$\sigma + 2k\omega = c_2(\alpha)$$

（3）滑移线的几何性质。

（4）滑移线场的应力边界条件及滑移线场的绘制。

（5）速度场的概念和速度矢端图。

（6）几种常见的滑移线场问题的求解。

7.1 滑移线场

根据金属塑性变形的物理-化学理论，金属是结晶体，金属产生塑性变形的基本机理是滑移。滑移是沿一定的结晶平面和结晶方向产生的。塑性变形是金属在某些区域内沿结晶面产生滑移的结果，形成所谓滑移带。在滑移带内金属将产生加工硬化。滑移带的花纹有时可在冷变形后的金属工件的表面上直接观察到，在板料冷冲压件的表面上尤其易见；有时可在经过一定的处理之后呈现出来。图 7-1 所示是用腐蚀磨片的方法得到的冷轧钢板纵断面上的滑移带花纹。冷变形金属表面上的滑移带花纹很早就被人们所注意。吕德斯（W. Lvders）早在 1860 年就在其著作中描述过这种现象。滑移带的花纹是规则的，后来经过理论上的研究证明，在平面应变条件下在多晶体金属中滑移是沿最大剪应力方向产生的，即滑移带和最大剪应力迹线相重合。

图 7-1　冷轧钢板纵断面上的滑移带花纹

滑移线即为平面应变条件下的最大剪应力迹线。在连续的应力场（塑性区）内最大剪应力迹线是无限密集的，但实际的滑移带不是无限密集的。也就是说，在实际变形时滑移不是沿最大剪应力迹线连续分布的，这和金属的结晶构造特性有关。目前，在用数学方法求解塑性问题时还不能考虑这一点，只能一般地假设介质是连续的，甚至是各向同性的。在这一章里也将接触到"间断线"，但这是由变形的运动学条件决定的。

根据数学物理方程的理论，最大剪应力迹线也是塑性微分方程式（4-62）的特征线，故亦称滑移线为特征线。

滑移线的基本理论是汉基（H. Hencky）和普郎特尔（L. Prandtl）在列维（M. Levy）和圣维南（B. Saint-Venant）的研究成果的基础上，于 20 世纪 20 年代建立的。在解决平面应变问题上，滑移线方法具有很重要的意义。作出滑移线，并沿滑移线积分塑性微分方程式进而求解，是解决平面应变问题的基本方法之一。

根据前述，对于平面应变问题，可取物体各点的公共主轴方向为 z 轴方向，在任一点上对应该方向的主应力均为中间主应力。各点的另外两个主轴将位于点所在的变形平面（坐标平面 xy）上。因此，对于任意一点，最大主应力 σ_1 和最小主应力 σ_3，以及作用在通过 z 轴的两相互垂直的主剪应力平面上的最大剪应力，均位于点所在的变形平面 xy 上。

在坐标平面 xy 上，沿主应力 σ_1 和 σ_3 的方向，不断地由一点到与其无限接近的另一点，可在变形平面 xy 上画出两族相互正交的曲线（如图 7-2 中的虚线），这些曲线的切线方向将与切点的主应力方向相重合，称为主应力迹线。

同样，沿最大剪应力方向，不断地由一点到与其无限接近的另一点，可在变形平面上画出另外两族相互正交的曲线（图 7-2 中的中的实线），这些曲线的切线与切点的最大剪应力方向相重合，称为最大剪应力迹线，与主应力迹线成 45° 相交。由于塑性变形时的滑移带与最大剪应力迹线相重合，故通常将最大剪应力迹线称为滑移线。

假定第一族滑移线曲线的参变量为 α，第二族滑移线曲线的参变量为 β。规定滑移线正方向的选取要使最大剪应力为正，两族滑移线参变量的选取要使 α 和 β 线构成右手坐标系，如图 7-3 所示。

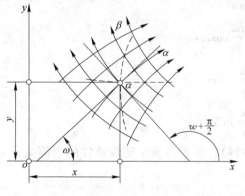

图 7-2　滑移线及主应力迹线

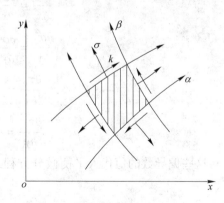

图 7-3　滑移线的方向

过变形平面上的任一点都可做出两条相互正交的滑移线 α 和 β。滑移线 α 的切线和 x 轴的夹角用 ω 表示，由 x 轴的正方向起向反时针方向计算为正（图 7-2）。由此，滑移线的微分方程式具有下列形式：

对于 α 族滑移线
$$\frac{\mathrm{d}y}{\mathrm{d}x} = \tan\omega \tag{7-1a}$$

对于 β 族滑移线 $\qquad\qquad\qquad \dfrac{\mathrm{d}y}{\mathrm{d}x} = -\,\mathrm{ctan}\,\omega$ $\qquad\qquad$ （7-1b）

7.2　汉基（Hencky）方程

在塑性状态下，对于平面应变问题有下列 3 个应力方程式。

平衡微分方程式（4-54）：

$$\frac{\partial \sigma_x}{\partial x} + \frac{\partial \tau_{xy}}{\partial y} = 0$$

$$\frac{\partial \tau_{xy}}{\partial x} + \frac{\partial \sigma_y}{\partial y} = 0$$

塑性条件式（4-55a）： $\qquad (\sigma_x - \sigma_y)^2 + 4\tau_{xy}^2 = 4k^2$

在这 3 个方程式中，只有 3 个未知的应力分量 σ_x、σ_y 及 τ_{xy}。因此，在边界条件由应力给定的条件下，方程组可关于 3 个应力分量求解，而不与应变速度发生关系，这类问题称为静定问题。如果部分边界条件由速度给定，则要利用应变速度分量和应力分量间的关系，将应力方程同速度方程一起求解，这是十分复杂的，这类问题称为静不定问题。

对于联解方程式（4-54）和式（4-55a）圣维南、列维和普郎特尔曾提出不同的方法。按列维的方法，根据塑性条件式（4-55b）将方程式（4-53）写成下列形式：

$$\left. \begin{aligned} \sigma_x &= \sigma - k\sin 2\omega \\ \sigma_y &= \sigma + k\sin 2\omega \\ \tau_{xy} &= k\cos 2\omega \end{aligned} \right\} \qquad (7\text{-}2)$$

自然，上面的方程式（7-2）恒满足塑性条件式（4-55a）。根据方程式（7-2）求各应力分量的偏导数，得：

$$\frac{\partial \sigma_x}{\partial x} = \frac{\partial \sigma}{\partial x} - 2k\frac{\partial \omega}{\partial x}\cos 2\omega$$

$$\frac{\partial \sigma_y}{\partial y} = \frac{\partial \sigma}{\partial y} + 2k\frac{\partial \omega}{\partial y}\cos 2\omega$$

$$\frac{\partial \tau_{xy}}{\partial x} = -2k\frac{\partial \omega}{\partial x}\sin 2\omega$$

$$\frac{\partial \tau_{xy}}{\partial y} = -2k\frac{\partial \omega}{\partial y}\sin 2\omega$$

将这些偏导数的值代入平衡微分方程式（4-54），可求得满足塑性条件的平衡微分方程式：

$$\left. \begin{aligned} \frac{\partial \sigma}{\partial x} - 2k\left(\frac{\partial \omega}{\partial x}\cos 2\omega + \frac{\partial \omega}{\partial y}\sin 2\omega\right) = 0 \\ \frac{\partial \sigma}{\partial y} - 2k\left(\frac{\partial \omega}{\partial x}\sin 2\omega - \frac{\partial \omega}{\partial y}\cos 2\omega\right) = 0 \end{aligned} \right\} \qquad (7\text{-}3)$$

在这两个方程式中含有两个未知量：σ 和 ω，因此方程式可以求解。这样就将求解 σ_x、σ_y 及 τ_{xy} 归结为求解 σ 和 ω。但式（7-3）是一偏微分方程组，对其求解实际上是困难的。这个方程组是双曲线型方程，可能的是将其沿特征线（滑移线）加以积分。

为了沿滑移线积分方程式（7-3），需取滑移线网为曲线坐标网，将其变为关于曲线坐标系的方程式。

如图7-4所示，取滑移线 $o\alpha$ 和 $o\beta$ 为曲线坐标轴，用这两个坐标轴的曲线坐标 α 和 β 表示平面上任一点的位置。同在所有的坐标网格中一样，在曲线坐标网的任一 α 线上，坐标 β 等于常值，在任一 β 线上坐标 α 等于常值。

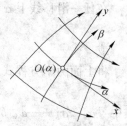

图7-4　与滑移线相切的直角坐标系

为了对方程式（7-3）进行坐标变换，需求出 σ 和 ω 关于直角坐标和曲线弧长的偏导数间的关系。为此，将直角坐标系 oxy 的原点 o 置于任一所研究点 a 上，并使坐标轴 x、y 与 a 点的滑移线的切线相重合，如图7-4所示。对于这样选取的坐标系 oxy，方程式（7-2）和式（7-3）仍然成立，因为在推导方程式（7-3）时，坐标轴是任意选取的。

这样，在无限接近 a 点的地方，坐标曲线 α 和 β 与选取的直角坐标轴相重合，因此可以认为：

$$dx = ds_\alpha \,,\ dy = ds_\beta$$

式中的 ds_α 和 ds_β 为曲线 α 和 β 的弧长的微分，从而：

$$\frac{\partial}{\partial x} = \frac{\partial}{\partial s_\alpha} \,,\ \frac{\partial}{\partial y} = \frac{\partial}{\partial s_\beta}$$

此外，由于直角坐标轴与滑移线相切，对点 a 角 ω 等于零，但偏导数 $\dfrac{\partial \omega}{\partial s_\alpha}$、$\dfrac{\partial \omega}{\partial s_\beta}$ 不等于零，因为沿曲线 α 和 β 角 ω 是变化的。

根据上述，将方程式（7-3）中关于 x、y 的偏导数用关于曲线弧长 s_α、s_β 的偏导数代换，同时令其中的角 ω 等于零，求得关于曲线坐标系的平衡微分方程式：

$$\left.\begin{array}{l} \dfrac{\partial \sigma}{\partial s_\alpha} - 2k\dfrac{\partial \omega}{\partial s_\alpha} = 0 \\[3mm] \dfrac{\partial \sigma}{\partial s_\beta} + 2k\dfrac{\partial \omega}{\partial s_\beta} = 0 \end{array}\right\} \tag{7-4a}$$

因为在推导上述方程式（7-4）时，点 a 是任意选取的，故该方程式适用于任一点。方程式（7-4）同样满足塑性条件。

将方程式（7-4）第一式对 s_α 积分（沿滑移线 α 积分），第二式对 s_β 积分（沿滑移线 β 积分），可得：

$$\left.\begin{array}{l} \sigma - 2k\omega = c_1 \\[2mm] \sigma + 2k\omega = c_2 \end{array}\right\} \tag{7-5a}$$

因为是积分偏微分方程，沿任一 α 线参变量 β 等于常值，而沿任一 β 线参变量 α 等于常值，式（7-5a）中的 c_1 应为 β 的任意函数，c_2 应为 α 的任意函数。因此，方程式（7-5a）最后可写为：

$$\left.\begin{array}{l} \sigma - 2k\omega = c_1(\beta) \\[2mm] \sigma + 2k\omega = c_2(\alpha) \end{array}\right\} \tag{7-5b}$$

在 α 族中的任一条滑移线上，任意函数 $c_1(\beta)$ 为一常数；对于 α 族中的各条不同的滑移线，任意函数 $c_1(\beta)$ 将具有不同的数值。任意函数 $c_2(\alpha)$ 与此类似。

所得到的方程式（7-5）称为汉基积分或塑性方程式的积分。

在任一滑移线上 α 或 β 上取两点 a 和 b，根据方程式（7-5）有：

$$\sigma_a - 2k\omega_a = \sigma_b - 2k\omega_b$$

或

$$\sigma_a + 2k\omega_a = \sigma_b + 2k\omega_b$$

将上面两个方程式综合在一起，则：

$$\sigma_a - \sigma_b = \pm 2k(\omega_a - \omega_b) = \pm 2k\omega_{ab} \tag{7-6}$$

式中　σ_a，σ_b——a、b 点的平均应力；

　　ω_a，ω_b——a、b 点的最大剪应力方向角；

　　　ω_{ab}——角 ω_a 和 ω_b 之差，即 $\omega_{ab} = \omega_a - \omega_b$。

方程式右侧的正负号，对 α 线取正，对 β 线取负。

由该式可以看出：沿滑移线平均应力的改变和滑移线的转角（或转角的负值）成正比。如果已知滑移线，即已知滑移线上各点的角 ω 值，若再已知滑移线上任一点的平均应力（例如由边界条件给出），则可根据方程式（7-6）求出该滑移线上其他任何一点的平均应力值。

7.3　滑移线的几何性质

由汉基方程和滑移线的正交性，可以得出滑移线具有的其他一些重要的几何性质。研究滑移线的几何性质很重要，因为在许多情况下可根据滑移线本身的性质和给定的边界条件将滑移线场作出。

（1）过某族中的任意给定的两条滑移线与另一族中的任一滑移线的交点，引前族之两条滑移线的切线，所得切线之间的夹角为一常值（汉基第一定理）。

对图 7-5 所示的滑移线场，其中滑移线 α_1、α_2 和滑移线 β_1、β_2 围成一曲线四边形 $abcd$。首先根据积分式（7-5）沿 acd 计算 a、d 两点的平均应力之差：

$$\begin{aligned}
\sigma_a - \sigma_d &= (\sigma_a - \sigma_c) + (\sigma_c - \sigma_d) = 2k(\omega_a - \omega_c) - 2k(\omega_c - \omega_d) \\
&= -2k(2\omega_c - \omega_a - \omega_d)
\end{aligned} \tag{7-7}$$

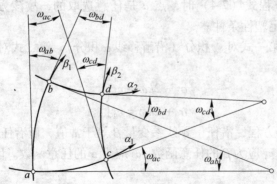

图 7-5　它族两滑移线间的滑移线段的转角

同样，从另一侧沿 abd 来计算 a、d 两点的平均应力之差：

$$\sigma_a - \sigma_d = (\sigma_a - \sigma_b) + (\sigma_b - \sigma_d) = -2k(\omega_a - \omega_b) + 2k(\omega_b - \omega_d)$$
$$= 2k(2\omega_b - \omega_a - \omega_d) \tag{7-8}$$

由于方程式（7-7）和式（7-8）等号左侧部分相等，故：

$$\omega_a - \omega_b = \omega_c - \omega_d$$

或表示为：

$$\omega_{ab} = \omega_{cd} \tag{7-9a}$$

式中　ω_{ab}，ω_{cd}——滑移线的切线在线段 ab、cd 上的转角，亦即切截该线段的它族两滑移线在截点上的切线的夹角。

同样可以证明有如下的等式存在：

$$\omega_{ac} = \omega_{bd} \tag{7-9b}$$

式中　ω_{ac}，ω_{bd}——滑移线之切线在线段 ac、bd 上的转角，亦即切截此线段的它族两滑移线在截点上的切线的夹角。

由此，滑移线 α_1、α_2 在 a、b 点的切线的夹角，等于其在 c、d 点的切线的夹角（$\omega_{ab}=\omega_{cd}$）；滑移线 β_1、β_2 在 a、c 点的切线的夹角，等于其在 b、d 点的切线的夹角（$\omega_{ac}=\omega_{bd}$），此即所证。

由滑移线的这一性质，还可得到如下的结论：如果某一族滑移线在它族的两条滑移线间有一条滑移线段为直线，则其余所有滑移线段皆为直线，如图7-6所示。因为任意两条滑移线段在它族的任一条滑移线上的夹角（其切线的夹角）为一常值；当有一条线段为直线时，只有在另一线段也为直线时才能得到满足。

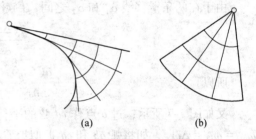

图7-6　简单应力状态的滑移线场

有直线滑移线段存在的区域内，沿每条这样的直线平均应力 σ 和角 ω 等于常值，故沿每条直线 σ_x、σ_y、τ_{xy} 为常值。当从一条直线到另一条直线时，则有变化。通常称这一类的应力状态为简单应力状态。

（2）沿某族中的任一滑移线所移动的距离，等于另一族滑移线在此滑移线上曲率半径的改变量（汉基第二定理）。

用 R_α 和 R_β 表示 α 和 β 族滑移线的曲率半径，则滑移线的曲率可用式（7-10）表示：

$$\frac{1}{R_\alpha} = \frac{\partial \omega}{\partial s_\alpha}, \quad \frac{1}{R_\beta} = -\frac{\partial \omega}{\partial s_\beta} \tag{7-10}$$

式中，R_α 和 R_β 的正负号按下述规则确定：如果 α 族滑移线的曲率中心 o_α 在 β 族滑移线正方向侧，R_α 为正；同样，若 β 族滑移线的曲率中心 o_β 在 α 族滑移线的正侧，R_β 亦为正。反之则为负。由于在 R_α 为正时，沿 β 族滑移线 s_β 和 ω 的增量的符号相反，故式（7-10）第二式的右边带有负号。

考虑两对无限接近的滑移线 α_1、α_2 和 β_1、β_2（图7-7）。α 滑移线段 ab 的弧长用 Δs_α 表示，转角用 $\Delta\omega_\alpha$ 表示；α_1 和 α_2 间的 β 族滑移线段的弧长用 Δs_β 表示，转角用 $\Delta\omega_\beta$ 表示。则根据式（7-10），有如下等式存在：

$$R_\alpha \Delta\omega_\alpha = \Delta s_\alpha, \quad R_\beta \Delta\omega_\beta = -\Delta s_\beta$$

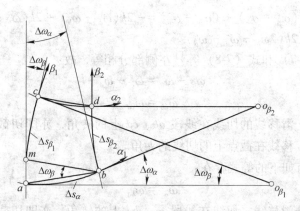

图 7-7　沿 α 滑移线 β 滑移线的曲率半径的变化

现在考虑单元弧 Δs_β 沿 α 的导数：

$$\frac{\partial(\Delta s_\beta)}{\partial s_\alpha} \approx -\frac{\partial(R_\beta \Delta \omega_\beta)}{\partial s_\alpha} = -\left[\Delta \omega_\beta \frac{\partial R_\beta}{\partial s_\alpha} + R_\beta \frac{\partial(\Delta \omega_\beta)}{\partial s_\alpha}\right]$$

由于在两条滑移线 α_1 和 α_2 之间，β 族滑移线的转角 $\Delta \omega_\beta$ 为常值，故：

$$\frac{\partial(\Delta \omega_\beta)}{\partial s_\alpha} = 0$$

所以

$$\frac{\partial(\Delta s_\beta)}{\partial s_\alpha} \approx -\Delta \omega_\beta \frac{\partial R_\beta}{\partial s_\alpha} \tag{7-11}$$

又如图 7-7 所示，过 b 点作 cd 弦的平行线 bm，则 $\angle abm = \Delta \omega_\beta$。因为按汉基第一定理 $\omega_{ab} = \omega_{cd} = \Delta \omega_\alpha$，如将弧 ab 和 cd 近似地看做为圆弧，则 $\angle bao_{\beta_1} = \angle dco_{\beta_1} = \Delta \omega_\alpha / 2$，故有 $\angle abm = \Delta \omega_\beta$。由此可求得：

$$\frac{\partial(\Delta s_\beta)}{\partial s_\alpha} \approx \frac{\Delta s_{\beta_2} - \Delta s_{\beta_1}}{\Delta s_\alpha} = \frac{\Delta s_\alpha \Delta \omega_\beta}{\Delta s_\alpha} = \Delta \omega_\beta$$

将上式与式（7-11）加以比较，最后求得：

$$\frac{\partial R_\beta}{\partial s_\alpha} = -1$$

同样可求得：

$$\frac{\partial R_\alpha}{\partial s_\beta} = -1$$

于是定理得到证明。写成有限差的形式则为：

$$\Delta R_\alpha = -\Delta s_\beta, \quad \Delta R_\beta = -\Delta s_\alpha \tag{7-12}$$

由于滑移线 α_1 和 α_2、β_1 和 β_2 是无限接近的，β_1 线在 a 和 c 点的法线的交点 o_{β_1} 为 β_1 线在 a 点的曲率中心，β_2 线在 b 和 d 点的法线的交点 o_{β_2} 为 β_2 线在 b 点的曲率中心。β_1 线在 a 点的曲率半径等于 β_2 线在 b 点的曲率半径加上滑移线 α_1 由 a 到 b 的弧长的增量 Δs_α。

可见，β 族滑移线在滑移线 α_1 上的曲率中心位于由任一曲率半径（如 $o_{\beta_1}a$）贴切该滑移线 α_1 滚动所形成的渐开线上。普郎特尔曾经从这个角度叙述了关于滑移线性质的汉基第二定理：一族滑移线在另一族中之某一确定滑移线上的曲率中心，位于该确定的滑移线的渐开线上（普郎特尔定理）。

沿滑移线 α 向滑移线 β 凹向的一侧移动，在塑性状态扩展到足够远时，β 族滑移线的曲率半径将变为零。这时滑移线 α_1、α_2 以及 β 族滑移线的曲率中心的迹线——渐开线 L，将交于一点 o，如图 7-8 所示。

（3）在有直线滑移线族存在的区域内，被它族任意两滑移线所切截的直线滑移线段具有同一长度。

假定如图 7-9 所示，在区域 $ABA'B'$ 内 β 族滑移线为直线段。显然在该区域内，β 族的直线滑移线段是 α 族各滑移线的公法线。用 $\boldsymbol{g}(\omega)$ 表示沿 β 族滑移线方向的单位矢量，用 s_β 表示 β 族滑移线段的长度。再将滑移线 α_1 及 α_2 用矢径 $\boldsymbol{r}_1$ 及 $\boldsymbol{r}_2$ 表示之。则滑移线 α_1 及 α_2 的矢径间存在下列关系：

$$\boldsymbol{r}_2 = \boldsymbol{r}_1 + s_\beta \boldsymbol{g} \tag{7-13}$$

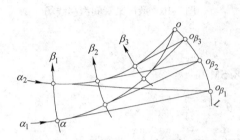

图 7-8　β 族滑移线在 α 族滑移线上的曲率中心的轨迹

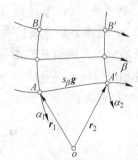

图 7-9　有直线滑移线段的滑移线场

由于沿滑移线 α_1 及 α_2，由一条 β 族滑移线到无限接近它的另一条 β 族滑移线，参变数的微分相等：

$$\mathrm{d}\alpha_1 = \mathrm{d}\alpha_2$$

从而式（7-13）中之 $\boldsymbol{r}_1$、$\boldsymbol{r}_2$ 及 $\boldsymbol{g}$ 可视为同一参数 α 的函数。于是，对式（7-13）求导数得：

$$\frac{\mathrm{d}\boldsymbol{r}_2}{\mathrm{d}\alpha} = \frac{\mathrm{d}\boldsymbol{r}_1}{\mathrm{d}\alpha} + s_\beta \frac{\mathrm{d}\boldsymbol{g}}{\mathrm{d}\alpha} + \boldsymbol{g} \frac{\mathrm{d}s_\beta}{\mathrm{d}\alpha}$$

以单位矢量 $\boldsymbol{g}$ 乘上式，做数量积，得：

$$\boldsymbol{g} \cdot \frac{\mathrm{d}\boldsymbol{r}_2}{\mathrm{d}\alpha} = \boldsymbol{g} \cdot \frac{\mathrm{d}\boldsymbol{r}_1}{\mathrm{d}\alpha} + \frac{\mathrm{d}s_\beta}{\mathrm{d}\alpha}$$

由于单位矢量 $\boldsymbol{g}$ 是沿 α_1 及 α_2 的公法线方向，故有：

$$\boldsymbol{g} \cdot \frac{\mathrm{d}\boldsymbol{r}_2}{\mathrm{d}\alpha} = \boldsymbol{g} \cdot \frac{\mathrm{d}\boldsymbol{r}_1}{\mathrm{d}\alpha} = 0$$

由此，得：

$$\frac{\mathrm{d}s_\beta}{\mathrm{d}\alpha} = 0$$

即

$$s_\beta = 常数 \tag{7-14}$$

在滑移线 α_1 及 α_2 间的 β 族的直线滑移线段具有同一长度，此即所证。

滑移理论法是一种图形绘制与数值计算相结合的方法，即在平面应变问题中，根据平面应变滑移线场的性质绘出滑移场，再根据精确应力平衡微分方程和精确塑性条件建立汉基（H. Hencky）应力方程，求得理想刚塑性材料平面应变问题变形区内应力分布及变形力的一种方法。

【例 7-1】 已知某零件在高温锻压变形时是刚塑性体，而且是平面塑性变形，锻压某瞬间其滑移线场如图 7-10 所示。

β 线是一族同心圆；α_1 线是直线；$\sigma_C = -60\text{MPa}(C$ 点平均应力$)$；$C_{\beta_2} = -138.5\text{MPa}$。

试求：D 点的应力状态 σ_D、θ_D、k、σ_x、σ_y、τ_{xy}、$\tan2\alpha$。

解：α_1 是直线，BC 段就是直线，根据滑移线性质知 DE 段亦必是直线段（α 族滑移线的某一线段是直线，则被 β 族滑移线所切截的所有 α 线的相应线段皆是直线）。

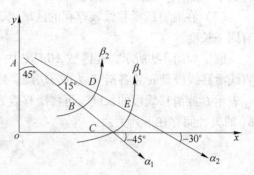

图 7-10　锻压某瞬间滑移线场

BC、DE 是直线，则 $C_{\beta_1} = C_{\beta_2} = $ 常数 $= -138.5\text{MPa}$

$$\sigma_\text{m} + 2K\theta_C = C_{\beta_1}, \quad \theta_C = -\frac{\pi}{4}$$

$$K = \frac{C_{\beta_1} - \sigma_\text{m}}{2\theta_C} = \frac{-138.5 - (-60)}{-\dfrac{\pi}{2}} = \frac{78.5 \times 2}{\pi} = 50\text{MPa}$$

$$\sigma_D + 2K\theta_D = C_{\beta_2}$$

$$\sigma_D = C_{\beta_2} - 2K\theta_D = -138.5 - 2K\left(-\frac{\pi}{6}\right) = -138.5 + 2 \times 50 \times \frac{\pi}{6}$$

$$= -138.5 + 52.4 = -86.1\text{MPa}$$

由式（7-2）得：

$$\sigma_x = \sigma - K\sin2\theta = -86.1 - 50\sin2\left(-\frac{\pi}{6}\right)$$

$$= -86.1 + 50\sin60° = -86.1 + 50 \times \frac{\sqrt{3}}{2}$$

$$= -86.1 + 43.4 = -42.7\text{MPa}$$

$$\sigma_y = \sigma + K\sin2\theta = -86.1 - 43.4 = -129.5\text{MPa}$$

$$\tau_{xy} = K\cos2\theta = 50\cos2\left(-\frac{\pi}{6}\right) = 50\cos60° = 25\text{MPa}$$

由式 $\tan2\alpha = \dfrac{2\tau_{xy}}{\sigma_x - \sigma_y}$ 得：

$$\tan2\alpha = \frac{2\tau_{xy}}{\sigma_x - \sigma_y}$$

$$\tan2\alpha = \frac{2\tau_{xy}}{\sigma_x - \sigma_y} = \frac{2 \times 25}{-42.7 - (-129.5)} = \frac{50}{86.8}$$

$$= \frac{1}{1.732} = \frac{1}{\sqrt{3}}$$

7.4 滑移线场的速度场

7.4.1 速度场

对于静定问题可根据给定的应力边界条件，利用图解法或数值积分法将求解的滑移线场作出。此时，速度场即由两个速度微分方程式（4-60）和式（4-61）所确定。这个偏微分方程组与应力方程组（7-3）类似，也是双曲线型方程，其特征线亦与滑移线相重合。下面研究沿滑移线流动速度的变化。假定在塑性区内的任一点上，坐标轴 x 和 y 与过该点之滑移线 α 和 β 的切线相重合（图7-4），则有：

$$\frac{\partial}{\partial x} = \frac{\partial}{\partial s_\alpha}, \quad \frac{\partial}{\partial y} = \frac{\partial}{\partial s_\beta}, \quad \omega = 0$$

将所研究点的流动速度矢量 $\boldsymbol{v}$ 在滑移线 α 上的投影用 v_α 表示，在滑移线 β 上的投影用 v_β 表示，则有：

$$v_x = v_\alpha, \quad v_y = v_\beta$$

由此，速度方程式（4-60）和式（4-61）可写成：

$$\left.\begin{array}{l} \dfrac{\partial v_\alpha}{\partial s_\alpha} - \dfrac{\partial v_\beta}{\partial s_\beta} = 0 \\[3mm] \dfrac{\partial v_\alpha}{\partial s_\alpha} + \dfrac{\partial v_\beta}{\partial s_\beta} = 0 \end{array}\right\} \tag{7-15}$$

根据式（7-15）可求得：

$$\frac{\partial v_\alpha}{\partial s_\alpha} = 0, \quad \frac{\partial v_\beta}{\partial s_\beta} = 0 \tag{7-16}$$

按照关系式（4-13），则有：

$$\frac{\partial v_\alpha}{\partial s_\alpha} = \xi_\alpha = 0, \quad \frac{\partial v_\beta}{\partial s_\beta} = \xi_\beta = 0$$

可见，沿滑移线方向线应变速度为零。这就是说，沿滑移线只产生剪应变，在滑移线方向上金属不产生线应变。这一重要性质，也可由应力-应变速度关系方程得到。如图7-2所示，由不同族的两对无限接近的滑移线所切截的面素，实际为一体素，其各面上作用的法应力均等于平均应力，故沿边长方向线应变速度及线应变为零。

根据沿滑移线方向线应变速度分量为零的条件，可求得沿滑移线的速度变化的另一微分关系。

以 $e(\omega)$ 和 $g(\omega)$ 表示沿滑移线 α 和 β 的单位矢量。如图7-11所示，任一点 a 的速度 $v = v_\alpha e + v_\beta g$，而滑移线 α 上的与 a 点无限接近的 b 点的速度为 $v + \mathrm{d}v = (v_\alpha + \mathrm{d}v_\alpha)e + (v_\beta + \mathrm{d}v_\beta)g$。

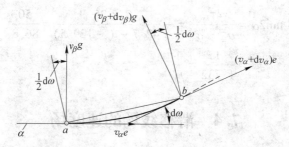

图 7-11 滑移线 α 上的两相邻点的流动速度

滑移线 α 由 a 点到 b 点的转角用 $d\omega$ 表示。由于点 a 和 b 是无限接近的，可认为弧 ab 与其弦 ab 相重合。根据沿滑移线方向线应变速度为零的条件，a 点的速度 v 在 ab 弦上的投影应等于 b 点的速度 $v + dv$ 的投影，即：

$$v_\beta \sin\frac{1}{2}d\omega + v_\alpha \cos\frac{1}{2}d\omega = -(v_\beta + dv_\beta)\sin\frac{1}{2}d\omega + (v_\alpha + dv_\alpha)\cos\frac{1}{2}d\omega$$

由于：

$$\sin\frac{1}{2}d\omega \approx \frac{1}{2}d\omega, \ \cos\frac{1}{2}d\omega \approx 1$$

最后求得沿滑移线 α 有：

$$dv_\alpha - v_\beta d\omega = 0 \tag{7-17a}$$

同样地，可求得沿滑移线 β 有如下关系式存在：

$$dv_\beta + v_\alpha d\omega = 0 \tag{7-17b}$$

所求得的关系式（7-17a）及式（7-17b）称为盖林格（Geirineer）方程式。

根据该方程式，在滑移线的法向上切向流动的速度分量可能产生突变（不连续），即在滑移线场内某些滑移线可能是速度间断线。因为对于方程式（7-17a），如果速度 v_α 和 v_β 能够满足，速度 $v_\alpha + c_1$（常值）和 v_β 也能满足之。这就是说，在同一条滑移线 α 上，两侧金属的切向流动速度可能具有不同的数值（图 7-12），而其差为一常值。同样地，对于方程式（7-17b）如果速度 v_β 和 v_α 能够满足，速度 $v_\beta + c_2$（常值）和 v_α 也将能满足。这样，在同一条 β 线上两侧金属的切向流动速度亦可能具有不同数值，而其差亦为一常值，产生切向速度不连续，不破坏介质的连续性条件。

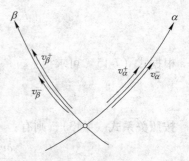

图 7-12 速度间断线图示

法向速度分量在滑移线的法向上不能有不连续的情况，否则在金属内将出现裂缝或材料在体积上被压缩。

方程式（7-17a）及式（7-17b）对于确定塑性区内的速度分布具有重要的意义。如果沿滑移线已知法向速度分量，并且在某一点上又已知切向速度分量，则沿滑移线积分式（7-17a）及式（7-17b），便可求得滑移线上各点的切向速度分量。如对于 α 线上的任意两点 a 和 b，应用方程式（7-17a）则有：

$$(v_a)_b = (v_\alpha)_a + \int_a^b v_\beta d\omega \qquad (7\text{-}18)$$

已知 a 点的切向速度 $(v_\alpha)_a$ 和法向速度 v_β，任一点 b 的切向速度便可确定。

下面研究用差分方程求解速度分布的方法。

如图 7-13 所示，如果在滑移线场内，点 $(m, n-1)$ 和 $(m-1, n)$ 的速度为已知，可利用方程式（7-17a）和式（7-17b）确定点 (m, n) 的速度。根据方程式（7-17a）对于滑移线 α 上的点 $(m, n-1)$ 和 (m, n) 有如下的差分方程：

$$(v_\alpha)_{m, n} - (v_\alpha)_{m, n-1} = v_\beta(\omega_{m, n} - \omega_{m, n-1})$$

式中 v_β 按下式取平均值：

$$v_\beta = \frac{1}{2}\big[(v_\beta)_{m, n} + (v_\beta)_{m, n-1}\big]$$

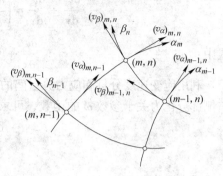

图 7-13　滑移线网格节点及
速度分量的标记

于是有：

$$(v_\alpha)_{m, n} - (v_\alpha)_{m, n-1} = \frac{1}{2}\big[(v_\beta)_{m, n} + (v_\beta)_{m, n-1}\big] \times (\omega_{m, n} - \omega_{m, n-1}) \qquad (7\text{-}19a)$$

同样，根据式（7-17b）对于滑移线 β 上的点 (m, n) 和 $(m-1, n)$ 有如下的差分方程：

$$(v_\beta)_{m, n} - (v_\beta)_{m-1, n} = -\frac{1}{2}\big[(v_\alpha)_{m, n} + (v_\alpha)_{m-1, n}\big] \times (\omega_{m, n} - \omega_{m-1, n}) \qquad (7\text{-}19b)$$

于是，可按上面两方程式确定点 (m, n) 的速度分量 $(v_\alpha)_{m, n}$ 和 $(v_\beta)_{m, n}$ 的数值。

总之，在已知滑移线场的情况下，可按给定的速度边界条件，利用方程式（7-17a）和式（7-17b），或其差分方程式，求解塑性区内的速度分布。

7.4.2　速度矢端图

为了得到塑性区内速度分布的几何图示，可将沿滑移线的速度分布表示在速度坐标平面 $v_x v_y$ 上。

为此，在坐标平面 $v_x v_y$ 上以坐标原点为极点，将物理平面内位于同一条滑移线上的各点的速度矢量，以一定的比例绘出。这时，各矢量的端点将连成一曲线，该曲线称为所研究的滑移线的速度矢端曲线。对于滑移线网格的各条滑移线，都可作出这样的矢端曲线。因此对于一定的滑移线场，在速度平面 $v_x v_y$ 上可得到一曲线网格，该曲线图称为滑移线场的速度矢端图（或称速度图）。在矢端图上，各速度矢量的端点的位置，通常用表示物理平面内相应点位置的字符或数码表示。

下面求速度矢端曲线的微分方程式。

在速度平面上速度矢量 v 在坐标轴 v_x 上的投影即为速度分量 v_x，在坐标轴 v_y 上的投影则为速度分量 v_y。对速度分量 v_x 及 v_y 沿滑移线求微分，则有：

$$dv_x = \frac{\partial v_x}{\partial x}dx + \frac{\partial v_x}{\partial y}dy$$

$$dv_y = \frac{\partial v_y}{\partial x}dx + \frac{\partial v_y}{\partial y}dy$$

将上式中的第一式除以 $\mathrm{d}y$，第二式除以 $\mathrm{d}x$，然后相加，同时考虑到方程式（4-61），得：

$$\frac{\mathrm{d}v_x}{\mathrm{d}y} + \frac{\mathrm{d}v_y}{\mathrm{d}x} = \left(\frac{\partial v_y}{\partial x} + \frac{\partial v_x}{\partial y}\right) + \frac{\partial v_x}{\partial x}\left(\frac{\mathrm{d}x}{\mathrm{d}y} - \frac{\mathrm{d}y}{\mathrm{d}x}\right)$$

式中：

$$\frac{\partial v_y}{\partial x} + \frac{\partial v_x}{\partial y} = \eta_{xy}, \quad \frac{\partial v_x}{\partial x} = \xi_x$$

利用应变速度分量和应力分量间的关系及式（7-2）、式（7-1a）、式（7-1b），将上式右侧部分化为关于参数 ω 的函数，可求得等式右侧为零，故有：

$$\frac{\mathrm{d}v_x}{\mathrm{d}y} + \frac{\mathrm{d}v_y}{\mathrm{d}x} = 0$$

或表示为：

$$\frac{\mathrm{d}v_y}{\mathrm{d}v_x} = -\frac{1}{\dfrac{\mathrm{d}y}{\mathrm{d}x}}$$

由此求得对于滑移线 α 有：

$$\frac{\mathrm{d}v_y}{\mathrm{d}v_x} = -\cot\omega \tag{7-20a}$$

对于滑移线 β 有：

$$\frac{\mathrm{d}v_y}{\mathrm{d}v_x} = \tan\omega \tag{7-20b}$$

考虑到关系式（7-1），由式（7-20a）、式（7-20b）可得如下结论：滑移线和速度矢端曲线在相应点上彼此垂直，并且滑移线 α 和 β 的矢端曲线在速度平面内构成左手坐标系，如图 7-14 所示。

下面作速度间断线的矢端曲线。

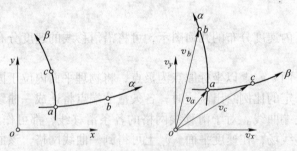

图 7-14　物理平面与速度平面的映射图示

如前所述，沿速度间断线，在法向上有等于常值的切向流动速度突变（间断）。根据介质是连续的和不可压缩的假设，法向流动速度应是连续的。就是说，在速度间断线上两侧金属的切向流动速度分量具有不同的数值，但法向流动速度分量是相同的。所以在间断线上两侧金属的流动速度差等于其切向流动速度分量之差，如图 7-15 所示。由于在间断线上两侧金属的流动速度不同，作为速度间断线的滑移线在矢端图上将有两条矢端曲线与其相对应，即速度间断线在速度平面上映射为两条矢端曲线。过两条矢端曲线的相应点所引的连线 $\overline{a^- a^+}$ 和 $\overline{b^- b^+}$，等于点 a 和 b 上的间断线两侧的金属的流动速度差：

$$\overline{a^- a^+} = [v_\alpha]_a e_a(\omega_a), \quad \overline{b^- b^+} = [v_\alpha]_b e_b(\omega_b)$$

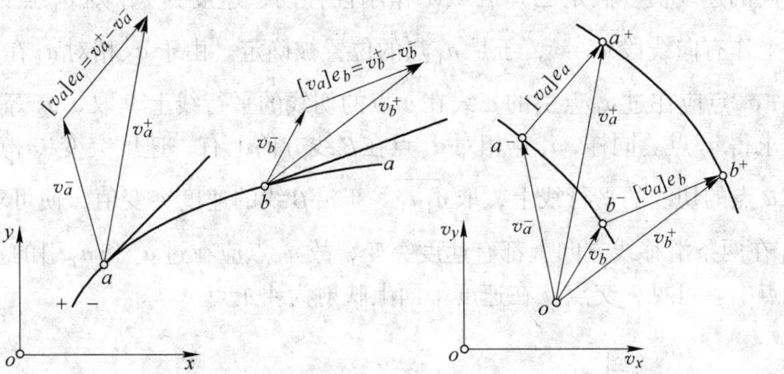

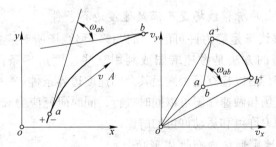

图 7-15　速度间断线在速度平面上的映象

所以 $\overline{a^- a^+}$ 和 $\overline{b^- b^+}$ 分别与间断线在 a 和 b 点的切线相平行。又由于滑移线与速度矢端曲线在相应点上彼此垂直，故 $\overline{a^- a^+}$ 和 $\overline{b^- b^+}$ 为矢端曲线 $\overarc{a^- b^-}$ 和 $\overarc{a^+ b^+}$ 的公法线。由于沿速度间断线切向速度突变为一常值，对于间断线 α 有：

$$[v_\alpha]_a = [v_\alpha]_b = [v_\alpha]$$

所以在速度平面上矢端曲线 $\overarc{a^- b^-}$ 和 $\overarc{a^+ b^+}$ 的法向距离相等，等于沿间断线的切向速度的突变值。

需要指出，在实际中切向速度突变不是产生在一条线上，而是在一有限宽的带内切向流动速度产生较大的改变。在速度间断线附近产生的剪应变是比较大的。

图 7-16 所示为在速度间断线的一侧金属不产生塑性变形，仅作刚性平移的情况。由于区域 A 以速度 v 作刚性平移，所有的点具有同一速度，因此在速度矢端图上该区域的映象为一点。从而矢端图上反映间断线 $\overarc{ab}$ 的两条矢端曲线，一条 $\overarc{a^- b^-}$ 归缩为一点，另一条 $\overarc{a^+ b^+}$ 则为一半径等于切向速度突变值的圆弧。圆弧 $\overarc{a^+ b^+}$ 的中心角等于滑移线段 $\overarc{ab}$ 的切线的转角。

图 7-16　一侧为刚性区的速度间断线在速度平面上的映象

在实际的滑移线场内一般总是有不同族的两条速度间断线存在，并且两条速度间断线汇交于一点。图 7-17 所示即为速度间断线 α 和 β 交于一点 a 的情况。两条速度间断线，在交点附近将变形平面分成 4 个区域，各区域分别用数字 1、2、3、4 表示。在各区域内间

断线的交点 a 分别用 a_1、a_2、a_3、a_4 表示。由于沿间断线有切向速度突变，交点 a 在 4 个区域内具有不同的速度值。假定已知区域 1 作刚性移动，速度为 v，则 a_1 点的速度即为 v。在速度平面上作有向线段 $\overline{oa_1}=v$，于是 a_1 点的位置被确定。由于 a_2 相对 a_1 在 α 线方向上有一速度突变，a_2 点应在过 a_1 点引的 α 线在 a 点的切线的平行线上，取 $\overline{a_1a_2}$ 等于沿 α 的速度突变值，便求得 a_2 点。同样，a_4 点相对 a_1 点在 β 线方向上有一速度突变，a_4 点应在过 a_1 点引的 β 线在 a 点的切线的平行线上，取 $\overline{a_1a_4}$ 等于沿 β 线的速度突变值，便可求得 a_4 点。点 a_3 相对点 a_1 在两条滑移线方向上都有速度突变，故 a_3 点应在过 a_4 和 a_1 引的 $\overline{a_1a_2}$ 及 $\overline{a_1a_4}$ 的平行线的交点上。可见，交点 a 在速度平面上映射为 4 个点。

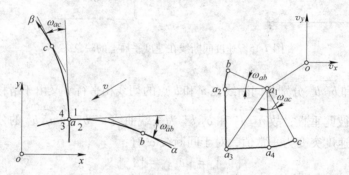

图 7-17　两速度间断线的交点在速度平面上的映象

7.5　应力边界条件和滑移线场的绘制

7.5.1　滑移现场求解的一般步骤

7.5.1.1　绘制滑移线场求出静力许可的解

首先，对给出的问题设定一个塑性变形区，然后按汉基第一定理、应力边界条件和边界上合力平衡条件，绘制出所设定塑性变形区的滑移线网，根据滑移线网，再按汉基应力方程式（7-5）和式（7-2），计算出各点的应力，便得到静力许可的解。

7.5.1.2　检查做出的滑移线场是否满足速度边界条件

由于所做出的滑移线场是静力许可的，所以该滑移线场所对应的速度场不一定能满足运动许可条件。检查的方法是做速端图或利用某些速度边界条件解盖林格尔方程式（7-17），算出速度分布，借以检查是否满足其余的速度边界条件。一般来说，做速端图比较容易，而且做滑移线场和做速端图可以同时进行，同时研究应力和速度边界条件以及力平衡条件，从而做出静力许可和运动许可的解。

7.5.1.3　检查塑性变形区内塑性变形功

主要是检查塑性变形区内的塑性变形功是否有负值的地方。若有负值，则此解不正确。在滑移线场内，滑移线两侧的材料的相对运动方向和剪切应力的方向相同，这时塑性变形功为正，否则为负。

全面考虑以上各项所做出的滑移线场是正确解，否则是不完全解。由以上可以看出，求解滑移线场时，必须知道边界条件。下面详细介绍各种条件下的应力边界条件和所对应的滑移线场。

7.5.2 应力边界条件

应力边界条件就是当滑移线延伸至塑性区边界时应满足的受力条件。常见的应力边界条件有以下四种类型。

7.5.2.1 不受力的自由表面

由于自由表面上没有应力作用，故自由表面为主平面；分析自由表面上一点的应力状态时，存在两种情况：

(1) $\sigma_1 = 2K$，$\sigma_3 = 0$ [见图 7-18 (a)]；

(2) $\sigma_1 = 0$，$\sigma_3 = -2K$ [见图 7-18 (b)]。

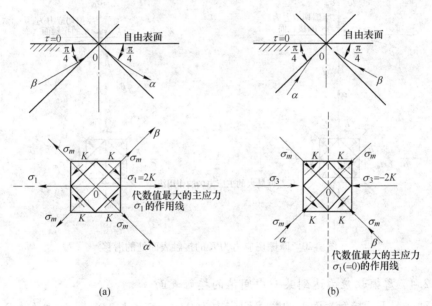

图 7-18 自由面处的滑移线

由于自由表面上 $\tau_{xy} = 0$，所以 $\cos 2\omega = 0$，$\omega = \pm \dfrac{\pi}{4}$。这说明两族滑移线与自由表面相交成 $\pm \dfrac{\pi}{4}$，如图 7-18 所示。

7.5.2.2 无摩擦的接触表面

由于接触表面上无摩擦，即 $\tau_{xy} = 0$，则与不受力的自由表面情况一样，$\omega = \pm \dfrac{\pi}{4}$，两族滑移线与接触表面相交成 $\pm \dfrac{\pi}{4}$，如图 7-19 所示。

7.5.2.3 摩擦切应力达到最大值 K 的接触表面

由于接触表面上 $\tau_{xy} = \pm k$，则 $\cos 2\omega = \pm 1$，$\omega = 0$ 或 $\omega = \dfrac{\pi}{2}$，这说明一族滑移线与接触

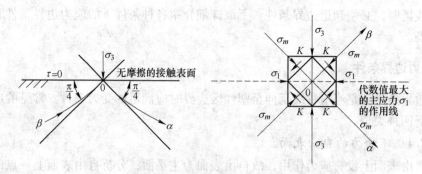

图 7-19   无摩擦接触表面处的滑移线

表面相切，另一族滑移线则与之正交，如图 7-20 所示。

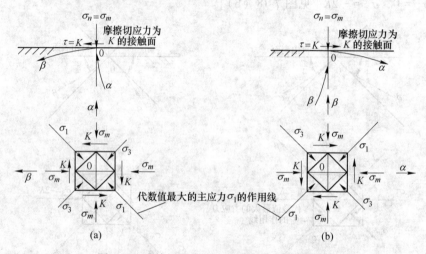

图 7-20   摩擦切应力为 K 的接触表面处的滑移

7.5.2.4   摩擦切应力达到某一中间值的接触表面

在这种情况下，接触表面上的摩擦切应力为 $0 < \tau_{xy} < K$。根据 $\tau_{xy} = K\cos2\omega$ 有 $\omega = \pm\dfrac{1}{2}\cos^{-1}\dfrac{\tau_{xy}}{K}$。利用该式可求得 ω 的两个解，它的正确解应根据 σ_x、σ_y 的代数值并利用摩尔图来确定。确定 ω 后，即可确定 α 线和 β 线，如图 7-21 所示。

7.5.3   滑移线场的绘制

运用滑移线法求解塑性成形问题时，首先需要建立满足边界条件的变形区内的滑移线场，利用汉基方程就可求解塑性区的应力分布。下面分别介绍图解法和数值积分法。

7.5.3.1   图解法

图解法是按照给定的应力边界条件，根据滑移线的性质构造滑移线场。根据边界条件不同，可分为三类边值问题。

A   给定交于一点的两条滑移线段（黎曼问题）

如图 7-22 所示，在给定滑移线段 oA 和 oB 时，可在区域 $oACB$ 内作出滑移线网格。

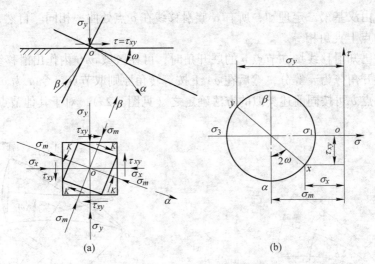

图 7-21　摩擦切应力为某一中间值时接触表面处的滑移线

　　假定 a 和 b 为在已知滑移线 oA 和 oB 上取的节点（图 7-23）。过点 o、a、b 引滑移线 α 和 β 的切线，确定切线的转角 ω_{oa} 及 ω_{ob}。在 a 和 b 点上分别引滑移线 α 和 β 的法线 n_a 和 n_b，然后在同这些法线成 $\omega_{oa}/2$、$\omega_{ob}/2$ 角的方向上引直线 bc 和 ac，使其交于 c 点。由线段 ac 及 bc 的中点引垂线，使其分别与滑移线在 a 点和 b 点的切线相交，由此求得弧 ac 和 bc 的曲率中心，从而可作出弧 ac 和 bc。沿已知滑移线逐次前移，照此方法继续作出其他节点，最后便得到所求的滑移线网格。

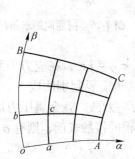

图 7-22　黎曼问题求解的滑移线场

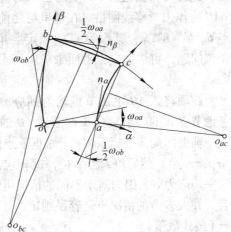

图 7-23　求解黎曼问题的图解法

　　在构造滑移线场时比较方便的是在滑移线 $\alpha(oA)$ 及 $\beta(oB)$ 上，按各段转角相等的原则取节点（分点），这时则有 $\omega_{oa}=\omega_{ob}=\Delta\omega$。

　　此外，下述情况可作为这类问题的一个特例，即已知一条滑移线（例如 α）及其上的一奇点 o，如图 7-24 所示。

　　这相当于滑移线 $oB(\beta)$ 的曲率半径为零，整个滑移线 oB 趋于一点 o 时的情形。此时，所有 α 族滑移线都汇交于 o 点。所以 o 点的平均应力 σ 和角 ω 为不定，是应力间断点，即奇点。由汉基第二定理知，所有 α 族滑移线在 o 点处曲率相同。自然，对于等角网格各 α 线在 o 点上夹角相等。

此时，在已知滑移线场在节点 o 的展开角时，可在区域 oAC 内作出滑移线网格。

首先将展开角分为 n 等分，然后在 oA 上按等转角原则取节点。令 a 为 oA 上的第一个节点，对于节点 b 可按同前述类似的方法确定之（见图 7-25），对于其他节点也是一样。

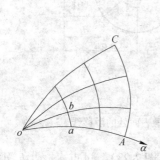

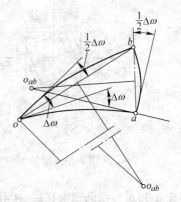

图 7-24 黎曼问题求解的有奇点 o 的滑移线场   图 7-25 求相邻奇点的节点的图解法

B 给定塑性区的边界

光滑弧 AB，其处处不与滑移线相重合，在 AB 上已知应力 σ_n 和 τ_n（柯西问题）。

如图 7-26 所示，oA 和 oB 为过 A 和 B 点的滑移线 β 和 α，此时可根据边界 AB 上的已知的应力数值，在区域 oAB 内作出滑移线网格。在这里与之前不同的是确定节点 b、b'、b'' 等，其余节点的确定与前一问题相同。对于该问题，可借助应力平面来确定所求节点的滑移线方向。

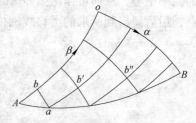

图 7-26 柯西问题求解的滑移线场

为此须将弧 AB 上的节点映射到应力平面上去，首先考虑节点 a 的映射。在 a 点沿弧 AB 的法向和切向方向取一辅助的局部坐标系 $x'y'$。根据 a 点的应力 $\sigma_{x'} = \sigma_n$，$\tau_{x'y'} = \pm\tau_n$，在应力平面上找出点 $a'(\sigma_{x'}, \tau_{x'y'})$。然后以 k 为半径，过 a' 点作应力圆。在这里需要判别法应力 σ_n 大于还是小于平均应力 σ，因为对于不同的情况可作出两个不同的应力圆。就金属压力加工的情况而言，在大多数的情况下是容易判定的。如 AB 为镦粗过程的接触表面，则有 $\sigma_n = -p$、$\sigma_n < \sigma$（按代数值）。

在坐标轴 x' 绕 a 点向 x 轴转动时，点 a' 在应力圆上以 2 倍的角速度沿相反的方向转动。在 x' 轴转过 θ 角与 x 轴重合时，点 a' 将转到点 $a(\sigma_x, \tau_{xy})$ 上。所得到的点 $a(\sigma_x, \tau_{xy})$ 即为物理平面上的点 a 在应力平面上的映象。如图 7-27 所示，此时点 a 的平均应力 σ_a 及角 ω_a 亦被确定。应力圆上的连线 a_1a 与 a 点上的滑移线 α 的方向相平行，连线 a_2a 与 a 点上的滑移线 β 的方向相平行。

AB 上其他节点的映象，以及平均应力 σ 和角 ω 的数值，可同样地按上述的方法求得。

求得了弧 AB 上的各节点在应力平面上的映象，即可借助应力平面来确定节点 b、b'、b''、$\cdots$。首先确定节点 b，在应力平面上过 a 和 A 点分别作摆线 α 和 β（见图 7-28），两摆

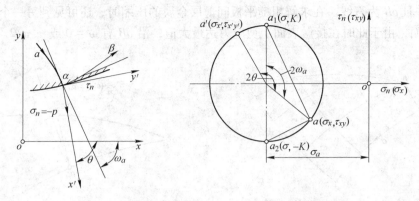

图 7-27 已知应力的边界上的点 a 向应力平面的映射

线的交点即为所求点 b 在应力平面上的映象。在物理平面上过 A 点引线段 Am，使其与应力平面上的摆线 β 在 A 点的切线方向相垂直，即与 β 线的瞬时曲率半径 $o'A$ 相平行。由 m 点引线段 $mc=Am$，使其与摆线 β 在 b 点的切线方向相垂直。之后，作 A 和 c 点的连线 Ac，再用类似的方法作出 ad 线段。Ac 与 ad 的交点 b 即为过 A 点的滑移线 β 与过 a 点的滑移线 α 的交点。已知滑移线在点 A、a 及 b 上的方向，可用作图法近似地作出滑移线 α 和 β 的相应线段。

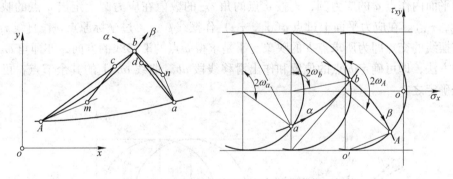

图 7-28 求与已知应力的边界相邻的节点的图解法

C 给定滑移线 oA 及与其相交的光滑线段 oB，在线段 oB 上已知角 ω（混合问题）

如图 7-29 所示，AB 为通过 A 和 B 点的滑移线 β。此时，可在区域 oAB 内作出滑移线网格。对于该问题，只是确定节点 b、b'、b'' 等的方法与之前不同。当将滑移线段 ab 看做具有平均速率的圆弧时，弦 ab 在点 a 与其切线（即 α 线的法线）的夹角等于 $(\omega_b - \omega_a)/2$。据此，可采用如下的作图方法确定 b 点的位置，如图 7-30 所示。过 a 点作滑移线 α 的法线，交 oB 线于 b_1 点，再过 a 作直线 ab_2，使其与 ab_1 的夹角为 $(\omega_{b_1} - \omega_a)/2$。直线 ab_2 与 oB 线的交点 b_2 即为第一次得到的 b 点的近似位置。接着再做与 ab_1 的夹角为 $(\omega_{b_2} - \omega_a)/2$ 的直线 ab_3，其与曲线 oB 的交点 b_3 即为点 b 的二次近似位置。还可再作下去，直到达到精度要求为止。曲线 oB 上的其余节点可用同样的方法确定。

如果沿 oB 线角 ω 等于常值，按上面的方法可一次就确定 b 点的位置。这种情况在实际中常见的是 oB 为滑移线场的对称线，由于在对称面上切应力等于零，这时沿 oB 线 $\omega =$

±π/4，并且 oB 为直线。在求解粗糙平板间薄层金属的压缩时，还可见到另一个例子，oB 为接触表面，由于此时在接触表面上剪应力达最大值，沿 oB 有 $\omega = 0$ 或 $-\pi/2$。

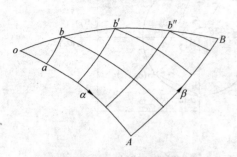

图 7-29　混合问题求解的滑移线场

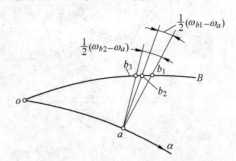

图 7-30　求与已知 ω 角的边界相邻的节点的图解法

对于这类问题还会碰到下述的情况，沿 oB 不知道 ω 角，而已知应力 σ_n 和 τ_n 间的函数关系，如 $\tau_n = \mu\sigma_n$（其中 μ 为摩擦系数）。此时可借助应力平面来确定 oB 上的各节点的滑移线方向。在 oB 为直线时用此方法能准确地确定出所求节点的滑移线方向；在 oB 为曲线时，可采用逐次逼近的方法求得满足一定精度要求的近似值。如图 7-31 所示，取坐标系 oxy，使 x 轴与点 b 附近的表面的外法线方向相重合。根据已知的 a 点的平均应力值 σ_a，在应力平面内作点 a 的应力圆，再按 a 点的角 ω_a 的数值在应力圆上定出 a 点的映象，即点 (σ_x, τ_{xy})。在应力平面上过点 $a(\sigma_x, \tau_{xy})$ 作摆线 β，再过坐标原点 o 作直线 $\tau_n = \mu\sigma_n$。直线与摆线的交点即为所求点 b 的映象。于是求得 b 点的滑移线的方向，亦即角 ω_b。应用已有的方法，即可确定 b 点的位置和作出滑移线段 ab。曲线 oB 上的其余节点，可用同样的方法确定之。

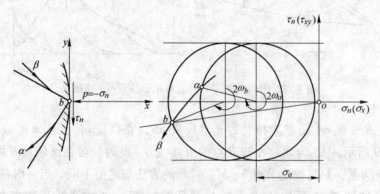

图 7-31　确定接触表面上（$\tau_n = \mu\sigma_n$）的点的滑移线方向的图解法

7.5.3.2　数值积分法

数值积分法是利用滑移线的差分方程计算节点的坐标值，同时利用汉基方程计算各节点的平均应力 σ 及角 ω。

对于前面所述的各边界问题，当在初始边界条件里给定有滑移线时，沿给定的滑移线平均应力 σ 应为已知。故，数值积分法的主要问题是：已知处于对角位置的两个节点的坐标值、平均应力 σ 及角 ω，求与前两节点相邻的节点的这些量的数值。

如图 7-32 所示，考虑滑移线场中的 3 个节点 $(m, n-1)$、(m, n)、$(m-1, n)$，假定 (m, n) 为未知的。在这里用两个数码表示节点，第一个数码为过节点的滑移线 α 的编号，第二个数码为过节点的滑移线 β 的编号。点 $(m, n-1)$ 在过点 (m, n) 的滑移线 α 上，点 $(m-1, n)$ 在过点 (m, n) 的滑移线 β 上。以下用节点的编号数码作角标，记在有关符号 σ、ω、x、y 的右下角，表示相应节点的各量的数值。

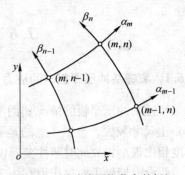

图 7-32 滑移线网格节点的标记

根据方程式 (7-5)，对于 α 线段 $(m, n-1)$—(m, n) 有：

$$\sigma_{m, n} - \sigma_{m, n-1} = 2k(\omega_{m, n} - \omega_{m, n-1})$$

对于 β 线段 $(m-1, n)$—(m, n) 有：

$$\sigma_{m, n} - \sigma_{m-1, n} = -2k(\omega_{m, n} - \omega_{m-1, n})$$

在上面两方程式中仅含有两个未知数 $\sigma_{m, n}$ 及 $\omega_{m, n}$，将此两方程式联立求解，得：

$$\sigma_{m, n} = \frac{1}{2}(\sigma_{m-1, n} + \sigma_{m, n-1}) + k(\omega_{m-1, n} - \omega_{m, n-1})$$

$$\omega_{m, n} = \frac{1}{4k}(\sigma_{m-1, n} - \sigma_{m, n-1}) + \frac{1}{2}(\omega_{m-1, n} + \omega_{m, n-1}) \tag{7-21}$$

将 $\sigma_{m, n}$ 及 $\omega_{m, n}$ 代入方程式 (7-2)，便可求得点 (m, n) 的应力分量 σ_x、σ_y 及 τ_{xy}。

根据方程式 (7-1a) 和式 (7-1b)，对于 α 线段 $(m, n-1)$—(m, n) 有下列差分方程：

$$\frac{y_{m, n} - y_{m, n-1}}{x_{m, n} - x_{m, n-1}} = \tan \frac{1}{2}(\omega_{m, n} + \omega_{m, n-1})$$

对于 β 线段 $(m-1, n)$—(m, n) 则有：

$$\frac{y_{m, n} - y_{m-1, n}}{x_{m, n} - x_{m-1, n}} = -\cot \frac{1}{2}(\omega_{m, n} + \omega_{m-1, n})$$

对于上面两方程式关于 $x_{m, n}$ 及 $y_{m, n}$ 求解，得：

$$x_{m, n} = \frac{-y_{m, n-1} + y_{m-1, n} + x_{m, n-1}A + x_{m-1, n}B}{A + B}$$

$$y_{m, n} = \frac{y_{m-1, n}A + y_{m, n-1}B - (x_{m, n-1} - x_{m-1, n})AB}{A + B} \tag{7-22}$$

式中：

$$A = \tan \frac{1}{2}(\omega_{m, n} + \omega_{m, n-1})$$

$$B = \cot \frac{1}{2}(\omega_{m, n} + \omega_{m-1, n})$$

于是点 (m, n) 的坐标被确定。

7.6   常见的滑移线场问题

7.6.1   窄锤头冲压厚板时的应力分布

窄锤头冲压厚板的情况如图 7-33 所示。假定锤头和平板在 z 轴方向（垂直图面的方向）上尺寸较大，金属产生的是平面变形，即平面应变问题。由于锤头的宽度 $2b$ 和板的厚度相比很小，故此时塑性变形仅产生在表层的局部区域内。暂且忽略接触表面上的摩擦力。假设沿接触表面仅作用有法应力 $\sigma_y = -p$，除掉接触表面的两端点 e 外，应力到处是连续的，则滑移线场（普郎特尔解）如图 7-33（a）所示。在锤头下面和两侧的非接触变形区内有 3 个三角形的均匀应力状态区域，在三角形区域之间为连接它们的扇形区域。

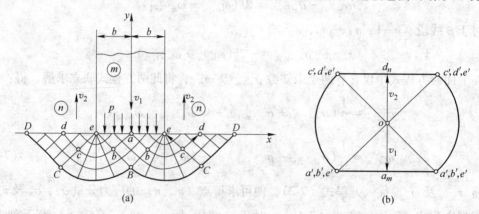

图 7-33   窄冲头冲压厚板
(a) 滑移线场；(b) 速度矢端图

三角形区域 eCD 的应力状态图示如图 7-34 所示。法应力 σ_x 和 σ_y 分别为最小主应力 σ_3 和最大主应力 σ_1。由于 $\sigma_y = \sigma_1 = 0$，根据塑性条件式（4-55b）知 $\sigma_x = \sigma_3 = -2k$，所以平均应力 $\sigma = -k$。按图示给定的最大剪应力方向，根据前面所述，对右侧的三角形区域 eCD 可取角 $\omega = \dfrac{\pi}{4}$（或取 $\omega = \dfrac{\pi}{4} \pm \pi$）。

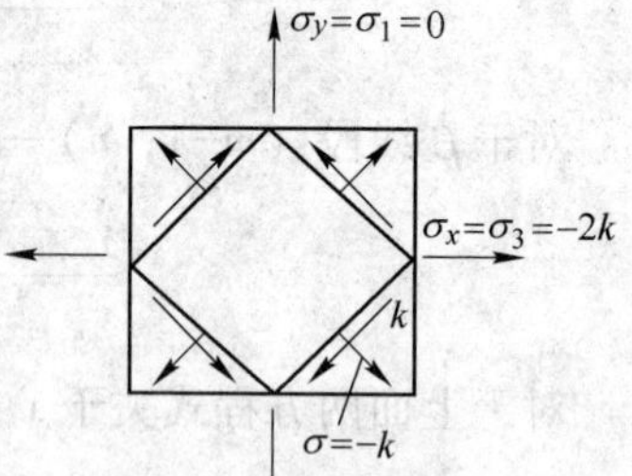

在三角形 eBe 中 $\omega = -\dfrac{\pi}{4}$，平均应力是未知的，可根据积分式（7-5）确定之。对于通过 a、d 两点的滑移线 α，有如下的关系式存在：

$$\sigma_a - \sigma_d = 2k(\omega_a - \omega_d)$$

由此，求得 a 点（区域 eBe）的平均应力：

$$\sigma_a = -k(\pi + 1) \tag{7-23}$$

根据式（7-2），求得接触表面上的法向应力：

图 7-34   最大剪应力方向图示

$$\sigma_y = -2k\left(\frac{\pi}{2} + 1\right)$$

或表示为： $$p = 2k\left(\frac{\pi}{2} + 1\right)$$ (7-24)

图 7-33（b）所示为速度矢端图，用于物理平面内表示点的位置的字母，表示各相应点的速度矢量的端点。已知滑移线场应满足运动学条件，根据介质的不可压缩性条件，通过塑性区边界的速度矢量的通量（金属的秒流量）的总和应该等于零。可以证明，当由锤头中心引出的滑移线 abcd 为速度间断线时，上述条件可得到满足。此时，滑移线 abcd 和 BCD 的塑性应力状态间的塑性应力状态区域将保持不动，该区域在速度矢端图上映射为一点 o（极点）。由于速度场是对称的，下面只讨论其右半部分。

在三角形区域 abe 内，滑移线是两相互正交的平行直线族。由于在速度间断线下面的区域不产生变形，根据沿间断线法向速度分量连续的条件，沿 α 间断线 abcd 有 $v_\beta = 0$。由此，根据方程式（7-19b）在区域 abe 内 $v_\beta = 0$。根据在边界 ae 上，$v_y = v_a\sin\omega = -v_1$ 沿 ae 有 $v_a = \sqrt{2}v_1$。由此，利用方程式（7-19a），可求得在三角形区域 abe 内速度分量 $v_a = \sqrt{2}v_1$。可见，区域 abe 在变形过程中沿 ab 作刚性平移，其移动速度 $v = v_a = \sqrt{2}v_1$，间断线上的切向速度突变等于区域 abe 沿 ab 的移动速度，即 $[v_a] = v_a = \sqrt{2}v_1$。

在扇形区域 ebc 内，由于沿 β 族滑移线（射线）$\omega =$ 常数，同样地有 $v_\beta = 0$。沿同心圆弧（α 族滑移线）积分方程式（7-19a），可求得沿任一射线（β 族滑移线）法向速度分量 $v_a = \sqrt{2}v_1$。故在区域 ebc 内，在同一条射线 β 上各点的流动速度相同。

对于三角形区域 ecd，由于滑移线是直线族，沿 ec、cd 以及在区域的内部 $v_\beta = 0$ 而 $v_a = \sqrt{2}v_1$，变形时该区域沿 cd 作刚性移动。

如上所述作速度矢端图。首先由极点 o 引线段 oa_m，使其等于锤头 m 的下移速度 v_1。过 a_m 点引水平线，过 o 点引 ab 的平行线，所得的两线的交点 a' 即为区域 abe 沿间断线 ab 滑动的速度矢量的端点。该点亦即间断线 ab 的一映象，其另一映象为极点 o。间断线 bc 在速度图上映射为一点 o 和一圆弧 b'c'，其中心角 $\angle bec = \frac{\pi}{2}$。应该指出的是，c' 点同时也是间断线 cd 和区域 cde 的映象，cd 的另一映象也是极点 o。oc' 为区域 cde 沿 cd 滑动的速度矢量。过 c' 点引水平线，将 oa_m 向上延长与其相交，所得交点记为 d_n。od_n 即为区域 cde（亦为外区 n）上移的速度 v_2。

由所得的速度图知 $v_1 = v_2$，因而通过塑性区边界的速度通量等于零：
$$v_1ee - 2v_2ed = 0$$

所以，以 abcd 为速度间断线的滑移线场符合运动学条件（速度边界条件）。

重要的是还可对速度场作另外的假设，即假设 eBCD 为速度间断线，同样满足介质的不可压缩性条件。这表明对刚塑性体，解可能具有多值性。此时区域 eBe 以速度 v_1 向下作刚性移动。从 eBe 不产生塑性变形的角度考察所研究的问题，可以认为接触表面的摩擦状态对于求解的平均单位压力值 p 无影响。

7.6.2 粗糙平行平板间金属层的压缩（不完全解）

在粗糙的平板间压缩金属的不完全解是普郎特尔于 1923 年提出的。

沿金属层的对称轴取直角坐标系（图7-35）。假设金属层的宽度 $2l$ 和厚度 $2h$ 相比甚大，平板是刚性的和粗糙的，在上下接触表面上剪应力达最大值，即 $[\tau_{xy}]_{y \pm h} = \mp k$。

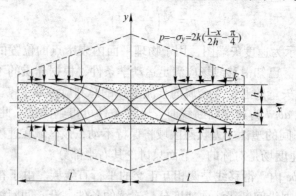

图 7-35 粗糙的平行平板间金属层的压缩（普郎特尔近似解）

将平衡微分方程式（4-54）的第一式对 y 取偏导数，第二式对 x 取偏导数，然后相减得：

$$\frac{\partial^2}{\partial x \partial y}(\sigma_x - \sigma_y) = \frac{\partial \tau_{xy}}{\partial x^2} - \frac{\partial^2 \tau_{xy}}{\partial y^2}$$

根据塑性条件式（4-55a）将法向应力差值代入上式，得：

$$\pm 2 \frac{\partial^2}{\partial x \partial y}\sqrt{k^2 - \tau_{xy}^2} = \frac{\partial^2 \tau_{xy}}{\partial x^2} - \frac{\partial^2 \tau_{xy}}{\partial y^2} \qquad (7-25)$$

由于工件在 x 轴方向上尺寸远较在 y 轴方向上为大，可以认为在金属层内离开侧边一定距离后，剪应力 τ_{xy} 仅为坐标 y 的函数，此时方程式（7-25）将具有如下形式：

$$\frac{\partial^2 \tau_{xy}}{\partial y^2} = 0$$

积分上式，得：
$$\tau_{xy} = c_1 y + c_2$$

因此，离开侧边附近的局部区域后，切应力沿高度呈线性规律分布。方程式中的积分常数按下面的条件确定：当 $y=0$ 时，$\tau_{xy}=0$；当 $y=h$ 时，$\tau_{xy}=-k$。结果得：

$$\tau_{xy} = - k \frac{y}{h}$$

将上式代入平衡方程式（4-54），得：

$$\frac{\partial \sigma_x}{\partial x} = \frac{k}{h}, \quad \frac{\partial \sigma_y}{\partial y} = 0$$

对上式积分，得：
$$\sigma_x = k \frac{x}{h} + \varphi(y)$$

$$\sigma_y = \psi(x)$$

式中的任意函数 $\varphi(y)$ 及 $\psi(x)$ 可根据应力分量 σ_x、σ_y、τ_{xy} 恒满足塑性条件式（4-55a）确定之，即：

$$k \frac{x}{h} + \varphi(y) - \psi(x) = \pm 2k \sqrt{1 - \left(\frac{y}{h}\right)^2}$$

由此：
$$\psi(x) = k\frac{x}{h} + c$$

$$\varphi(y) = \pm 2k\sqrt{1 - \left(\frac{y}{h}\right)^2} + c$$

结果求得：
$$\left.\begin{aligned} \sigma_x &= k\frac{x}{h} \pm 2k\sqrt{1 - \left(\frac{y}{h}\right)^2} + c \\ \sigma_y &= k\frac{x}{h} + c \\ \tau_{xy} &= -k\frac{y}{h} \end{aligned}\right\} \tag{7-26}$$

对于压力加工的情况（平板是靠近的），第一式的根号项取正号。

下面确定滑移线方程式。由方程式（7-2）知：
$$\tau_{xy} = k\cos 2\omega$$

由上式及方程式（7-26）得：
$$y = -h\cos 2\omega$$

由此求得：
$$\frac{\mathrm{d}y}{\mathrm{d}x} = 2h\sin 2\omega \frac{\mathrm{d}\omega}{\mathrm{d}x} \tag{7-27}$$

利用上式（7-27）及方程式（7-1），求得滑移线的微分方程式：

对于 α 族滑移线
$$2h\sin 2\omega \frac{\mathrm{d}\omega}{\mathrm{d}x} = \tan\omega$$

对于 β 族滑移线
$$2h\sin 2\omega \frac{\mathrm{d}\omega}{\mathrm{d}x} = -\cot\omega$$

对上式积分，求得滑移线的参数方程式：

对于 α 族滑移线
$$\left.\begin{aligned} x &= h(2\omega + \sin 2\omega) + c_1 \\ y &= -h\cos 2\omega \end{aligned}\right\} \tag{7-28a}$$

对于 β 族滑移线
$$\left.\begin{aligned} x &= -h(2\omega - \sin 2\omega) + c_2 \\ y &= -h\cos 2\omega \end{aligned}\right\} \tag{7-28b}$$

参数方程式是半径为 h 的母圆沿直线 $y = \pm h$ 滚动所形成的摆线。可见，滑移线场是由两族相互正交的摆线构成。

普郎特尔的这个解在 $x = l$ 的侧边上，显然不满足 $\sigma_x = 0$ 的边界条件。因而有理由认为，在两侧边附近有由侧边及与上下接触表面相切的滑移线所围成的刚性区域存在，如图 7-35 所示。这样，在侧边附近方程式（7-26）是不适用的。对于远离侧边的区域，可将弹性理论中的圣维南原理加以推广，认为应力的分布与侧边上力的作用方式无关，故可应用方程式（7-26）求解。在 $x = 0$ 的对称平面上，按对称条件 $\tau_{xy} = 0$，普郎特尔解也不满足。根据在垂直对称断面上 $\tau_{xy} = 0$，在中部附近不存在 $[\tau_{xy}]_{y = \pm h} = \mp k$ 的条件，从而也有理由假设在中部有由交于坐标原点的滑移线围成的刚性区域存在。

应该指出，普郎特尔解没有给出刚性区域的应力分布。在图 7-35 上，靠近 y 轴附近的表面应力 σ_y 的分布曲线是按方程式（7-26）虚构的。进一步的理论分析将证明，在比值 $2l/2h$ 较大时普郎特尔解是一个很好的近似解。

公式（7-26）中的常数可按下述条件确定之：由于 $x=l$ 的侧边为自由表面，不受外力的作用，任一垂直横断面上的法应力 σ_x 所引起的正压力与接触表面上的切向摩擦力相平衡，即：

$$-\int_0^h \sigma_y \mathrm{d}y + \int_x^l [\tau_{xy}]_{y-h} \mathrm{d}x = 0$$

按式（7-26）将应力值代入上式，求得：

$$c = -2k\left(\frac{l}{2h} + \frac{\pi}{4}\right)$$

将常数 c 的值代入方程式（7-26），得：

$$\left.\begin{aligned}
\sigma_x &= -2k\left(\frac{l-x}{2h} + \frac{\pi}{4}\right) + 2k\sqrt{1 - \left(\frac{y}{h}\right)^2} \\
\sigma_y &= -2k\left(\frac{l-x}{2h} + \frac{\pi}{4}\right) \\
\tau_{xy} &= -2k\frac{y}{2h}
\end{aligned}\right\} \tag{7-29}$$

作用在接触表面上的平均单位压力可表示为：

$$\bar{p} = -\frac{1}{l}\int_0^l \sigma_y \mathrm{d}x$$

根据式（7-29）将 σ_y 值代入上式，得：

$$\bar{p} = 2k\left(\frac{l}{4h} + \frac{\pi}{4}\right) \tag{7-30}$$

7.6.3　粗糙平行平板间金属层的压缩（完全解）

现在讨论满足应力和速度全部边界条件的完全解。完全解的滑移线场（见图7-36）仍是普郎特尔首先给出的。按普郎特尔完全解，假设边部的刚、塑性区的分界线——滑移线 AB 和 A_1B 为直线（下面关于速度场的分析会使我们相信这是正确的），由于在对称面上剪应力等于零，因此 α 族滑移线 AB 的倾角 $\omega = -\frac{\pi}{4}$。根据刚性区域 ABA_1 在水平方向上平衡的条件，沿 AB 线有 $\sigma_x = \sigma - k\sin2\omega = 0$，由此求得沿滑移线 AB 平均应力 $\sigma = -k$。区域 ABC 为以 A 点为中心的扇形场。点 A 为奇异点，在该点应力和角 ω 不定。由于沿 AB 平均应力和角 ω 为已知，故扇形区 ABC 的解是可以确定的。根据式（7-2）对于接触表面 AC 上的任一点 a，有：

$$\sigma_y = \sigma_a + k\sin2\omega_a = \sigma_0$$

根据汉基积分式（7-5）沿 β 族滑移线段 ba 有：

$$\sigma_b + 2k\omega_b = \sigma_a + 2k\omega_a$$

故：

$$\sigma_a = -2k(\omega_a - \omega_b) + \sigma_b = -k\left(1 + \frac{\pi}{2}\right)$$

由此求得，在接触表面 AC 上由于沿滑移线 BC 和 BC_1 角 ω 为已知，而平均应力 σ 可以求得，故在区域 $BCDC_1$ 内滑移线网格及应力分布是可以确定的。对于区域 CDE 求解，是一混合边界问题，由于沿接触表面 CE 有 $[\tau_{xy}]_{y=\pm h}=\mp k$，故角 ω 为已知（$\omega=0$），因此可求解。

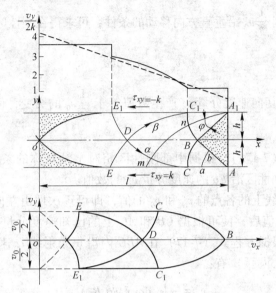

图 7-36 在粗糙的平行平板间压缩金属层的滑移线场及速度矢端图

对于接触表面 CE 上的任一点 m，根据式（7-8）有：

$$\sigma_m - \sigma_B = 2k(2\omega_n - \omega_m - \omega_B)$$

所以

$$\sigma_m = \sigma_B + 2k(2\omega_n - \omega_m - \omega_B) = -k\left(1 + \frac{\pi}{2} + 4\varphi\right)$$

于是，根据式（7-2）求得沿接触表面 CE 单位压力为：

$$p = -\sigma_y = k\left(1 + \frac{\pi}{2} + 4\varphi\right) \qquad (7\text{-}31)$$

对于中部刚性区域，可根据分界线 Eo 上的应力 σ_y 计算接触表面的法应力的平均值。

只要 D 点的位置不在对称轴 y 的另一侧，上述的滑移线场就为可能。如计算所证明，当 $2l/2h > 3.64$ 时上述条件即得到满足。图 7-36 上的实线为按数值积分法计算得到的接触表面上的应力分布曲线，虚线为按普郎特尔近似解求得的应力分布曲线。可见，当 $2l \gg 2h$ 时普郎特尔解是个很好的近似解。

金属层中的速度分布应与滑移线网格一致，现在来讨论速度场。

根据对称的条件，在对称轴 oB 上 $v_\alpha = v_\beta$。而由边界条件知，在接触表面 AE 上 $v_\beta = \frac{1}{2}v_0$。考虑到中部的刚性区以速度 $\frac{1}{2}v_0$ 沿垂直方向移动，以及在分界线 Eo 上法向速度分量是连续的条件，在分界线 Eo 上有：

$$v_\beta = \frac{1}{2}v_0\cos\omega$$

此外，利用积分方程式（7-17a），并根据在 $\omega = -\frac{\pi}{4}$ 的 o 点上 $v_\alpha = v_\beta$ 的条件确定积分常数，求得塑性区内的金属在分界线 Eo 上的切向速度分量：

$$v_\alpha = \frac{1}{2}v_0(\sqrt{2} + \sin\omega)$$

根据刚性区以速度 $\frac{1}{2}v_0$ 沿垂直方向移动的条件，可求得在刚性区内沿 Eo 线：

$$v_\alpha = \frac{1}{2}v_0\sin\omega$$

故在分界线 Eo 上切向速度分量 v_α 产生数值等于 $\frac{1}{\sqrt{2}}v_0$ 的突变，使沿 Eo 剪应变速度达无限大。

利用积分方程式（7-17a），根据中部刚性区相对 y 轴对称的条件，即在 o 点上 $v_\alpha =$ $-v_\beta$，同样地可求得刚性区沿 Eo 的速度分量 v_α 的数值。

根据已确定的 Eo 线上的各点的 v_α 和 v_β 的值，即可逐次地由左向右作出速度场的解。在确定了 CB 线的速度值后，便可根据 CB 和 AC 上的已知速度分量的数值确定扇形区域 ABC 中的速度分布。根据方程式（7-17）在 ABC 内沿每条射线 α 速度分量 v_α 保持常值，而沿 β 族滑移线（同心圆弧）有：

$$v_\beta = -\int v_\alpha \mathrm{d}\omega + \psi(R_\beta)$$

式中 R_β——β 族滑移线弧的半径。

因为在 α 族滑移线 AC 上速度 $v_\beta = \frac{1}{2}v_0$ 为常值，故函数 $\psi(R_\beta)$ 等于常值。由于沿每条射线 v_α 等于常值，沿各 β 线函数 $v_\alpha(\omega)$ 相同，所以对于同一射线 α 上的各点上式中的积分项等于常值。于是可以确定沿分界线 AB 速度 v_α 和 v_β 为常值。根据对称条件在 B 点上 v_α 和 v_β，可进一步地确定在 AB 上 v_α 等于 v_β。在 AB 上（亦即在 AB 和 A_1B 上）速度分量 v_α 等于 v_β 等于常值，这一条件与刚性区 ABA_1 的运动要求相符合。故最初假设分界线 AB 和 A_1B 为直线是正确的。

实际的金属层的变形情况如图 7-37 所示，在画有阴影线的区域内弹性和塑性应变是同一量级的。

图 7-37 在粗糙的平行平板间压缩
金属层的实际变形图示

需要指出，在上面的分析中所用的 $2h$ 值，应看做给定的瞬时厚度，因此所求得的解对于有限应变也是适用的。

7.7 滑移线理论在轧制、挤压、拉拔方面的应用实例

7.7.1 平辊轧制厚件（$l/\bar{h}<1$）

将轧制厚件简化成斜平板间压缩厚件，并参照压缩厚件滑移线场的画法，得到平辊轧制厚件的滑移线场，如图 7-38 所示，由于轧制时，其滑移线场是不随时间而变化的，故此种场称为稳定场。

下面研究按滑移线场确定平均单位压力 $\bar{p}$ 的方法。

在稳定轧制过程中，整个轧件处于力的平衡状态。此时，在接触面上作用有法向正应力 σ_n 和切向剪应力 τ_f。如图 7-38 所示，滑移线 AC 与接触面 AB 之夹角为 $-(\phi_c - \beta)$。于是，按式（4-51），在接触面上的单位正压力和摩擦剪应力为：

$$\left.\begin{array}{l} p_n = -\sigma_n = p_c + k\sin2(\phi_c - \beta) \\ \tau_f = k\cos2(\phi_c - \beta) \end{array}\right\} \quad (7\text{-}32)$$

由于整个轧件处于平衡，所以作用在轧件上的力的水平投影之和应为零，即：

$$p_n AB\sin\beta = \tau_f AB \cos\beta \quad (7\text{-}33)$$

或

$$p_n = \frac{\tau_f}{\tan\beta}$$

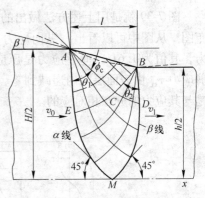

图 7-38　轧制厚件（$l/\bar{h}<1$）时
的滑移线场

式中　β——AB 弦的倾角，且有 $\beta = \dfrac{\alpha}{2}$（$\alpha$ 是轧制时的咬入角）。

轧制总压力为：

$$P = p_n AB\cos\beta + \tau_f AB \sin\beta$$

把式（7-33）和 $AB = \dfrac{l}{\cos\beta}$ 代入此式，得：

$$P = \frac{\tau_f l}{\cos\beta}\left(\frac{\cos\beta}{\tan\beta} + \sin\beta\right) = \frac{2\tau_f l}{\sin2\beta}$$

于是，求出轧制时的平均单位压力为：

$$\bar{p} = \frac{P}{l} = \frac{2\tau_f}{\sin2\beta}$$

把式（7-32）代入，得：

$$\bar{p} = \frac{2k\cos2(\phi_c - \beta)}{\sin2\beta} \quad (7\text{-}34a)$$

或

$$n_\sigma = \frac{\bar{p}}{2k} = \frac{\cos2(\phi_c - \beta)}{\sin2\beta} \quad (7\text{-}34b)$$

式中，ϕ_c 按满足静力和速度条件的滑移线场来确定。而在确定 ϕ_c 时，在运算式中必含有 p_c，把式（7-32）代入式（7-33），有：

$$p_c = \frac{k\cos2(\phi_c - \beta)}{\sin\beta} \quad (7\text{-}35)$$

式（7-35）表明，p_c 和 ϕ_c 不是独立的。这样，在确定 ϕ_c 时，可先取一系列的 ϕ_c，由式（7-35）求出 ϕ_c。然后绘制滑移线场的一系列 $\phi_M = \dfrac{3\pi}{4}$ 之点，取其中沿 AEM 和 BDM 线上水平力为零的点 M。过点 M 做一水平轴线，求出 $\dfrac{l}{h}$ 值（$\bar{h} = \dfrac{H + h}{2}$，$l = \sqrt{R(H - h)}$，$R$ 为轧辊半径），与此对应的 ϕ_c 和 p_c 便满足上述静力和速度条件。把此 ϕ_c 值代入式（7-34b），便可求出与此 $l/\bar{h}$ 对座的 $\bar{p}/(2k)$。

图 7-39 就是用上述方法做出的当 $l/\bar{h} = 0.27$ 时之滑移线场及沿 I—I 断面上的应力分布图。从图中可以看出，纵向应力 σ_n 在表面层为压应力，其值为 $1.83k$；中心层为拉应力，其值为 $1.61k$。垂直应力是压应力，其值由表面层带的 $3.35k$ 递减到中心层 $0.4k$。剪应力 τ_{xy} 由表面层向内递减到零，然后改变符号。分析表明，轧制厚件时产生双鼓变形是与其应力的分布相对应的。

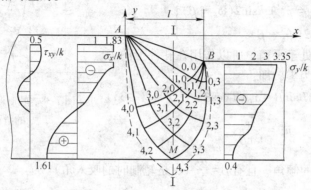

图 7-39　轧制时的滑移线场及沿 I—I 断面上的应力分布 $l/\bar{h} = 2.7$

用不同的咬入角做出的 $\dfrac{\bar{p}}{2k}$ 与 $\dfrac{l}{h}$ 曲线示于图 7-40 中。图 7-40 表明，当 $\dfrac{l}{h}$ 较小时，咬入角 α 对 $\dfrac{\bar{p}}{2k}$ 的影响较大，考虑到工程计算上的方便性和可靠性，常常采用 $\alpha=0$ 时的计算式：

$$\frac{\bar{p}}{2k} = 0.14 + 0.43\,\frac{l}{h} + 0.43\,\frac{\bar{h}}{l} \quad \left(\frac{l}{h} > 0.35\right)$$

$$\frac{\bar{p}}{2k} = 1.6 - 1.5\,\frac{l}{h} + 0.14\,\frac{\bar{h}}{l} \quad \left(\frac{l}{h} < 0.35\right)$$

轧制时，接触面上各点的正应力 p_n 和摩擦剪应力 τ_f 可以通过实测得知，这时可按下述方法绘制滑移线场，从而近似确定变形体内的应力场。

参照式（7-32），有：

$$\left.\begin{array}{l} p_n = -\sigma_n = p_x + k\sin2(\phi_x - \beta_x) \\ \tau_f = k\cos2(\phi_x - \beta_x) \end{array}\right\} \quad (7\text{-}36)$$

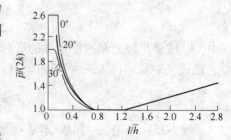

图 7-40　咬入角不同时的 $\bar{p}/2k$
与 $l/\bar{h}$ 的关系

式中　β_x——过接触弧上任意点 x 做轧辊圆周切线
与 x 轴所夹之负角（顺时针为负）；

ϕ_x——过点 x 滑移线与 x 轴所夹之负角；

p_x——在接触弧上点 x 处的静水压力。

已知 p_n 和 τ_f，按式（7-36）可以求出接触弧上任意点 x 的 ϕ_x 和 p_x；然后，按前述的柯西问题作图法绘制出滑移线网，直到与水平轴（x 轴）正交，并和该轴交成 $135°$ 和 $45°$ 为止。滑移线场做出后，按已知的 ϕ_x 和 p_x 可以求出其他各点的 ϕ 和 p，最后，按式（4-51）

求出其应力场。

7.7.2　平辊轧制薄件（$l/\bar{h}>1$）

将轧制薄件简化成斜平板间压缩薄件，并参照压缩薄件滑移线场的画法得到如图 7-41 所示的平辊轧制薄件的滑移线场，张角 θ_1、θ_2 与各点应力状态确定方法概述如下。

按汉基应力方程，沿 β 线 DE，有：

$$p_E = p_D = 2k(\phi_E - \phi_D)$$

而：
$$\phi_D = \frac{3\pi}{4}, \ \phi_E = \frac{3\pi}{4} + \theta_1, \ p_D = k$$

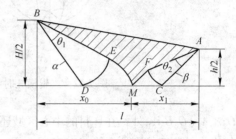

代入上式，得：$p_E = k + 2k\theta_1$。

按汉基应力方程，沿 α 线 ME，有：

$$p_M = p_E + 2k(\phi_E - \phi_M)$$

由于上下滑移线场的对称性，所以滑移线从点 E 到点 M 的转角仍是 θ_1，即 $\phi_E - \phi_M = \theta_1$，故：

图 7-41　当 $l/\bar{h} > 1$ 时的滑移场

$$p_M = p_E + 2k(\phi_E - \phi_M) = k + 2k\theta_1 + 2k\theta_1 = k(1 + 4\theta_1)$$

同理，沿 CF 和 FM，得：

$$p_M = k(1 + 4\theta_2)$$

从而得出 $\theta_1 = \theta_2$。

滑移线场的形状既同 $\dfrac{l}{h}$ 有关，也同接触表面的摩擦有关。本例中之滑移线场，仅在 $\dfrac{l}{h}$ 不太大，而且其接触表面上之摩擦剪应力 τ_f 尚未达到 k 的条件下才是可能的。

按已绘制出的滑移线网所给出的任意点的 p（例如，在点 C 和 D 之 $p = p_C = p_D = k$），可以求出其他各点之 p，然后利用式（4-51），便可求出各点之 σ_x、σ_y 和 τ_{xy}。

在本例的滑移线场中，由于 $\dfrac{l}{h}$ 比较小，所以其刚性区扩展到整个接触面上。前已述及，在刚性区内应力分布不清楚，前面是用求 $AFMEB$ 上的总压力来确定接触面上的平均垂直压力的。这里采用的是：先求轧制轴线（x 轴）上的 σ_y 来确定该轴上的总垂直力，即轧制力 p；然后按 $\bar{p} = \dfrac{P}{l}$ 求得单位平均压力。用上述方法做出 $\dfrac{\bar{p}}{2k}$ 与 $\dfrac{l}{h}$ 图（图 7-40）。

7.7.3　横轧圆坯

图 7-42 所示是按 А. Д. 托姆列诺夫（TOMJIEHOB）的计算绘制的二辊横轧圆坯时的滑移线网和应力分布。

从图 7-43 中可以看出，作为滑移线的两条速度不连续线在工件中心处相交，于该中心处产生剧烈的剪变形，又加上在中心处有较大的水平方向拉应力存在，导致圆坯中心疏松，这便是二辊横轧和斜轧出现孔腔（图 7-43（a））的主要原因之一。

图 7-44 所示是三辊横轧时的滑移线场。这种场除在坯料的外缘形成三个刚性区 $O_1B_1A_2$、

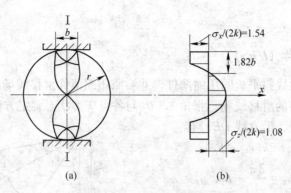

图 7-42   二辊横轧时沿 I—I 断面纵向应力 σ_x 的分布

$O_2B_2A_3$、$O_3B_3A_1$ 外，在坯料的中心区域还形成一个凹边六角形的刚性区。在塑性区和刚性区的边界上剪变形剧烈，又加上在 O_1、O_2、O_3 处产生的拉应力最大，所以此处易产生横裂。由于轧制时坯料是旋转的，因而会出现如图 7-43（b）所示的环腔（或环裂）。三辊横轧的滑移线场如图 7-44 所示。

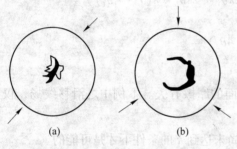

图 7-43   孔腔与环腔
（a）孔腔；（b）环腔

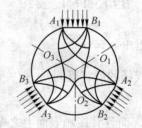

图 7-44   三辊横轧的滑移线场

7.7.4   平面拉拔

考虑通过光滑的模孔拉拔板条的过程。假定沿接触表面仅作用有均布的正压力 p，拉拔时板条的厚度（垂直图面方向的尺寸）不变，即板条产生平面变形。此时，滑移线网格由不对称的双中心扇形场构成，如图 7-45 所示。在对称轴 x 上剪应力等于零，故角 $\omega = -\dfrac{\pi}{4}$。根据汉基第一定理，对于该滑移线网格有如下等式：

$$\omega_{14} - \omega_{11} = \omega_{34} - \omega_{31}$$

所以

$$\varphi_2 = \theta + \varphi_1$$

在角 θ 和差值 $H-h$ 保持不变的条件下，随 H 的减小断面收缩率 $\dfrac{H-h}{H}$ 增大，角 φ_1 减小。在极限的情况下，角 φ_1 趋向于零，而角 φ_2 等于角 θ，点 14 和点 34 重合为点 o，滑移线场如图 7-46 所示。

此时，断面收缩率达最大值。对于图 7-46 的滑移线场有 $AB=h$，由此断面收缩率的最大值可表示为：

$$\frac{H-h}{H} = \frac{2\sin\theta}{1 + 2\sin\theta}$$

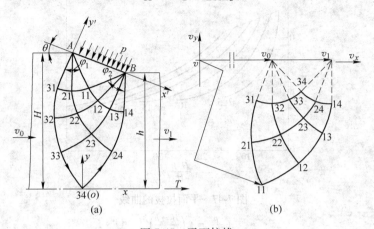

图 7-45 平面拉拔

（a）滑移线场；（b）速度矢端图

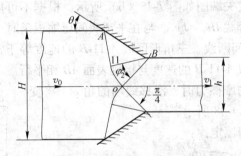

图 7-46 平面拉拔的双中心扇形场的极限情况

在图 7-45 上取一辅助坐标系 $x'y'$，使坐标轴 x' 平行接触表面且指向出口侧，则有 $\omega' = \omega + \theta$。以 $\omega'_{11} = \omega_{11} + \theta = -\dfrac{\pi}{4}$ 代替方程式（7-2）中的 ω 角，求得：

$$p = -\sigma_{y'} = -(\sigma_{11} - k) \tag{7-37}$$

对于平均应力 σ_{11}，根据式（7-8）沿滑移线 11-31-34，有：

$$\sigma_{11} - \sigma_{34} = 2k(2\omega_{31} - \omega_{11} - \omega_{34}) = -2k(2\varphi_1 + \theta)$$

由此：

$$\sigma_{11} = \sigma_{34} - 2k(2\varphi_1 + \theta)$$

将 σ_{11} 的值代入式（7-37），得：

$$p = -\sigma_{34} + 2k\left(\frac{1}{2} + 2\varphi_1 + \theta\right)$$

平均应力 σ_{34} 可根据滑移线 $\alpha_3(A\text{-}34)$ 左侧的刚性部分的平衡条件确定。

计算的结果为图 7-47 所示的曲线，比值 $p/(2k)$ 为断面收缩率和角 θ 的函数。

拉拔力 T 等于模壁给板条的作用力的水平分量：

$$T = p(H - h) \tag{7-38}$$

式中 H，h——拉拔前后板条的宽度。

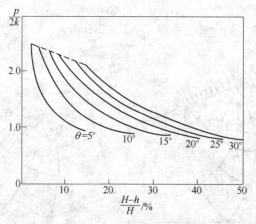

图 7-47　平面拉拔的曲线

$$\left(\frac{p}{2k} = f\left(\frac{H-h}{H} \right) \right)$$

板条拉拔过程的速度矢端图如图 7-45（b）所示。根据不可压缩性条件，板条的入口速度和出口速度应满足等式 $Hv_0 = hv_1$。与在平锤头间压缩板条时一样，滑移线 α_3（A-34）和滑移线 β_4（B-34）是速度间断线，三角形区域 A-11-B 的速度等于常值。在这里，与板条压缩所不同的是三角形区域 A-11-B 的速度与接触表面 AB 相平行。

当考虑接触表面上的摩擦力时，滑移线场的角 ω_{11} 将变小（按代数值计），如图 7-48 所示。

假定摩擦力服从干摩擦定律：

$$\tau = \mu p$$

式中　μ——摩擦系数。

用 $\omega'_{11} = \omega_{11} + \theta$ 代替式（7-2）中的 ω 角，再考虑 τ 的方向，得：

$$\tau = -\tau_{x'y'} = -k\cos 2(\omega_{11} + \theta)$$

由此：

$$\omega_{11} = \frac{1}{2}\arccos\left(-\mu \frac{p}{k} \right) - \theta$$

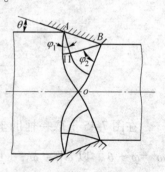

图 7-48　有接触摩擦时平面
拉拔的滑移线场

式中，角 ω_{11} 取负值。

由于拉拔时摩擦系数一般不超过 0.1，摩擦力对模壁的单位压力 p 影响不大。希尔（W. Hill）给出下列近似关系式，考虑接触摩擦对拉拔力的影响：

$$T' \approx T(1 + \mu\cot\theta) \tag{7-39}$$

式中　T'——考虑接触摩擦时的拉拔力。

7.7.5　平面挤压

现在研究在平底的模套中挤压板条的问题。假设在挤压时板条只是高度减小长度增大，而厚度保持不变，即板条产生平面变形。平面挤压时的滑移线网格在许多情况下可依照双中心扇形场予以作出。如果模具表面是光滑的，并涂有润滑剂，不计接触表面上的摩擦力滑移线场如图 7-49（a）所示。

出口侧的刚、塑性区的分界线（滑移线 A-11）为直线，由后面的速度场的分析可得到证明，这一假设是正确的，满足给定的速度边界条件。根据在对称轴上剪应力等于零的条件，对于点 11 有 $(\tau_{xy})_{11} = k\cos2\omega_{11} = 0$，由此求得角 $\omega_{11} = \omega_{A\text{-}11} = -\dfrac{\pi}{4}$（在这里不取 $\omega_{11} = \dfrac{\pi}{4}$，因为它使 A-11 上的平均应力 σ 为正，这是不可能的）。可见 A-11 为 β 族滑移线。此外，根据板条各部分处于平衡的条件，在板条前端无附加外力作用的情况下，在边界 A-11 上作用力的水平投影和应等于零。因此，沿 A-11 有 $\sigma_x = \sigma - k\sin2\omega$，于是求得 $\sigma = \sigma_{11} = -k$。扇形区域 A-11-16 的中心角 φ 取决于比值 h/H。滑移线 α 和 β 与挤压模的侧壁交于点 26，在交点上 $\omega = -\dfrac{3}{4}\pi$，因为假设沿接触表面没有摩擦力存在。

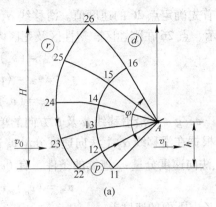

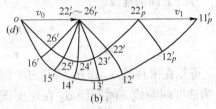

图 7-49　光滑模套中的平面挤压

$$\left(\frac{h}{H}<0.5\right)$$

图 7-49（a）中的区域 d 为死区，在变形过程中质点不产生流动。如果不用数值积分法求解各点的应力，按一定的方法作出滑移线网格后，可根据 11 点的平均应力 $\sigma_{11} = -k$，利用积分式（7-5）沿滑移线确定各点的应力值。

根据式（7-5）沿滑移线 α_1（11-16）有：

$$\sigma_{16} - \sigma_{11} = 2k(\omega_{16} - \omega_{11}) = -2k\varphi$$

所以

$$\sigma_{16} = \sigma_{11} - 2k\varphi = -2k\left(\frac{1}{2} + \varphi\right)$$

沿滑移线 β_6（A-26）则有：

$$\sigma_{26} - \sigma_{16} = -2k(\omega_{26} - \omega_{16}) = 2k\left(\frac{\pi}{2} - \varphi\right)$$

所以

$$\sigma_{26} = \sigma_{16} + 2k\left(\frac{\pi}{2} - \varphi\right) = 2k\left(\frac{\pi}{2} - \frac{1}{2} - 2\varphi\right)$$

滑移线 α_2（22-26）有：

$$\sigma_{22} - \sigma_{26} = 2k(\omega_{22} - \omega_{26}) = 2k\frac{\pi}{2}$$

所以

$$\sigma_{22} = \sigma_{26} + 2k\frac{\pi}{2} = 2k\left(\pi - \frac{1}{2} - 2\varphi\right)$$

与图 7-49（a）的滑移线场相应的速度矢端图如图 7-49（b）所示。假定在塑性区的左侧（入口侧）板条的刚性移动速度为 v_0，则出口侧的被挤出的板条的刚性移动速度 $v_1 = v_0\dfrac{H}{h}$。由极点 o 沿水平方向按一定的比例截取速度矢量 v_0 及 v_1，速度矢端图必须在速度矢量 v_1 的端点闭合。速度图上的极点 o 代表所有固定点，死区亦映射在该极点上。

首先确定点 26 的速度值。滑移线 α_2 左侧的刚性区用 r 表示，滑移线 β_6 右侧的死区用 d 表示。点 26 在刚性区、塑性区及死区内的速度分别表示为：

$$\boldsymbol{v}_{26}^r = (v_\alpha)_{26}^r \boldsymbol{e} + (v_\beta)_{26}^r \boldsymbol{g} = v_0$$

$$\boldsymbol{v}_{26} = (v_\alpha)_{26} \boldsymbol{e} + (v_\beta)_{26} \boldsymbol{g}$$

$$\boldsymbol{v}_{26}^d = (v_\alpha)_{26}^d \boldsymbol{e} + (v_\beta)_{26}^d \boldsymbol{g} = 0$$

式中 $\boldsymbol{e}$, $\boldsymbol{g}$——沿滑移线 α 及 β 方向的单位矢量，$\boldsymbol{e}=\boldsymbol{e}(\omega)$, $\boldsymbol{g}=\boldsymbol{g}(\omega)$。

根据在滑移线 α_2 上法向速度分量 v_β 连续的条件，有 $(v_\beta)_{26} = (v_\beta)_{26}^r$；而根据在滑移线 β_6 上法向速度分量 v_α 连续的条件，有 $(v_\alpha)_{26} = (v_\alpha)_{26}^d = 0$。由此求得速度：

$$\boldsymbol{v}_{26} = (v_\alpha)_{26} \boldsymbol{e} + (v_\beta)_{26} \boldsymbol{g} = (v_\beta)_{26}^r \boldsymbol{g}$$

考虑下面的速度差：

$$\boldsymbol{v}_{26}^r - \boldsymbol{v}_{26} = (v_\alpha)_{26}^r \boldsymbol{e} = \overline{26' - 26'_r}$$

$$\boldsymbol{v}_{26} - \boldsymbol{v}_{26}^d = \overline{0 - 26'}$$

可见在滑移线 α_2 和 β_6 两侧对于同一点 26 速度矢量之差不为零，这表明滑移线 α_2 和 β_6 为速度间断线。间断线 α_2 在速度图上映射为一点（速度矢量 $\boldsymbol{v}_0$ 的端点）及圆弧 $22'$–$26'$，间断线 β_6 映射为一点（极点 o）及圆弧 $16'$–$26'$。

再考虑点 22 在其周围区域内所具有的速度值。该点如同图 7-17 中的点 a。已知点 22 在区域 r 内的速度 $\boldsymbol{v}_{22}^r = \boldsymbol{v}_0$。由于 α_2 为速度间断线，点 22 在 α_2 的两侧有一数值等于 $(v_\alpha)_{26}^r$ 的切向速度突变，即 $[v_\alpha]_{22} = (v_\alpha)_{26}^r$，故点 22 在塑性区内的速度 $\boldsymbol{v}_{22} = \boldsymbol{v}_{22}^r + [v_\alpha]_{22} \boldsymbol{e} = \boldsymbol{v}_0 + \overline{22'_r - 22'}$。此外从对称条件出发，可确定点 22 在区域 p 内沿水平方向流动。仅当区域 p 内的点 22 沿滑移线 $\beta_2(A\text{-}22)$ 产生一切向速度突变 $[v_\beta]_{22} = \overline{22' - 22'_p}$ 时，上述条件才能得到满足。因此滑移线 β_2 亦为速度间断线，其在速度图上映射为两条曲线：$22'$–$12'$ 和 $22'_p$–$22'_p$。

对于比值 $h/H>0.5$ 和 $h/H=0.5$ 的情况，滑移线场及相应的速度图分别如图 7-50（a）及（b）所示。

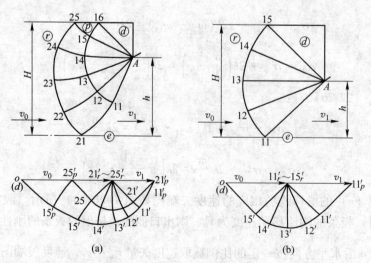

图 7-50 光滑模套中的平面挤压的滑移线场及速度矢端图

对于在粗糙的模套内和无润滑的条件下挤压板条的情况，滑移线网格和速度矢端图如图 7-51 所示。

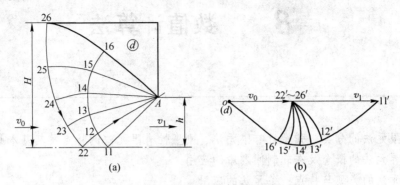

图 7-51　粗糙模套中的平面挤压

（a）滑移线场；（b）速度矢端图

7-1　试采用单元的力平衡条件推导式（7-2）。

7-2　为什么说同族滑移线必须具有相同方向的曲率？

7-3　试证明沿滑移线方向线应变 $\varepsilon_\alpha = \varepsilon_\beta = 0$。

7-4　用光滑直角模挤压（平面变形），压缩率为 50%，假定工件的屈服剪应力为 k，试求图 7-52 所示滑移线场的平均单位挤压力 $\bar{p}$。

7-5　用光滑平锤头压缩顶部被削平的对称楔体（图 7-53），楔体夹角为 2δ，$AB=l$，试求其平均单位压力 $\bar{p}$，并解出 $\delta=30°$、$90°$时，$\dfrac{\bar{p}}{2k}=$？

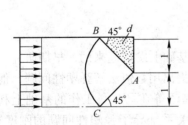

图 7-52　用光滑直角模挤压

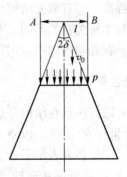

图 7-53　用光滑锤头压缩削平对称楔体

8 数值计算法

【学习要点】
（1）有限元法的分类。弹塑性有限元法、刚塑性有限元法的特点及其基本原理。
（2）边界元法的概念及在轧制问题中的应用。
（3）条元法的类型与特点；条元法的应用。

8.1　有　限　元　法

有限元方法产生于 20 世纪中叶，随着计算机技术和计算方法的发展，已成为计算力学和计算工程科学领域里最有效的计算方法。经过 50 多年的发展，有限元方法的理论日趋完善，有限元方法的应用已由弹性力学平面问题扩展到空间问题、板壳问题，由静力平衡问题扩展到稳定问题、动力问题和波动问题。分析的对象从弹性材料扩展到塑性、黏弹性、黏塑性和复合材料等，从固体力学扩展到流体力学、传热学等连续介质力学领域。

金属塑性加工属于大应变的弹塑性问题，涉及几何非线性和物理非线性，理论求解难度很大，一般难以求得精确解。近年来，由于有限变形理论和塑性理论的发展及高速大容量计算机的普及和计算技术的进步，用有限元法分析金属塑性加工问题得到广泛重视，解题精度不断提高。用有限元法模拟轧制过程，也取得了很多重要成果。

根据材料本构关系的不同，有限元法可分为弹塑性有限元法、刚塑性有限元法和黏塑性有限元法。在轧制问题中应用得比较广泛的是前两种方法。

8.1.1　弹塑性有限元法

弹塑性有限元法是在结构分析中弹性有限元法的基础上发展起来的，早期研究工作可以追溯到 20 世纪 60 年代。1965 年马尔科（Marcal）提出用数值法解弹塑性问题，他引用刚度的概念，用位移来表示平衡方程。1967 年山田嘉昭等在马尔科工作的基础上利用米塞斯（Mises）屈服条件和茹斯（Reuss）应力-应变关系推导了弹塑性问题的刚度矩阵。此后在 20 世纪 70 年代初期，弹塑性有限元法成功用于求解锻压、挤压、拉拔和轧制等各种金属压力加工过程。

建立在塑性力学流动理论（增量理论）基础上的弹塑性有限元法将总能量泛函表示为单元节点位移增量的非线性函数，根据能量泛函取极小值的条件求得位移增量后，再利用普朗特-鲁斯方程（本构方程）和弹塑性力学中的其他基本关系式，求得应变增量、应力增量及应变和应力等参数。

轧制时金属的变形是一个弹塑性变形过程，在辊缝入口和出口附近甚至存在纯弹性变形，用弹塑性有限元法求解轧制问题，可以考虑弹性变形，精确地分析变形过程，计算残余应力和弹性恢复。

下面讨论弹塑性问题的有限元求解方法。如果把弹塑性应变增量和应力增量之间的关系近似表示为：

$$\Delta\{\sigma\} = [\boldsymbol{D}]_{ep}\Delta\{\varepsilon\} \tag{8-1}$$

式中的弹塑性矩阵 $[\boldsymbol{D}]_{ep}$ 是元素当时应力水平的函数，而无关于它们的增量。因此，式 (8-1) 可以看作是线性的。

为了达到线性化的目的，采用逐步增加载荷的方法，即载荷增量法。在一定应力和应变的水平上增加一次载荷，而每次增加的载荷要适当小，以致求解非线性问题可以用一系列线性问题所代替。

在加载过程中非线性弹性问题和弹塑性问题在本质上是一样的，因此非线性弹性问题的方法完全可以应用到弹塑性问题。如果是卸载过程，只要将弹性矩阵 $[\boldsymbol{D}]$ 代替 $[\boldsymbol{D}]_{ep}$ 成为线性弹性问题。但是在非线性弹性问题中，载荷是一次加上的，在求解方程时需使用迭代法。现在，由于使用了塑性流动增量理论，载荷是递增的，因而要采用增量法。下面介绍三种增量方法：增量切线刚度法、增量初应力法和增量初应变法。

8.1.1.1 增量切线刚度法

在起初受载时，物体内部产生的应力和应变还是弹性的，因此可以用线性弹性理论进行计算。如果开始有元素进入屈服，就要采取增量加载的方法。此时的位移、应力和应变列阵分别记为 $\{\delta\}_0$、$\{\varepsilon\}_0$ 和 $\{\sigma\}_0$。

在此基础上作用载荷增量 $\Delta\{R\}_1$，并组成相应的刚度矩阵。对于应力尚在弹性的单元，单元刚度矩阵应为：

$$[\boldsymbol{K}] = \int[\boldsymbol{B}]^{T}[\boldsymbol{D}][\boldsymbol{B}]dV \tag{8-2}$$

而对于塑性区域中的单元，单元刚度矩阵是：

$$[\boldsymbol{K}] = \int[\boldsymbol{B}]^{T}[\boldsymbol{D}]_{ep}[\boldsymbol{B}]dV \tag{8-3}$$

而弹塑性矩阵 $[\boldsymbol{D}]_{ep}$ 中的应力应取当时的应力水平 $\{\sigma\}_0$。把所有的单元刚度矩阵按照通常的方法组合得到整体刚度矩阵 $[\boldsymbol{K}]_0$，它和当时应力水平有关。

求解平衡方程：

$$[\boldsymbol{K}]_0\Delta\{\delta\}_1 = \Delta\{R\}_1 \tag{8-4}$$

可求得 $\Delta\{\delta\}_1$、$\Delta\{\varepsilon\}_1$ 和 $\Delta\{\sigma\}_1$。由此得到经过第一次载荷增量后的位移、应变及应力的新水平：

$$\left.\begin{array}{l}\{\delta\}_1 = \{\delta\}_0 + \Delta\{\delta\}_1 \\ \{\varepsilon\}_1 = \{\varepsilon\}_0 + \Delta\{\varepsilon\}_1 \\ \{\sigma\}_1 = \{\sigma\}_0 + \Delta\{\sigma\}_1\end{array}\right\} \tag{8-5}$$

继续增加载荷，重复上述计算，直到全部载荷加完为止。因此，平衡方程可以写成如下通式：

$$[\boldsymbol{K}]_{n-1}\Delta\{\delta\}_n = \Delta\{R\}_n \tag{8-6}$$

而：

$$\left.\begin{array}{l} \{\delta\}_n = \{\delta\}_{n-1} + \Delta\{\delta\}_n \\ \{\varepsilon\}_n = \{\varepsilon\}_{n-1} + \Delta\{\varepsilon\}_n \\ \{\sigma\}_n = \{\sigma\}_{n-1} + \Delta\{\sigma\}_n \end{array}\right\} \tag{8-7}$$

最后得到的位移、应变和应力就是所要求得的弹塑性应力分析的结果。

一般来说，在逐步加载过程中塑性区域不断地扩展。有些单元虽处于弹性区域，但它们与塑性区域相邻近，因而在增加载荷 $\Delta(R)$ 的过程中进入塑性区域，由这些单元构成的区域称为过渡区域。

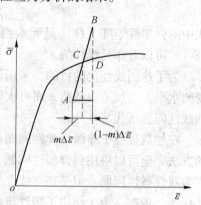

图 8-1   过渡区域应力增量的折算

对于过渡区域中的单元，由于在载荷增量中从弹性进入塑性，所以简单地按式（8-2）或式（8-3）形成单元刚度矩阵都会引起相当大的误差。此外，对于卸载再加载过程的元素也属于这种情况。如图 8-1 所示，在载荷增量作用的前后，若认为应力变化从 A 点到 B 点，显然得到的 $\Delta\{\sigma\}$ 会有过大的偏差。正确的做法是按照下列公式计算应力增量：

$$\Delta\{\sigma\} = \int [\boldsymbol{D}]_{ep} \mathrm{d}\{\varepsilon\} = \int_0^{\Delta\{\varepsilon\}} [\boldsymbol{D}]\mathrm{d}\{\varepsilon\} - \int_{m\Delta\{\varepsilon\}}^{\Delta\{\varepsilon\}} [\boldsymbol{D}]_p \mathrm{d}\{\varepsilon\} \tag{8-8}$$

式中，$m\Delta\{\varepsilon\}$ 是重新出现塑性变形之前的那部分应变增量。如果用等效应变表示单元应变，为了确定 m 值，首先计算单元应力达到屈服所需要的等效应变增量 $\Delta\overline{\varepsilon}_0$，然后估计由这次载荷增量所引起的等效应变增量 $\Delta\overline{\varepsilon}_{es}$，于是有：

$$m = \frac{\Delta\overline{\varepsilon}_0}{\Delta\overline{\varepsilon}_{es}} \quad (0 < m < 1) \tag{8-9}$$

如果载荷增量充分小，式（8-8）可以近似地写成：

$$\Delta\{\sigma\} = \big[[\boldsymbol{D}] - (1-m)[\boldsymbol{D}]_p\big]\Delta\{\varepsilon\} = \big[m[\boldsymbol{D}] + (1-m)[\boldsymbol{D}]_{ep}\big]\Delta\{\varepsilon\} \tag{8-10}$$

由式（8-10）可以定义加权平均弹塑性矩阵：

$$[\overline{\boldsymbol{D}}]_{ep} = m[\boldsymbol{D}] + (1-m)[\boldsymbol{D}]_{ep} \tag{8-11}$$

于是，对过渡区域中的单元或是对于卸载再加载过程的单元，应该按照式（8-12）来形成刚度矩阵：

$$[\boldsymbol{K}] = \int \boldsymbol{B}^{\mathrm{T}} [\overline{\boldsymbol{D}}]_{ep} [\boldsymbol{B}] \mathrm{d}V \tag{8-12}$$

通常，对于 $\Delta\overline{\varepsilon}_{es}$ 的估计，开始时往往是不够精确的，一般第一次估计是把过渡区单元看做弹性处理而得到。可以用算得的结果再来修改 $\Delta\overline{\varepsilon}_{es}$。经过二三次这样的迭代可以得到比较精确的结果。

这里必须注意，由 $\Delta\{\varepsilon\}$ 通过式（8-1）计算的应力增量是近似的。这是因为应力应变的增量关系，本来是以无限小的增量形式表示的，而现在用有限小的增量进行近似，因此，只有当载荷增量足够小时才能近似地逼近准确解。更精确的计算，可以把增量法和迭代法联合使用，使之得到满意的结果。

综上所述，主要计算步骤如下：

（1）对结构施加全部载荷 $\{R\}$，做线性弹性计算。

（2）求出各单元的等效应力，并取其最大值 $\bar{\sigma}_{\max}$。若是 $\bar{\sigma}_{\max} < \sigma_{\mathrm{T}}$，则弹性计算的结果就是问题的解。若 $\bar{\sigma}_{\max} > \sigma_{\mathrm{T}}$，则令 $L = \dfrac{\bar{\sigma}_{\max}}{\sigma_{\mathrm{T}}}$，存储由载荷 $\dfrac{1}{L}\{R\}$ 做线性计算所得的应变、应力等，并以 $\Delta\{R\} = \dfrac{1}{n}\left(1 - \dfrac{1}{L}\right)\{R\}$ 作为以后每次所加的载荷增量；n 为加载次数。

（3）施加载荷增量 $\Delta\{R\}$ 估计各单元中所引起的应变增量 $\Delta\bar{\varepsilon}_{\mathrm{es}}$，并由式（8-9）决定相应的 m 值。

（4）对于每个单元根据其弹性区、塑性区或过渡区的不同情况分别形成单元刚度矩阵，组合单元刚度矩阵为整体刚度矩阵。

（5）求解相应的平衡方程求得位移增量，进而计算应变增量及等效应变增量，并依此修改 $\Delta\bar{\varepsilon}_{\mathrm{es}}$ 和 m 值。重复修改 m 值 2~3 次。

（6）计算应力增量，并把位移、应变及应力增量叠加到原有的水平上去。

（7）输出有关信息。

（8）如果还未加载到全部载荷，则回复到步骤（3）继续加载，否则计算停止。

8.1.1.2 增量初应力法

对于弹塑性问题，增量形式的应力应变关系可定义为：

$$\mathrm{d}\{\sigma\} = [D]\mathrm{d}\{\varepsilon\} + \mathrm{d}\{\sigma_0\} \tag{8-13}$$

而：

$$\mathrm{d}\{\sigma_0\} = -[D]_{\mathrm{p}}\mathrm{d}\{\varepsilon\} \tag{8-14}$$

式中：

$$[D]_{\mathrm{p}} = \frac{[D]\dfrac{\partial\bar{\sigma}}{\partial\{\sigma\}}\left\{\dfrac{\partial\bar{\sigma}}{\partial\{\sigma\}}\right\}^{\mathrm{T}}[D]}{H' + \left\{\dfrac{\partial\bar{\sigma}}{\partial\{\sigma\}}\right\}^{\mathrm{T}}[D]\dfrac{\partial\bar{\sigma}}{\partial\{\sigma\}}} \tag{8-15}$$

$\mathrm{d}\{\sigma_0\}$ 相当于线性弹性问题的初应力。于是，由线性化：

$$\Delta\{\sigma\} = [D]\Delta\{\varepsilon\} + \Delta\{\sigma_0\}$$

$$\Delta\{\sigma_0\} = -[D]_{\mathrm{p}}\Delta\{\varepsilon\} \tag{8-16}$$

位移增量 $\Delta\{\delta\}$ 所应满足的平衡方程是：

$$[K_0]\Delta\{\delta\} = \Delta\{R\} + \{\bar{R}(\Delta\{\varepsilon\})\} \tag{8-17}$$

式中：

$$[K_0] = \int [B]^{\mathrm{T}}[D][B]\mathrm{d}V \tag{8-18}$$

就是线性弹性计算中的刚度矩阵。而：

$$\{\bar{R}(\Delta\{\varepsilon\})\} = \int [B]^{\mathrm{T}}[D]_{\mathrm{p}}\Delta\{\varepsilon\}\mathrm{d}V \tag{8-19}$$

是由初应力 $\Delta\{\sigma_0\}$ 转化而得到的等效结点力，或称矫正载荷。

这里应强调指出，式（8-17）中右端项的矫正载荷取决于应变增量 $\Delta\{\varepsilon\}$，而 $\Delta\{\varepsilon\}$ 本身又是一个待定的量，因此对于每个载荷增量，必须通过迭代步骤求出位移增量和应变增量，所以，增量初应力法实际上是增量法和迭代法联合使用的混合法。

第 n 级载荷增量的迭代公式是：

$$[\boldsymbol{K}_0]\Delta\{\delta\}_n^j = \Delta\{R\}_n + \{\bar{R}\}_n^{j-1} \quad (j=0,1,2,\cdots) \tag{8-20}$$

一般来说，如果已经求得应变增量的第 $j-1$ 次近似值 $\Delta\{\varepsilon\}_n^{j-1}$，就可以根据当时的应力水平，由式（8-16）求出初应力的第 $j-1$ 次近似值 $\Delta\{\sigma_0\}_n^{j-1}$，然后由式（8-19）计算相应的矫正载荷 $\{\bar{R}\}_n^{j-1}$，再次求解方程式（8-20）进行迭代。迭代过程一直进行到相邻两次迭代所确定的应变增量相差甚小时为止。于是把此时的位移增量、应变增量和应力增量作为这次载荷增量的结果叠加到当时的水平上去。在此基础上再进行下一步加载，直到全部载荷加完为止。

值得注意的是，对于过渡区的单元，初应力的计算不应计及全应变增量 $\Delta\{\varepsilon\}$ 中在进入屈服前的部分。如果载荷增量充分小，可以从式（8-10）中得到矫正载荷：

$$\{\bar{R}\} = \int [\boldsymbol{B}]^{\mathrm{T}}[\boldsymbol{D}]_{\mathrm{p}}(1-m)\Delta\{\varepsilon\}\mathrm{d}V \tag{8-21}$$

式中，$[\boldsymbol{D}]_{\mathrm{p}}$ 由式（8-15）决定。

8.1.1.3 增量初应变法

对于弹塑性问题，增量形式的应力应变关系可以定义为：

$$\mathrm{d}\{\sigma\} = [\boldsymbol{D}](\mathrm{d}\{\varepsilon\} - \mathrm{d}\{\varepsilon_0\}) \tag{8-22}$$

而：
$$\mathrm{d}\{\varepsilon_0\} = \mathrm{d}\{\varepsilon\}_{\mathrm{p}} \tag{8-23}$$

$$\mathrm{d}\{\varepsilon\}_{\mathrm{p}} = \mathrm{d}\bar{\varepsilon}_{\mathrm{p}}\frac{\partial\bar{\sigma}}{\partial\{\sigma\}} = \frac{1}{H'}\frac{\partial\bar{\sigma}}{\partial\{\sigma\}}\left\{\frac{\partial\bar{\sigma}}{\partial\{\sigma\}}\right\}^{\mathrm{T}}\mathrm{d}\{\sigma\} \tag{8-24}$$

$\mathrm{d}\{\varepsilon_0\}$ 相当于线性弹性问题的初应变，由线性化把式（8-22）和式（8-24）中的无限小增量用有限增量所代替，得到：

$$\Delta\{\sigma\} = [\boldsymbol{D}](\Delta\{\varepsilon\} - \Delta\{\varepsilon_0\})$$

$$\Delta\{\varepsilon_0\} = \Delta\{\varepsilon\}_{\mathrm{p}} = \frac{1}{H'}\frac{\partial\bar{\sigma}}{\partial\{\sigma\}}\left\{\frac{\partial\bar{\sigma}}{\partial\{\sigma\}}\right\}^{\mathrm{T}}\Delta\{\sigma\} \tag{8-25}$$

此时，位移增量 $\Delta\{\delta\}$ 所应满足的平衡方程是：

$$[\boldsymbol{K}_0]\Delta\{\delta\} = \Delta\{R\} + \{\bar{R}(\Delta\{\sigma\})\} \tag{8-26}$$

式中，$[\boldsymbol{K}_0]$ 仍然是弹性计算中的刚度矩阵，而：

$$\{\bar{R}(\Delta\{\sigma\})\} = \int[\boldsymbol{B}]^{\mathrm{T}}[\boldsymbol{D}]_{\mathrm{p}}\Delta\{\varepsilon\}_{\mathrm{p}}\mathrm{d}V = \int\frac{1}{H'}[\boldsymbol{B}]^{\mathrm{T}}[\boldsymbol{D}]\frac{\partial\bar{\sigma}}{\partial\{\sigma\}}\left\{\frac{\partial\bar{\sigma}}{\partial\{\sigma\}}\right\}^{\mathrm{T}}\Delta\{\sigma\}\mathrm{d}V \tag{8-27}$$

是由初应变 $\Delta\{\varepsilon\}_0$ 转化而得的等效结点力，或称为矫正载荷。

由于矫正载荷取决于应力增量 $\Delta\{\sigma\}$，而 $\Delta\{\sigma\}$ 本身也是待定的量，因此必须通过迭代求解式（8-26）。而增量初应变法实际上是混合法。第 n 级载荷增量的迭代公式是：

$$[\boldsymbol{K}_0]\Delta\{\delta\}_n^j = \Delta\{R\}_n + \{\bar{R}\}_n^{j-1} \quad (j=0,1,2,\cdots) \tag{8-28}$$

一般来说，如果已经求得位移增量的第 $j-1$ 次近似值 $\Delta\{\delta\}_n^{j-1}$ 可以算出 $\Delta\{\varepsilon\}_n^{j-1}$ 和 $\Delta\{\sigma\}_n^{j-1}$，然后通过式（8-27）算出 $\{\bar{R}\}_n^{j-1}$ 作为下一次迭代时的矫正载荷，再次求解方程式（8-26）进行迭代。迭代过程应一直进行到相邻两次迭代所确定的应力增量相差甚小时为止。

8.1.1.4 三种方法的比较

增量切线刚度法是在每次加载时调整刚度的方法来求得近似解的。因此对于每次加载，刚度矩阵必须重新形成，计算工作量一般比增量初应力法和增量初应变法大得多。

对于增量初应力法和增量初应变法，每步加载它的刚度矩阵是相同的，就是线弹性刚度矩阵。所以，在计算开始时形成了刚度矩阵并进行三角分解，而在每次计算中只要对改变了的右端项进行相当于回代计算就可以了，这就减轻了计算工作量。

对于初应力法和初应变法这两种方法，每当加载一次都必须对初应力和初应变进行迭代，于是就产生了迭代是否收敛的问题。可以证明，对于一般的强化材料，初应力法的迭代过程一定收敛；而对于初应变法，收敛的充分条件是 $3G/H' < 1$。

在计算过程中，当塑性区域较大时，初应力法和初应变法的迭代收敛过程也很缓慢。

针对这三种方法各自的特点，在实际计算中可以采取一些改进的方法。例如把三种方法联合使用，先用初应力法或初应变法，在若干次载荷增量以后再采用切线刚度法加速收敛。

8.1.2 刚塑性有限元法

刚塑性有限元法是 1973 年由李（C. H. Lee）和小林史郎（Shiro Kabayashi）提出的。与弹塑性有限元法相比，该方法忽略弹性变形，不采用应力、应变增量形式求解，每次加载可用较大的增量步长，不存在要求单元逐步屈服的问题，因而可用数量较少的单元来求解大变形量问题，计算模型比较简单，计算量大大减少。刚塑性有限元法已成为求解金属塑性加工问题的一种新的有力工具。

刚塑性有限元主要用来对金属材料成形过程进行分析与模拟，适用于大塑性变形。这里所说的大变形与结构分析中刚刚进入到塑性状态的大变形不同，是指使金属材料经轧制、锻造挤压、拉拔等塑性加工过程，发生百分之几到百分之几十的永久变形。与这么大的塑性变形相比，弹性变形往往可以被忽略，因而可以用刚塑性材料模型进行求解。轧制时，弹性变形量与塑性变形量相比一般很小，如当压下率大于 10% 时，冷轧钢的弹性变形量一般不大于总变形量的 5%，热轧钢的弹性变形量一般不大于总变形量的 1%。经验表明，忽略弹性变形的影响，采用刚塑性模型求解，往往能得到令人满意的计算结果，而使计算过程大为简化。

与其他方法相比刚塑性有限元法出现得较晚，它建立在已有的一些理论基础之上，借鉴了其他方法的一些长处，形成了自己具有特色的解法体系。刚塑性有限元法将总功率泛函表示为单元节点速度的非线性函数，根据总功率泛函取极小值的条件求得速度场后，再利用利维-米塞斯（Levy-Mises）塑性流动方程（本构方程）和塑性力学中的其他基本关系式，得到应变速度场、应力场及各种变形参数和力能参数。根据对体积不可压缩条件的处理方法不同，可分为拉格朗日（Lagrange）乘子法、罚函数法等。

8.1.2.1 拉格朗日乘数法

刚塑性有限元法中拉格朗日乘子法的数学基础是多元函数的条件极值理论，使目标函数：

$$\phi = \phi(u_1, u_2, \cdots, u_n) \tag{8-29}$$

在约束函数： $\qquad g_i(u_1, u_2, \cdots, u_n) = 0 \quad (i = 1, 2, 3, \cdots, m)$ (8-30)

的限制条件下，其极值可由引进修正函数：

$$F = \phi(u_1, u_2, \cdots, u_n) + \sum_{i=1}^{m} \lambda_i g_i(u_1, u_2, \cdots, u_n) \tag{8-31}$$

求其一阶偏导数并置零而得出：

$$\left. \begin{aligned} \frac{\partial F}{\partial u_1} = 0, \ \frac{\partial F}{\partial u_2} = 0, \ \cdots, \ \frac{\partial F}{\partial u_n} = 0 \\ \frac{\partial F}{\partial \lambda_1} = 0, \ \frac{\partial F}{\partial \lambda_2} = 0, \ \cdots, \ \frac{\partial F}{\partial \lambda_m} = 0 \end{aligned} \right\} \tag{8-32}$$

这里，$\lambda_i (i = 1, 2, 3, \cdots, m)$ 为待定常数，称为拉格朗日乘子，式（8-32）中共有 $u_1, u_2, \cdots, u_n$ 和 $\lambda_1, \lambda_2, \cdots, \lambda_m$ 共 $n+m$ 个未知数。

把上述求条件极值方法用于求解塑性加工问题时，目标函数为能耗率泛函：

$$\phi = \iiint_V \overline{\sigma} \, \dot{\overline{\varepsilon}} \, \mathrm{d}V - \iint_{S_F} \overline{F}_i v_i \mathrm{d}S \tag{8-33}$$

式中 $\overline{\sigma}$——等效应力；

      $\dot{\overline{\varepsilon}}$——等效应变速度；

      $\overline{F}_i$——已知的边界外力；

      v_i——边界外力已知面上的流动速度。

约束为体积不可压缩条件：

$$\dot{\varepsilon}_{kk} = \dot{\varepsilon}_v = \dot{\varepsilon}_x + \dot{\varepsilon}_y + \dot{\varepsilon}_z = 0 \tag{8-34}$$

这样，在用拉格朗日乘数法求解时，总泛函可写成如下形式：

$$\phi_L = \iiint_V \overline{\sigma} \, \dot{\overline{\varepsilon}} \, \mathrm{d}V - \iint_{S_F} \overline{F}_i v_i \mathrm{d}S + \iiint_V \lambda \dot{\varepsilon}_{ij} \delta_{ij} \mathrm{d}V \tag{8-35}$$

式中 λ——拉格朗日乘子；

      $\dot{\varepsilon}_{ij}$——体积应变速度；

      δ_{ij}——克罗内克尔符号，$\delta_{ij} = \begin{cases} 0, \ i \neq j \\ 1, \ i = j \end{cases}$。

当上述泛函取得极小值时，拉格朗日乘子等于静水压力（可证明）。由上可见，利用拉格朗日乘子法既解决了不可压缩条件的约束处理问题，又求出了静水压力，从而可进一步利用本构方程求出应力分布。这就有效地增加了刚塑性有限元法的应用范围。用拉格朗日乘数法求解时，一般每个单元要引入一个拉格朗日乘子作为未知数，从而使未知数的个数增加，并且使求解线性化方程组系数矩阵的半带宽增加，导致计算机存储容量增加，计算时间加长。而后来出现的罚函数法和可压缩法等，均成功地解决了在不增加未知数的情况下求解的问题，使刚塑性有限元法的计算效率进一步提高。

8.1.2.2 罚函数法

为了处理体积不可压缩条件的约束，齐克维茨（O. C. Zienkiewicz）提出有限元分析中的罚函数法，其基本思想是：用一个充分大的数 β（或 β'）乘上体积变化率或体积变形速度的平方加到初始泛函中 ϕ 上，则得到新泛函：

$$\phi_P = \iiint_V \overline{\sigma}\,\dot{\overline{\varepsilon}}\,\mathrm{d}V - \iint_{S_F} \overline{P}_i v_i \mathrm{d}S + \beta \iiint_V \dot{\varepsilon}_V^2 \mathrm{d}V \qquad (8\text{-}36)$$

或:

$$\phi_P = \iiint_V \overline{\sigma}\,\dot{\overline{\varepsilon}}\,\mathrm{d}V - \iint_{S_F} \overline{F}_i v_i \mathrm{d}S + \frac{\beta'}{2V}\left(\iiint_V \dot{\varepsilon}_V \mathrm{d}V\right)^2 \qquad (8\text{-}37)$$

如果某个单元的体积变形速度 $\dot{\varepsilon}_V$ 较大,将引起泛函 ϕ_P 值增大;而我们要求的是 ϕ_P 的最小值,所以这个单元的 $\dot{\varepsilon}_V$ 将受到惩罚。当新泛函取驻值时,$\dot{\varepsilon}_V$ 将趋于零,从而近似满足体积不可压缩条件。

式(8-36)与式(8-37)相比,前者 $\dot{\varepsilon}_V$ 的平方项在积分号内,所以取正确解时要求单元内处处满足体积不可压缩条件;后者平方项在积分号外,只需以单元为单位整体上满足不可压缩条件即可。显然式(8-36)的约束条件较为苛刻,也不容易得到满足,而式(8-37)的约束条件相应比较宽松,容易满足。

当速度场取正确解时,拉格朗日乘数法与罚函数法的泛函驻值点应相同,即:

$$\delta\varphi_L = \delta\varphi_P \qquad (8\text{-}38)$$

由此可以得出拉格朗日乘子与惩罚因子之间关系。当惩罚项用式(8-36)的形式时:

$$\lambda = 2\beta\dot{\varepsilon}_V = \sigma_m \qquad (8\text{-}39)$$

当惩罚项用式(8-37)的形式时:

$$\lambda = \iiint_V \dot{\varepsilon}_V \mathrm{d}V = \beta'\dot{\varepsilon}_{V_m} = \sigma_m \qquad (8\text{-}40)$$

而:

$$\dot{\varepsilon}_{V_m} = \frac{1}{V}\iiint_V \dot{\varepsilon}_V \mathrm{d}V$$

其中,$\dot{\varepsilon}_{V_m}$ 为体积 V 之内的平均体积变形速度。这样,利用式(8-39)和式(8-40)也可由惩罚因子和体积变形速度来求静水压力,进而再利用本构关系由变形速度场求出应力场。

1982 年,李国基(Li)等用罚函数法对带宽展的轧制过程进行了有限元分析。罚函数法着眼于从数学角度上来处理约束条件,严格说来,只有当惩罚因子无穷大时,才能完全满足体积不变条件,得出正确的静水压力值。实际进行数值计算时,这是不可能做到的,惩罚因子只能取有限值。惩罚因子的取值将对体积变形速度和静水压力的计算结果产生影响。因而从物理意义上来看,罚函数法对体积不变条件的处理是不够完美的。而近年来由森谦一郎、Mori、小坂田宏造等发展起来的刚塑性有限元中的可压缩法,既有严密的数学推导,又有相应明确的物理概念,已形成刚塑性有限元中的一个完整的解法体系。

8.1.2.3 可压缩法

塑性变形毫无疑问需要遵守质量守恒定律,在密度不变的前提下,质量守恒可以描述为体积不可压缩。塑性力学中常采用体积不可压缩这个假设条件,由此给刚塑性有限元法求解带来两方面的困难:

(1)体积不可压缩必然导出屈服与静水压力无关的结论,因而同一种变形状态,可由叠加上不同静水压力的多种应力状态所对应,反映在用刚塑性有限元求解时,遇到的困难是不能直接从速度场中求出应力场。

(2)所设的运动许可速度场需要满足体积不变约束条件,从而增加了设定初速度场的难度。

需要指出，事实上塑性加工中材料密度并非总是保持不变的，因而体积并非绝对不可压缩。由于金属中存在空位、位错、晶界缺陷及孔洞、疏松、微裂纹等空隙，故在塑性变形过程中其体积是可微量压缩的。此外，热成形过程中由于存在热胀冷缩，故材料的体积也必然发生变化，只是其变化量不大，通常被忽略。例如，从钢锭轧成钢坯，材料密度由 $6.9 \times 10^3 \sim 7.2 \times 10^3 \, \text{kg/m}^3$ 变为 $7.8 \times 10^3 \, \text{kg/m}^3$ 左右，其体积压缩量可观，需要在理论分析时予以考虑。据此，森谦一郎和小坂田宏造等人提出了体积可压缩法。

对于刚塑性可压缩材料，屈服与静水压力有关，其屈服条件为：

$$\bar{\sigma} = \sqrt{\frac{1}{2} \left[(\sigma_x - \sigma_y)^2 + (\sigma_y - \sigma_z)^2 + (\sigma_z - \sigma_x)^2 + 6(\tau_{xy}^2 + \tau_{yx}^2 + \tau_{zx}^2) \right] + g\sigma_m^2} = \sigma_s$$

(8-41)

式中，g 为一个极小的正常数，与材料的可压缩程度有关，一般取 $g = 0.01 \sim 0.0001$。g 值越小，式（8-41）越接近米塞斯屈服条件，材料的体积变形越小。

可压缩性材料的等效应变速度为：

$$\dot{\bar{\varepsilon}} = \sqrt{\frac{2}{9} \left[(\dot{\varepsilon}_x - \dot{\varepsilon}_y)^2 + (\dot{\varepsilon}_y - \dot{\varepsilon}_z)^2 + (\dot{\varepsilon}_z - \dot{\varepsilon}_x)^2 + \frac{3}{2}(\dot{\gamma}_{xy}^2 + \dot{\gamma}_{yx}^2 + \dot{\gamma}_{zx}^2) \right] + \frac{1}{g}\dot{\varepsilon}_V^2}$$

(8-42)

静水压力与体积变形速度的关系为：

$$\sigma_m = \frac{\bar{\sigma}}{\dot{\bar{\varepsilon}}} \frac{1}{g} \dot{\varepsilon}_V$$

(8-43)

应力与应变速度的关系为：

$$\sigma_{ij} = \frac{\bar{\sigma}}{\dot{\bar{\varepsilon}}} \left[\frac{2}{3} \dot{\varepsilon}_{ij} + \delta_{ij} \left(\frac{1}{g} - \frac{2}{9} \right) \dot{\varepsilon}_V \right] \quad (i, j = x, y, z)$$

(8-44)

式中，$\dot{\varepsilon}_{ij}$ 为应变速度，$i \neq j$ 时，表示剪应变速度，其数值等于工程剪应变速度之半，如 $\dot{\varepsilon}_{xy} = \frac{1}{2} \dot{\gamma}_{xy}$。

能量泛函为：

$$\phi = \iiint_V \bar{\sigma} \, \dot{\bar{\varepsilon}} \, dV - \iint_{S_F} \bar{F}_i v_i \, dS$$

(8-45)

根据式（8-45）泛函极小值的条件，求得流动速度和应变速度后，可由式（8-44）直接求出应力。

可压缩法由于放松了体积不变条件的限制，可使初始速度场的设定难度减小，使应力场的计算变得简便，是一种比较优越的方法。

8.2　边　界　元　法

边界元法，又称边界积分方程法，是继有限元法之后，在 20 世纪 60 年代后期发展起来的一种数值方法，现在已经用来求解三维弹塑性力学问题和轧制问题。

与有限元法不同的是，边界元法仅在计算对象的边界上划分单元，用满足控制方程

（边界积分方程）的函数去逼近边界条件，求得边界的近似解后，再对内部需要求解的点求解。因此，与有限元法相比，边界元法具有单元和未知数少、数据准备简单等优点。但用边界元法求解非线性问题时，区域积分在奇异点附近具有强烈的奇异性，需要进行特殊处理。

关于边界元法在轧制问题中的应用，查德拉（A. Chandra）、木原谆二等研究了平板轧制的平面变形问题。肖宏等用三维弹塑性有限变形问题的边界元法研究了冷轧板材的轧制过程，轧制条件或计算条件见表 8-1。两种不同轧制条件下，单位轧制压力和两向单位摩擦力的计算结果分别如图 8-2 和图 8-3 所示。单位轧制压力的横向分布在边部均有突降，对轧件宽厚比为 15 的情况，横向单位摩擦力均为负，说明金属全部向外流动。当宽厚比为 274 时，横向单位摩擦力在板宽中心区域为正，说明金属向内流动；在板边附近区域为负，说明金属向外流动。

表 8-1　边界元法的计算条件

序号	R/mm	B/mm	$\bar{h}_0$/mm	$B/\bar{h}_0$	ε/%	E/MPa	ν	μ	σ_s/MPa
1	100	30	2.0	15	16.3	2.1×10^5	0.34	0.3	$497.2\bar{\varepsilon}^{0.1}$
2	45	200	0.37	274	14.7	2.1×10^5	0.34	0.1	$326.5+170.11\bar{\varepsilon}^{0.511}$

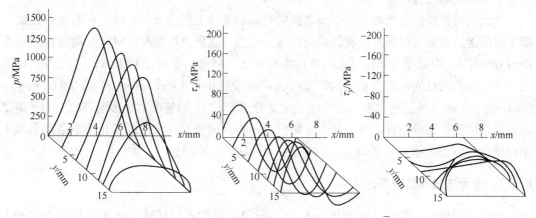

图 8-2　单位轧制压力和摩擦力分布的计算结果（$B/\bar{h}_0 = 15$）

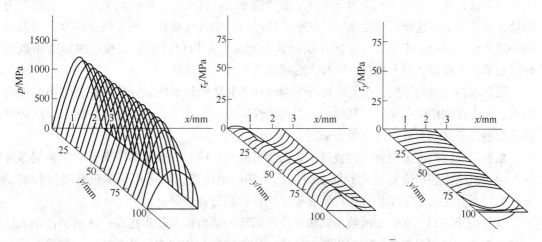

图 8-3　单位轧制力压力和摩擦力分布的计算结果（$B/\bar{h}_0 = 274$）

8.3 条 元 法

8.3.1 条元法的提出

轧制过程金属三维变形的解析计算，是个难度很大的研究课题。由于问题的复杂性，欲求得精确解是极其困难的。用差分法、有限元法和边界元法等数值方法分析轧制过程的三维变形，可以考虑摩擦力、变形抗力等各种影响因素在变形区内的变化，对变形区的位移场、速度场、应力场和应变场等进行详细的计算，但数据准备复杂，计算量大，时间长，由于计算过程中的误差，得到较高精度的计算结果也是很困难的。特别是当轧件薄而宽，必须划分数目很多的单元时，这一问题更加突出，更难得到较好符合实际的计算结果。

工业板带生产中的大量问题属于大宽厚比（500~1000 以上）的轧制问题，研究此类问题更具有实际意义。为了寻求计算简单、能够模拟大宽厚比轧制过程且计算精度适合工程应用要求的新的数值分析方法，刘宏民及其所在的研究组，自 1982 年以来提出并不断完善了模拟轧制过程的条元法。

条元法是在变分法求解辊缝中金属横向流动的基础上提出来的。研究轧制过程金属三维变形问题，首先需要确定金属的横向位移。根据金属质点在变形区横向流动的特点（宽展过程规律），为简化求解，可采用康托路维奇法，将横向位移函数 $U(x, y)$ 沿方向的变化用一个构造的已知函数 $f(x)$ 表示，沿 y 方向的变化用待求函数 $u(y)$ 表示，即 $U(x, y) = f(x) u(y)$，将二维问题化为一维问题。用变分法求 $u(y)$ 的精确解是很困难的。为了避免求解复杂的欧拉微分方程，可将变形区划分为一些纵向条元，将问题转化为求条元节线上出口横向位移的数值解 $u_i = u(y_i)$。这就是条元法的基本思想。

8.3.2 条元法三维轧制理论体系

根据出口横向位移沿条元宽度（横向）插值函数的不同形式，条元法目前有三种方法，即常条元法、线性条元法和三次样条函数条元法。常条元法的横向位移沿条元宽度为常量，在节线上不连续；线性条元法的横向位移沿条宽线性变化，在节线上连续，而其横向一阶导数在节线上不连续；三次样条函数条元法的横向位移沿条宽按三次样条函数变化，在节线上连续，且其横向一阶和二阶导数在节线上也连续。

根据本构关系的不同，条元法可分为刚塑性条元法和弹塑性条元法。弹塑性条元法是刘玉礼博士在刚塑性条元法的基础上，引入塑性应力应变关系，并考虑轧件在入口区的弹性变形和出口区的弹性恢复而提出来的。

根据沿轧件厚度方向分层的数目，条元法可分为单层条元法和多层条元法。多层条元法是兰兴昌博士在研究管材轧制问题时提出来的。单层条元法适用于薄板轧制过程的研究，多层条元法适用于厚板、管材及其他厚壁件轧制过程的研究。

从常条元法到三次样条函数条元法，位移函数的插值精度逐步提高；从刚塑性条元法到弹塑性条元法，材料的物理方程更加精确；从单层条元法到多层条元法，对位移、应变和应力等沿厚度方向描述更为细致。经过十几年的发展，形成了不断严密和完善的条元法的理论方法体系。

条元法根据变分原理，用能量法确定节线出口横向位移的数值解。在条元法的早期研究中，经过对变形区较多的简化处理，总功率泛函的表达式相对简单，可以直接求出泛函对节线出口横向位移的导数，求泛函极值的问题变为求解一组非线性方程。随着对问题描述的细致，比较精确地考虑各种影响因素，泛函的表达式变得复杂，很难直接求出泛函对节线出口横向位移的导数，求泛函极值的问题变为一个优化问题求解。

在用条元法对轧制过程进行三维分析的过程中，在轧制理论研究方面取得了以下进展：

（1）提出了横向位移沿变形区纵向分布的三次函数，即 $f(x)$ 的三次式。它比二次函数的优点是，在入口截面不产生横向流动速度间断，更符合实际情况。

（2）考虑来料板形和入口纵向流动速度横向分布不均两种因素的影响，提出了新的后张力横向分布理论和数学模型，该模型与连家创教授根据轧制前后体积不变条件提出的前张力横向分布理论和数学模型，共同形成了张力横向分布理论和模型。

（3）应用预位移原理求解接触表面摩擦力，大大提高了停滞区摩擦力的计算精度，同时也为提高轧制压力的计算精度奠定了基础。

（4）在用纵向平衡微分方程差分计算单位轧制压力时，计入了剪应力 τ_{xy} 的影响，使计算模型更为精确。

8.3.3 条元法的应用

刘宏民 1982 年研究并提出模拟板带轧制过程的刚塑性条元法后，对冷轧带材的多种轧制情况进行了三维分析计算：轧件宽厚比从 15（单片轧制）到 670（带张力轧制），轧后板形状态从边浪到中浪，从关于宽度中心的对称轧制到非对称轧制。同时进行了四辊轧机冷轧带材力参数综合实验研究，测定了单位轧制压力、摩擦力和前后张力的分布，实验结果证明了理论计算的正确性。将条元法与计算辊系变形的影响系数法结合，对 1660mm 七机架热带钢连轧机进行板形设定控制计算，生产应用效果良好。刘玉礼博士在刚塑性条元法的基础上，提出弹塑性条元法，并以其为理论工具之一，研制了板厚板形综合调节的新型板带轧机——DC 轧机。兰兴昌博士将条元法应用于限动芯棒轧管过程的三维分析和工艺研究，并取得成功，拓宽了条元法的应用范围。黄传清博士利用条元法三维轧制理论体系中的横向位移模式、张力横向分布理论和模型、变形区流动速度的分析模型，完成了板带轧机工作辊轴向力和变形区黏着长度的研究，并得到了实验验证。王宏旭博士在板形计算理论和工作辊辊形优化曲线的研究中，应用前述张力横向分布的理论和模型，取得了好的效果，计算的轧件宽厚比已达 6000 以上。

大量的实例计算和实验验证证明，条元法及其相关的三维轧制理论，是研究轧制问题使用有效的理论方法，它具有概念简明清晰，计算简便，能够分析计算大宽厚比的轧制问题，计算精度满足工程要求的特点。这一理论方法的提出，为轧制过程的三维分析计算开辟了一条新途径。

习　题

8-1　有限元法有哪些基本类型，应用有限元法的基本分析步骤是什么？

8-2　有限元法、边界元法和条元法的基本求解原理是什么，各自的优缺点是什么？

9 轧制过程的基本概念

【学习要点】

（1）轧制变形区的概念。

（2）咬入角 $\alpha = \sqrt{\dfrac{\Delta h}{R}}$。

（3）接触弧长度 $l = \sqrt{R\Delta h - \dfrac{\Delta h^2}{4}}$。

当考虑轧辊与轧件的弹性压扁时，$l' = \sqrt{R\Delta h + x_0^2} + x_0$。

（4）金属在变形区内的流动规律。

轧制过程是靠旋转的轧辊与轧件之间形成的摩擦力将轧件拖进辊缝之间，并使之受到压缩产生塑性变形的过程。轧制过程除使轧件获得一定的形状和尺寸之外，还必须使组织和性能得到一定程度的改善。为了了解和控制轧制过程，就必须对轧制过程形成的变形区及变形区内的金属流动规律有所了解。

9.1 变形区主要参数

在生产实践中使用的轧机结构形式多种多样，为了弄清楚其共同性的问题，轧制原理要先从简要轧制过程讲起。所谓简单轧制过程，就是指轧制过程上下轧辊直径相等、转速相同，且均为主动辊，轧制过程对两个轧辊完全对称，轧辊为刚性，轧件除受轧辊作用外，不受其他任何外力作用，轧件在入辊处和出辊处速度均匀，轧件的机械性质均匀。

理想的简单轧制过程在实际中是很难找到的，但有时为了讨论问题方便，常常把复杂的轧制过程简化成简单轧制过程。

轧件承受轧辊作用发生变形的部分，称为轧制变形区，即从轧件入辊的垂直平面到轧件出辊的垂直平面所围成的区域 AA_1B_1B（见图 9-1），通常又把它称为几何变形区。轧制变形区主要参数有咬入角和接触弧长度。

9.1.1 咬入角

如图 9-1 所示，轧件与轧辊相接触的圆弧所对应的圆心角称为咬入角。压下量与轧辊

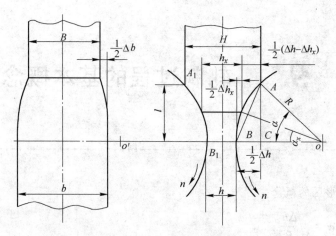

图 9-1 变形区的几何形状

直径及咬入角之间存在如下的关系：

$$\Delta h = 2(R - R\cos\alpha)$$

因此得到：

$$\Delta h = D(1 - \cos\alpha) \tag{9-1}$$

又 $\cos\alpha = 1 - \dfrac{\Delta h}{D}$，得

$$\sin\frac{\alpha}{2} = \frac{1}{2}\sqrt{\frac{\Delta h}{R}} \tag{9-2}$$

当 α 很小时（$\alpha < 10° \sim 15°$）。取 $\sin\dfrac{\alpha}{2} \approx \dfrac{\alpha}{2}$，此时可得：

$$\alpha = \sqrt{\frac{\Delta h}{R}} \quad (\text{rad}) \tag{9-3}$$

式中　D，R——分别为轧辊的直径和半径；

　　　　Δh——压下量。

若将单位换算成度（°），则 $\alpha = 57.3\sqrt{\dfrac{\Delta h}{R}}$。

为了简化计算，把 Δh、D 和 α 三者之间的关系绘制成计算图，如图 9-2 所示。这样，已知 Δh、D 和 α 三个参数中的任意两个，便可用计算图很快地求出第三个参数。

变形区内任一断面的高度 h_x，可按式（9-4）求得：

$$h_x = \Delta h_x + h = D(1 - \cos\alpha_x) + h \tag{9-4}$$

或　　　　$h_x = H - (\Delta h - \Delta h_x) = H - \left[D(1 - \cos\alpha) - D(1 - \cos\alpha_x) \right]$

$$= H - D(\cos\alpha_x - \cos\alpha)$$

9.1.2　接触弧长度

轧件与轧辊相接触的圆弧的水平投影长度，称为接触弧长度，也叫咬入弧长度，即图 9-1 中的 AC 线段。通常又把 AC 称为变形区长度。

接触弧长度因轧制条件的不同而异，一般有以下 3 种情况：

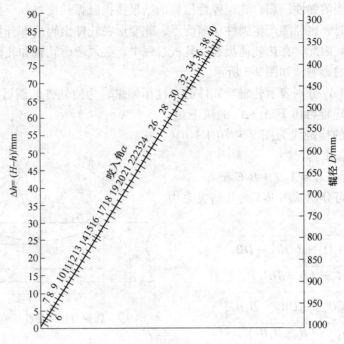

图 9-2 Δh、D 和 α 三者关系计算图

（1）两轧辊直径相等时的接触弧长度。从图 9-1 中的几何关系可知：

$$l^2 = R^2 - \left(R - \frac{\Delta h}{2} \right)^2$$

所以

$$l = \sqrt{R\Delta h - \frac{\Delta h^2}{4}} \tag{9-5}$$

由于式（9-6）根号中的第二项比第一项小得多，因此可以忽略不计，则接触弧长度公式变为：

$$l = \sqrt{R\Delta h} \tag{9-6}$$

用式（9-7）求出的接触弧长度实际上是 AB 弦的长度，可用它近似代替 AC 长度。

（2）两轧辊直径不相等时接触弧长度。此时可按式（9-7）确定：

$$l = \sqrt{\frac{2R_1 R_2}{R_1 + R_2}\Delta h} \tag{9-7}$$

该式是假设两个轧辊的接触弧长度相等而导出的，即：

$$l = \sqrt{2R_1\Delta h_1} = \sqrt{2R_2\Delta h_2} \tag{9-8a}$$

式中 R_1，R_2——分别为上下两轧辊的半径；

Δh_1，Δh_2——分别为上下轧辊对金属的压下量。

$$\Delta h = \Delta h_1 + \Delta h_2 \tag{9-8b}$$

由式（9-8a）及式（9-8b）可得式（9-7）。

（3）轧辊和轧件产生弹性压缩时接触弧的长度。由于轧件与轧辊间的压力作用，轧辊产生局部弹性压缩变形，此变形可能很大，尤其在冷轧薄板时更为显著。轧辊的弹性压缩变形一般称为轧辊的弹性压扁，轧辊弹性压扁的结果使接触弧长度增加。另外，轧件在辊间产生塑性变形时，也伴随产生弹性压缩变形，此变形在轧件出辊后即开始恢复，这也会增大接触弧长度。因此，在热轧薄板和冷轧板过程中、必须考虑轧辊和轧件的弹性压缩变形对接触弧长度的影响，如图 9-3 所示。

如果用 Δ_1 和 Δ_2 分别表示轧辊与轧件的弹性压缩量，为使轧件轧制后获得 Δh 的压下量，必须把每个轧辊再压下 $\Delta_1 + \Delta_2$ 的压下量。此时轧件与轧辊的接触线为图 9-3 中的 $A_2 B_2 C$ 曲线，其接触弧长度为：

$$l' = x_1 + x_0 = A_2 D + B_1 C$$

$A_2 D$ 和 $B_1 C$ 可分别从图 9-3 的几何关系中得出：

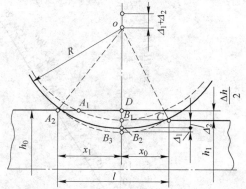

$$\overline{A_2 D} = \sqrt{A_2 O^2 - (\overline{OB_3} - \overline{DB_3})^2}$$
$$= \sqrt{R^2 - (R - DB_3)^2}$$

$$\overline{B_1 C} = \sqrt{CO^2 - (\overline{OB_3} - \overline{B_1 B_3})^2}$$
$$= \sqrt{R^2 - (R - B_1 B_3)^2}$$

图 9-3   轧辊与轧件弹性压缩时接触弧长度

展开上两式中的括号，由于 $\overline{DB_3}$ 与 $\overline{B_1 B_3}$ 的平方值与轧辊半径与它们的乘积相比小得多，故可以忽略不计，得：

$$\overline{A_2 D} = \sqrt{2R\, \overline{DB_3}}, \ \ \overline{B_1 C} = \sqrt{2R\, \overline{B_1 B_3}} \tag{9-9}$$

因为 $\overline{DB_3} = \dfrac{\Delta h}{2} + \Delta_1 + \Delta_2$，$\overline{B_1 B_3} = \Delta_1 + \Delta_2$

所以 $l' = x_1 + x_0 = \overline{A_2 D} + \overline{B_1 C} = \sqrt{R\Delta h + 2R(\Delta_1 + \Delta_2)} + \sqrt{2R(\Delta_1 + \Delta_2)}$

或者 $$l' = \sqrt{R\Delta h + x_0^2} + x_0 \tag{9-10}$$

这里 $$x_0 = \sqrt{2R(\Delta_1 + \Delta_2)} \tag{9-11}$$

轧辊和轧件的弹性压缩变形量 Δ_1 和 Δ_2 可以用弹性理论中的两圆体互相压缩时的计算公式求出：

$$\Delta_1 = 2q\, \frac{1 - \gamma_1^2}{\pi E_1}, \ \ \Delta_2 = 2q\, \frac{1 - \gamma_2^2}{\pi E_2}$$

式中 q——压缩圆柱体单位长度上的压力，$q = 2x_0 \bar{p}$（$\bar{p}$ 为平均单位压力）；

γ_1，γ_2——轧辊与轧件的泊松系数；

E_1，E_2——轧辊与轧件的弹性模量。

将 Δ_1 和 Δ_2 的值代入式（9-11）得：

$$x_0 = 8R\bar{P}\left(\frac{1 - \gamma_1^2}{\pi E_1} + \frac{1 - \gamma_2^2}{\pi E_2} \right) \tag{9-12}$$

把 x_0 的值代入式（9-10）即可计算出 l' 值。金属的弹性压缩变形很小时，可忽略不计，即 $\Delta_2 \approx 0$，则可得只考虑轧辊弹性压缩时接触弧长度的计算公式，即西齐柯克公式：

$$x_0 = 8\left(\frac{1 - \gamma_1^2}{\pi E_1}\right) R\overline{P} \tag{9-13}$$

$$l' = \sqrt{R\Delta h + \left[8\left(\frac{1 - \gamma_1^2}{\pi E_1}\right) R\overline{P}\right]^2} + 8\left(\frac{1 - \gamma_1^2}{\pi E_1}\right) R\overline{P} \tag{9-14}$$

9.2 金属在变形区内的流动规律

9.2.1 沿轧件断面高向上的变形分布

关于轧制时变形的分布有两种不同的理论：一种是均匀变形理论，另一种是不均匀变形理论。后者比较客观地反映了轧制时金属变形规律。均匀变形理论认为，沿轧件断面高度方向上的变形、应力和金属流动的分布都是均匀的，造成这种均匀性的主要原因是由于未发生塑性变形的前后外端的强制作用，因此又把这种理论称为刚端理论。而不均匀变形理论认为，沿轧件断面高度方向上的变形、应力和金属流动分布都是不均匀的，如图9-4所示。其主要内容为：

（1）沿轧件断面高度方向上的变形、应力和流动速度分布都是不均匀。

（2）在几何变形区内，在轧件与轧辊接触的表面上，不但有相对滑动，而且还有黏着，所谓黏着系指轧件与轧辊间无相对滑动。

（3）变形不但发生在几何变形区内，而且也产生在几何变形区以外，其变形分布都是不均匀的。这样可把轧制变形区分成变形过渡区、前滑区、后滑区和黏着区，如图9-4所示。

（4）在黏着区内有一个临界面，在这个面上金属的流动速度分布均匀，并且等于该处轧辊的水平速度。

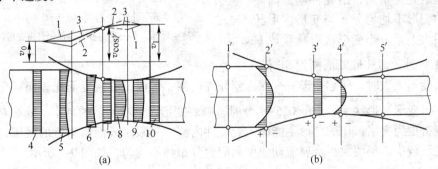

图 9-4　按不均匀变形理论的金属流动速度和应力分布

（a）金属流动速度分布；（b）应力分布

1—表面层金属流动速度；2—中心层金属流动速度；3—平均流动速度；4—后外端金属流动速度；

5—后变形过渡区金属流动速度；6—后滑区金属流动速度；7—临界面金属流动速度；

8—前滑区金属流动速度；9—前变形过渡区金属流动速度；10—前外端金属流动速度

1′—后外端；2′—入辊处；3′—临界面；4′—出辊处；5′— 前外端；"＋"—拉应力；"－"—压应力

近年来，大量实验证明，不均匀变形理论是比较正确的，其中以 И. Я. 塔尔诺夫斯基（Тарноьский）的实验最有代表性。他研究沿轧件对称轴的纵断面上的坐标网格的变化，证明了沿轧件断面高度方向上的变形分布是不均匀的，其实验研究结果如图9-5所示。图中曲线 1 表示轧件表面层各个单元体的变形沿接触弧长度上的变化情况，曲线 2 表示轧件中心层各个单元体的变形沿接触弧长度上的变化情况。图中的纵坐标是以自然对数表示的相对变形。

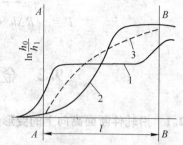

由图 9-5 可以看出，在接触弧开始处靠近接触表面的单元体的变形，比轧件中心层的单元体变形要大。这不仅说明沿轧件断面高度方向上的变形分布不均匀，而且还说明表面层的金属流动速度比中心层的要快。

显然，图 9-5 中曲线 1 与曲线 2 的交点是临界面的位置，在这个面上金属变形和流动速度是均匀的。在临界面的右边，即出辊方向，出现了相反现象。轧件中心层单元件的变形比表面层的要大，中心层金属流动速度比表面层的要快。

图 9-5　沿轧件断面高向上变形分布
1—表面层；2—中心层；3—均匀变形；
A-A—入辊平面；B-B—出辊平面

在接触弧的中间部分，曲线上有一段很长的平行于横坐标轴的线段，这说明在轧件与轧辊相接触的表面上确实存在着黏着区。

另外，从图中还可以看出，在入辊前和出辊后轧件表面层和中心层都发生了变形，这充分说明了在外端和几何变形区之间有变形过渡区，在这个区域内变形和流动速度也是不均匀的。

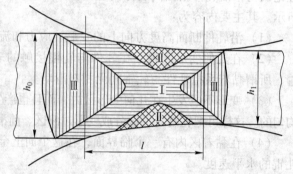

И. Я. 塔尔诺夫斯基根据实验研究把轧制变形区绘成图 9-6，用以描述轧制时整个变形的情况。

实验研究还指出，沿轧件断面高度方向上的变形不均匀分布与变形区形状系数有很大关系。当变形区形状系数 $l/\bar{h}>0.5\sim1.0$ 时，即轧件断面高度相对于

图 9-6　轧制变形区 $(l/\bar{h}>0.8)$
Ⅰ—易变形区；Ⅱ—难变形区；Ⅲ—自由变形区

接触弧长度不太大时，压缩变形完全深入到轧件内部，形成中心层变形比表面层变形要大的现象；当变形区形状系数 $l/\bar{h}<0.5\sim1.0$ 时，随着变形区形状系数的减小，外端对变形过程影响变得更为突出，压缩变形不能深入到轧件内部，只限于表面层附近的区域；此时表面层的变形较中心层要大，金属流动速度和应力分布都不均匀，如图 9-7 所示。

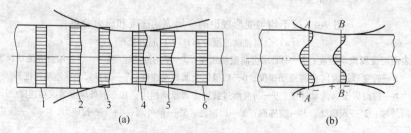

图 9-7　$l/\bar{h}$ 小于 0.5~1.0 时金属流动速度与应力分布
（a）金属流动速度分布；（b）应力分布
1，6—外端；2，5—变形过渡区；3—后滑区；4—前滑区；
A-A—入辊平面；B-B—出辊平面

А. И. 柯尔巴什尼柯夫还用实验证明，沿轧件断面高度方向上变形分布是不均匀的。他采用 LY12 铝合金扁锭，分别以 2.8%、6.7%、12.2%、16.9%、20.4% 和 25.3% 的压下率进行热轧，用快速摄影对其侧表面坐标网格进行拍照，观察变形分布，其实验结果如图 9-8 所示。

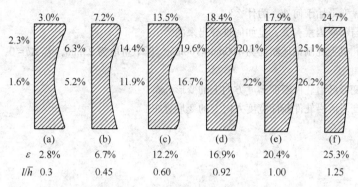

图 9-8　热轧 LY12 时沿断面高度上的变形分布

该实验说明，在上述压下率范围内沿轧件断面高度方向上的变形分布都是不均匀的。当压下率 ε 在 2.8% ~ 16.9% 的范围内，$l/\bar{h}$ 在 0.3 ~ 0.92 时，轧件中心层的变形比表面层的变形要小；而压下率等于 20.4% 和 25.3%，$l/\bar{h}$ 等于 1.0 和 1.25 时，轧件中心层的变形比表面层的变形要大。

9.2.2　沿轧件宽度方向上的流动规律

根据最小阻力定律，由于变形区受纵向和横向的摩擦阻力 σ_3 和 σ_2 的作用（图 9-9），大致可把轧制变形区分成 4 个部分，即 ADB 及 CGE 和 $ADGC$ 及 $BDGE$ 四个部分，ADB 及 CGE 区域内的金属流沿横向流动增加宽展，而 $ADGC$ 和 $BDGE$ 区域内的金属流沿纵向流动增加延伸。不仅上述 4 个部分是一个相互联系的整体，它们还与其前后两个外端相互联系着。外端对变形区金属流动的分布也产生一定的影响作用，前后外端对变形区产生张应力。另一方面由于变形区的长度 l 小于宽度 $\bar{b}$，故延伸大于宽展，在纵向延伸区中心部分的金属只有延伸而无宽展，因而使其延伸大于两侧，结果在两侧引起张应力。这两种张应力引起的应

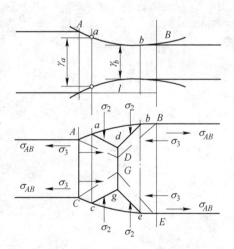

图 9-9　轧件在变形区的横向流动

力以 σ_{AB} 表示，它与延伸阻力 σ_3 方向相反，削弱了延伸阻力，引起形成宽展的区域 ADB 及 CGE 收缩为 adb 和 cge。事实证明，张应力的存在引起宽展下降，甚至在宽度方向上发生收缩，产生所谓"负宽展"。

沿轧件高度方向金属横向变形的分布也是不均匀的，一般情况下，接触表面由于摩擦力的阻碍，使表面的宽度小于中心层，因而轧件侧面呈单鼓形。当 $l/\bar{h}$ 小于 0.5 时，轧件变形不能渗透到整个断面高度，因而轧件侧表面呈双鼓形，在初轧机上可以观察到这种现象。

习　题

9-1　什么是简单轧制，它必须具备哪些条件，其特征如何？

9-2　何谓变形区，变形始于何处，为什么？

9-3　变形区长度与哪些因素有关，是如何推导出来的？

9-4　在 ϕ430mm 轧机上轧制钢坯断面为 100mm×100mm，压下量取为 25mm，若 $\Delta b=0$，求咬入角和接触弧长。

9-5　简述金属在变形区沿轧件断面高度方向上的变形分布。

9-6　简述金属在变形区沿轧件断面宽度方向上的变形分布。

10　实现轧制过程的条件

【学习要点】

（1）咬入条件 $\alpha \leqslant \beta$。

（2）稳定轧制条件 $f_y > \tan\dfrac{\alpha_y}{K_x}$ 或 $\beta_y > \tan\dfrac{\alpha_y}{K_x}$。

（3）改善咬入条件的途径。

为了便于研究轧制过程的各种规律，轧制过程要从最简单的轧制条件开始研究其实现轧制过程的条件。下面讨论在简单轧制条件下实现轧制过程的咬入条件和稳定轧制条件。

10.1　咬　入　条　件

依靠回转的轧辊与轧件之间的摩擦力，轧辊将轧件拖入轧辊之间的现象称为咬入。为使轧件进入轧辊之间实现塑性变形，轧辊对轧件必须有与轧制方向相同的水平作用力。因此，应该根据轧辊对轧件的用力分析咬入条件。

为易于确定轧辊对轧件的作用，首先分析轧件对轧辊的作用力。

首先以 Q 力将轧件移至轧辊前。使轧件与轧辊在 A、B 两点上切实接触（见图 10-1），在此 Q 力作用下，轧辊在 A、B 两点上承受轧件的径向压力 P 的作用，在 P 力作用下产生与 P 力互相垂直的摩擦力 T_0，因为轧件是阻止轧辊转动的，故摩擦力 T_0 的方向与轧辊转动方向相反，并与轧辊表面相切，如图 10-1（a）所示。

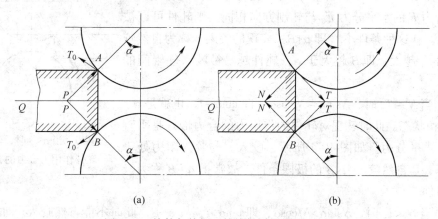

图 10-1　轧件与轧辊开始接触瞬间作用力图解

　　轧辊与轧件的作用力：根据牛顿力学基本定律，轧辊对轧件将产生与 P 力大小相等、方向相反的径向反作用力 N，在后者作用下，产生与轧制方向相同的切线摩擦力 T，如图10-1（b）所示，力图将轧件咬入轧辊的辊缝中进行轧制。轧件对轧辊的作用力 P 与 T 和轧辊对轧件的作用力 N 与 T 必须严格区别开，若将两者混淆起来将导致错误的结论。

　　显然，与咬入条件直接有关的是轧辊对轧件的作用力，因上下轧辊对轧件的作用方式相同，所以只取一个轧辊对轧件的作用力进行分析。如图10-2所示。将作用在 A 点的径向力 N 与切向力 T 分解成垂直分力 N_y 与 T_y 和水平分力 N_x 与 T_x，考虑两个轧辊的作用，垂直分力 N_y 与 T_y 对轧件起压缩作用，使轧件产生塑性变形，而对轧件在水平方向运动不起作用。

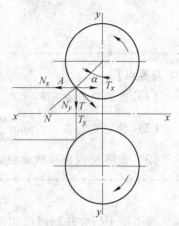

图10-2　上轧辊对轧件
作用力分解图

　　N_x 与 T_x 作用在水平方向上，N_x 与轧件运动方向相反，阻止轧件进入轧辊辊缝中，而 T_x 又与轧件运动方向一致，力图将轧件咬入轧辊辊缝中。由此可见，在没有附加外力作用的条件下，为实现自然咬入，必须是咬入力 T_x 大于咬入阻力 N_x 才有可能。

　　咬入力 T_x 与咬入阻力 N_x 之间的关系有以下3种可能的情况：

　　（1）$T_x<N_x$。不可能实现自然咬入。

　　（2）$T_x=N_x$。平衡状态。

　　（3）$T_x>N_x$。可以实现自然咬入。

　　由图10-2可知，咬入阻力 $N_x=N\sin\alpha$，咬入力 $T_x=T\cos\alpha=Nf\cos\alpha$。将求得的值代入 N_x 和 T_x 可能的3种关系中可得到：

　　（1）当 $N_x<T_x$ 时，$N\sin\alpha<Nf\cos\alpha$，即 $\tan\alpha<f$，所以

$$\alpha \leqslant \beta \qquad (10\text{-}1)$$

此时可以实现自然咬入，即当摩擦角大于咬入角时才能自然咬入。如图10-3所示，当 $\alpha<\beta$ 时，轧辊对轧件的作用力 T 与 N 的合力 F 的水平分力 F_x 与轧制方向相同，则轧件可以被自然咬入。在这种条件下（即 $\alpha<\beta$）实现的咬入，称为自然咬入。显然 F_x 越大，即 β 越大于 α，轧件越易被咬入轧辊间的辊缝中。

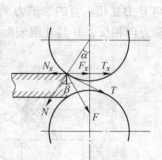

图10-3　当 $\alpha<\beta$ 时，轧辊对
轧件作用力合力的方向

　　（2）当 $N_x=T_x$ 时，$N\sin\alpha=Nf\cos\alpha$，即 $\tan\alpha=f$，也就是 $\alpha=\beta$ 属于平衡状态。此时轧辊对轧件的作用力的合力恰好是垂直方向，无水平分力。如图10-4所示，咬入力与咬入阻力处于平衡状态，是自然咬入 $\alpha<\beta$ 的极限条件。故常把 $\alpha=\beta$ 称为极限咬入条件。

　　（3）当 $N_x<T_x$ 时，$N\sin\alpha>Nf\cos\alpha$，即 $\tan\alpha>f$，故 $\alpha>\beta$，此时不能自然咬入。如图10-5所示，N 与 T 的合力 F 的水平分力 F_x 逆轧制方向，因此不能自然咬入。

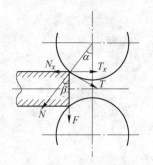

图 10-4 当 $\alpha=\beta$ 时，轧辊对
轧件作用力合力的方向

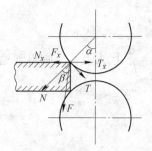

图 10-5 当 $\alpha>\beta$ 时，轧辊
对轧件作用力合力的方向

随着轧件头部充填辊缝，水平方向摩擦力除克服推出力外，还出现剩余。我们把用于克服推出力外还剩余的摩擦力的水平分量，称为剩余摩擦力。

在 $\alpha<\beta$ 条件下开始咬入时，有 $P_x=T_x-N_x>0$。即此时就已经有剩余摩擦力存在，并随轧件充填辊缝而不断增大。由于轧件充填辊缝过程中有剩余摩擦力产生并逐渐增大，只要轧件一经咬入，轧件继续充填辊缝就变得更加容易。同时，可看出，摩擦系数越大，剩余摩擦力越大；而当摩擦系数为定值时，随咬入角减小，剩余摩擦力增大。

10.2 稳定轧制条件

当轧件被轧辊咬入后开始逐渐充填辊缝，在轧件充填辊缝的过程中，轧件前端与轧辊轴心连线间的夹角 δ 不断减小，如图 10-6 所示。当轧件完全充满辊缝时，$\delta=0$，即开始了稳定轧制阶段。

表示合力作用点的中心角 φ 在轧件充填辊缝的过程中也在不断地变化着，随着轧件逐渐充填辊缝，合力作用点内移，φ 角自 $\varphi=\alpha$ 开始逐渐减小，相应地，轧辊对轧件作用力的合力逐渐向轧

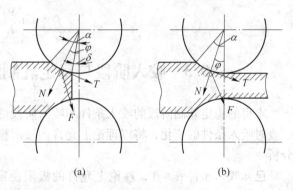

图 10-6 轧件充填辊缝过程中作用力条件的变化图解
(a) 充填辊缝过程；(b) 稳定轧制阶段

制方向倾斜，向有利于咬入的方向发展。当轧件充填辊缝，即过渡到稳定轧制阶段时，合力作用点的位置固定下来，而所对应的中心角 φ 也不再发生变化，并为最小值，即：

$$\varphi=\frac{\alpha}{K_x}$$

式中 K_x——合力作用点系数。

根据图 10-6（b）分析稳定轧制条件时轧辊对轧件的作用力，以寻求稳定轧制条件。

由于

$$N_x<T_x$$
$$N_x=N\sin\varphi$$

$$T_x = T\cos\varphi = Nf_y\cos\varphi$$

则得
$$f_y > \tan\varphi$$

将 $\varphi = \dfrac{\alpha}{K_x}$ 代入上式，则得到稳定轧制的条件：

$$f_y > \tan\frac{\alpha_y}{K_x} \tag{10-2}$$

或
$$\beta_y > \frac{\alpha_y}{K_x} \tag{10-3}$$

式中 f_y，β_y——稳定轧制阶段的摩擦系数和摩擦角；

α_y——稳定轧制阶段的咬入角。

一般来说，达到稳定轧制阶段时，$\varphi = \dfrac{\alpha_y}{2}$，即 $K_x \approx 2$，故可近似写成 $\beta_y > \dfrac{\alpha_y}{2}$ 或 $2\beta_y > \alpha_y$。

由上述讨论可得到如下结论：假设由咬入阶段过渡到稳定轧制阶段的摩擦系数不变且其他条件均相同，则稳定轧制阶段允许的咬入角比咬入阶段的咬入角可大 K_x 倍或近似地认为大 2 倍。

与极限咬入条件同理，可以写出极限稳定轧制条件：

$$\beta_y = \frac{\alpha_y}{K_x}, \ \ \alpha_y \leqslant K_x\beta_y$$

或
$$f_y = \tan\frac{\alpha_y}{K_x}$$

10.3   咬入阶段与稳定轧制阶段咬入条件的比较

求得的稳定轧制阶段的咬入条件与咬入阶段的咬入条件不同，为说明向稳定轧制阶段过渡时咬入条件的变化，将以理论上允许的极限稳定轧制条件与极限咬入条件进行比较与分析。

已知咬入条件 $\alpha = \beta$，理论上允许的极限稳定轧制条件 $\alpha_y = K_x\beta_y$，由此得两者的比值为：

$$K = \frac{\alpha_y}{\alpha} = K_x\frac{\beta_y}{\beta} \tag{10-4}$$

或
$$\alpha_y = K_x\frac{\beta_y}{\beta}\alpha \tag{10-5}$$

由式（10-5）可看出，极限咬入条件与极限稳定轧制条件的差异取决于 K_x 与 $\dfrac{\beta_y}{\beta}$ 两个因素，即取决于合力作用点位置与摩擦系数的变化。下面分别讨论其各因素的影响。

10.3.1   合力作用点位量或系数 K_x 的影响

如图 10-6 所示，轧件被咬入后，随轧件前端在辊缝中前进，轧件与轧辊的接触面积增大，合力作用点向出口方向移动，由于合力作用点一定在咬入弧上，所以 K_x 恒大于 1。在轧制过程产生的宽展越大，则变形区的宽度向出口逐渐扩张，合力作用点越向出口移动，即 φ 角越小，则 K_x 值就越大。根据式（10-5），在其他条件不变的前提下，K_x 越大，α_y 越大，即在稳定轧制阶段允许实现较大的咬入角。

10.3.2 摩擦系数变化的影响

冷轧及热轧时摩擦系数变化不同，在冷轧时一般由于温度和氧化铁皮的影响甚小，可近似地取 $\dfrac{\beta_y}{\beta} \approx 1$，即从咬入过渡到稳定轧制阶段摩擦系数近似不变。而热轧条件下，根据实验资料可知，此时 $\dfrac{\beta_y}{\beta} < 1$，即从咬入过渡到稳定轧制阶段，摩擦系数在降低，产生此现象的原因为：

（1）轧件端部温度较其他部分低。由于轧件端部与轧辊接触，并受冷却水作用，加之端部的散热面也比较大，所以轧件端部温度较其他部分为低，因而使咬入时的摩擦系数大于稳定轧制阶段的摩擦系数。

（2）氧化铁皮的影响。由于咬入时轧件与轧辊接触和冲击，易使轧件端部的氧化铁皮脱落，露出金属表面，所以摩擦系数增大；而轧件其他部分的氧化铁皮不易脱落，因而保持较小的摩擦系数。

影响摩擦系数降低的最主要因素是轧件表面上的氧化铁皮。在实际生产中，往往因此造成在自然咬入后过渡到稳定轧制阶段发生打滑现象。

由以上分析可见，K 值变化是较复杂的，因轧制条件不同而异。在冷轧时，可近似地认为摩擦系数无变化，而由于 K_x 值较大，所以使冷轧时 K 值也较高，说明咬入条件与稳定轧制条件间的差异较大，一般是：

$$K \approx K_x \approx 2 \sim 2.4$$

所以 $\alpha_y \approx (2 \sim 2.4)\alpha$。

在热轧时，由于受温度和氧化铁皮的影响，使摩擦系数显著降低，所以 K 值较冷轧时为小，一般是：

$$K \approx 1.5 \sim 1.7$$

所以 $\alpha_y \approx (1.5 \sim 1.7)\alpha$。

以上关系说明，在稳定轧制阶段的最大允许咬入角比开始咬入时的最大允许咬入角要大，相应地，两者允许的压下量亦不同，稳定轧制阶段的最大允许的压下量比咬入时的最大允许压下量大数倍。在生产实践中，有的采用"带钢压下"的技术措施，也就是利用稳定轧制阶段咬入角的潜力。

10.4 改善咬入条件的途径

改善咬入条件是顺利进行操作、增加压下量、提高生产率的有力措施，也是轧制生产中经常碰到的问题。

根据咬入条件 $\alpha \leqslant \beta$，可以得出：凡是随增大 β 角的一切因素和减小 α 角的一切因素都有利于咬入。下面对以上两种途径分别进行讨论。

10.4.1 减小 α 角

由 $\alpha = \arccos\left(1 - \dfrac{\Delta h}{D}\right)$ 可知，若减小 α 角，必须做到：

（1）增大轧辊直径 D。当 Δh 等于常数时，轧辊直径 D 增大，α 可减小。

（2）减小压下量。

由 $\Delta h = H - h$ 可知，通过减小轧件开始高度 H 或增大轧后的高度 h 来减小 α，可以改善咬入条件。

在实际应用中，常见的减小 α 的方法有：

（1）将钢锭的小头先送入轧辊或采用带有楔形端的钢坯进行轧制，在咬入开始时，首先将钢锭的小头或楔形前端与轧辊接触，此时所对应的咬入角较小。在摩擦系数一定的条件下，易于实现自然咬入，如图 10-7 所示。之后在轧件充填辊缝和咬入条件改善的同时，压下量逐渐增大，最后压下量稳定在某一最大值，从而咬入角也相应地增大到最大值，此时已过渡到稳定轧制阶段。

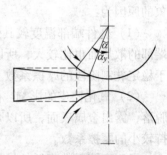

图 10-7 钢锭小头进钢

这种方法可以保证顺利地自然咬入和进行稳定轧制，对产品质量亦无不良影响，所以在实际生产中应用较为广泛。

（2）强迫咬入，即用外力将轧件强制推入轧辊中，由于外力作用使轧件前端被压扁，相当于减小了前端接触角 α，故改善了咬入条件。

10.4.2 增大 β 角

增大摩擦系数或摩擦角是较复杂的，因为在轧制条件下，摩擦系数取决于许多因素。下面从以下两个方面来改善咬入条件：

（1）改变轧件或轧辊的表面状态，以增大摩擦角。在轧制高合金钢时，由于表面质量要求高，不允许从改变轧辊表面着手，故从轧件着手。因此，首先应清除炉生氧化铁皮。实验研究表明，钢坯表面的炉生氧化铁皮使摩擦系数减小；由于受炉生氧化铁皮的影响，使自然咬入困难，或者以极限咬入条件咬入后在稳定轧制阶段发生打滑现象。由此可见，消除炉生氧化铁皮对保证顺利地自然咬入及进行稳定轧制是十分必要的。

（2）合理地调节轧制速度。实践表明，随轧制速度的提高摩擦系数减小。据此，可以实现低速自然咬入，然后随着轧件充填辊缝使咬入条件好转，逐渐增加轧制速度，使之过渡到稳定轧制阶段时达到最大，但必须保证 $\alpha_y < K_x\beta_y$ 的条件。这种方法简单可靠，易于实现。所以在实际生产中常采用。

上述几种改善咬入条件的具体方法，有助于理解与具体运用改善咬入条件所依据的基本原则。在实际生产中不限于以上几种方法，而且往往是根据不同条件同时采用几种方法。

习　题

10-1　根据压下量和咬入角的关系，试导出根据摩擦系数计算的最大压下量公式。

10-2　为什么说作用在轧件上的推力不是咬入的主要条件，推力是否有利于咬入，为什么？

10-3　利用摩擦力表达式说明，只要轧件一经咬入，轧件继续充填辊缝就变得更加容易。

10-4　轧辊直径 $D = 650mm$ 的轧机，假定为平辊轧制，当轧件原始高度 $H = 100mm$，轧后高度 $h = 70mm$ 时，求咬入角。

10-5　为什么说有孔型的咬入能力较平辊的咬入能力强？

10-6　在 $\phi 650$ 轧机上热轧软钢，轧件的原始厚度为 $180mm$，用极限咬入条件时，一次可压缩 $100mm$，试求摩擦系数。

10-7　在轧辊工作直径为 $1000mm$ 的轧机上轧制 $H = 400mm$ 的钢坯，摩擦系数 $f = 0.5$。计算自然咬入时可能的最大咬入角及咬入条件限制的最大压下量。

10-8　实际的轧制过程是相当复杂的。为简化轧制理论研究，对轧制过程附加了一些假设条件，即简单轧制条件。这些假设条件中轧辊方面的条件有哪些？

10-9　在轧制过程中，为了改善咬入通常可以采用增大摩擦系数和利用剩余摩擦力的方法，试述改善咬入的具体方法。

11 轧制过程中的宽展

【学习要点】
（1）宽展的组成及沿轧件横断面高度和轧件宽度上的分布。
（2）影响宽展的因素。
（3）宽展的计算公式。

11.1 宽展及其分类

11.1.1 宽展及其实际意义

在轧制过程中轧件的高度方向承受轧辊压缩作用，压缩下来的体积，将按照最小阻力法则沿着纵向及横向移动。沿横向移动的体积所引起的轧件宽度的变化称为宽展。

在习惯上，通常将轧件在宽度方向线尺寸的变化，即绝对宽展直接称为宽展。虽然用绝对宽展不能正确反映变形的大小，但是由于它简单、明确，在生产实践中得到极广泛的应用。

轧制中的宽展可能是希望的，也可能是不希望的，视轧制产品的断面特点而定。当从窄的坯轧成宽成品时希望有宽展；如用宽度较小的钢坯轧成宽度较大的成品，则必须设法增大宽展；从大断面坯轧成小断面成品时，则不希望有宽展，因消耗于横变形功是多余的，在这种情况下，应该力求以最小的宽展轧制。

纵轧的目的是为得到延伸，除特殊情况外，应该尽量减小宽展，降低轧制功能消耗，提高轧机生产率。不论在哪种情况下，希望或不希望有宽展，都必须掌握宽展变化规律以及正确计算宽展，尤其在孔型中轧制时宽展计算更为重要。

正确估计轧制中的宽展是保证断面质量的重要一环，若计算宽展大于实际宽展，孔型充填不满，会造成很大的椭圆度，如图 11-1（a）所示，若计算宽展小于实际宽展，孔型充填过满，会形成耳子，如图 11-1（b）所示。以上两种情况均会造成轧件报废。

因此，正确地估计宽展对提高产品质量、改善生产技术经济指标有着重要的作用。

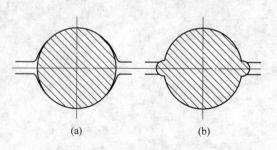

图 11-1 由于宽展估计不足产生的缺陷
（a）未充满；（b）过充满

11.1.2　宽展分类

在不同的轧制条件下，坯料在轧制过程中的宽展形式是不同的。根据金属沿横向流动的自由程度，宽展可分为自由宽展、限制宽展和强迫宽展。

11.1.2.1　自由宽展

坯料在轧制过程中被压下的金属体积，其金属质点在横向移动时，具有垂直于轧制方向朝两侧自由移动的可能性，此时金属流动除受接触摩擦的影响外。不受其他任何的阻碍和限制，如孔型侧壁、立辊等，结果明确地表现出轧件宽度上线尺寸的增加，这种情况为自由宽展，如图 11-2 所示。

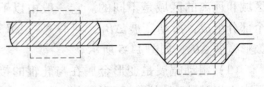

图 11-2　自由宽展轧制

自由宽展发生在变形比较均匀的条件下，如平辊上轧制矩形断面轧件，以及宽度有很大富余的扁平孔型内轧制。自由宽展轧制是最简单的轧制情况。

11.1.2.2　限制宽展

坯料在轧制过程中，金属质点横向移动时，除受接触摩擦的影响外，还承受孔型侧壁的限制作用，因而破坏了自由流动条件，此时产生的宽展称为限制宽展。如在孔型侧壁起作用的凹形孔型中轧制时即属于此类宽展，如图 11-3 所示。由于孔型侧壁的限制作用，使横向移动体积减小，故所形成的宽展小于自由宽展。

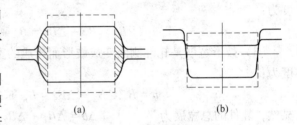

图 11-3　限制宽展
（a）箱形孔内的宽展；（b）闭口孔内的宽展

11.1.2.3　强迫宽展

坯料在轧制过程中，金属质点横向移动时，不仅不受任何阻碍，且受强烈的推动作用，使轧件宽度产生附加的增长，此时产生的宽展称为强迫宽展。由于出现有利于金属质点横向流动的条件，所以强迫宽度大于自由宽展。

在凸形孔型中轧制及有强烈局部压缩的轧制条件是强迫宽展的典型例子，如图 11-4 所示。

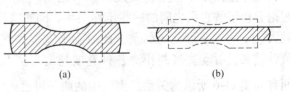

图 11-4　强迫宽展轧制

如图 11-4（a）所示，由于孔型凸出部分强烈的局部压缩，迫使金属横向流动，轧宽扁钢时采用的切深孔型就是这个强制宽展的实例；图 11-4（b）所示是由两侧部分的强烈压缩形成强迫宽展。

在孔型中轧制时，由于孔型侧壁的作用和轧件宽度上压缩的不均匀性，确定金属在孔型内轧制时的宽展是十分复杂的，尽管做过大量的研究工作，但在限制或强迫宽展孔型内金属流动的规律还不十分清楚。

11.1.3 宽展的组成

11.1.3.1 宽展沿轧件横断面高度上的分布

由于轧辊与轧件的接触表面上存在着摩擦，以及变形区几何形状和尺寸的不同，因此沿接触表面上金属质点的流动轨迹与接触面附近的区域和远离的区域是不同的。它一般由以下几个部分组成：滑动宽展 ΔB_1、翻平宽展 ΔB_2 和鼓形宽展 ΔB_3，如图 11-5 所示。

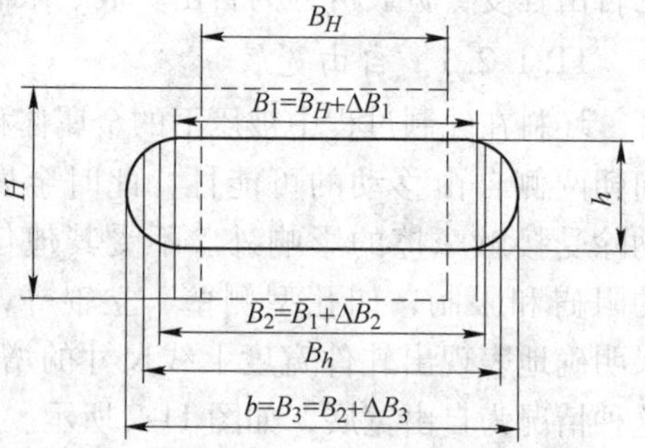

（1）滑动宽展是变形金属在与轧辊的接触面产生相对滑动所增加的宽展量，以 ΔB_1 表示，宽展后轧件由此而达到的宽度是：

$$B_1 = B_H + \Delta B_1$$

图 11-5 宽展沿轧件横断面高度分析

（2）翻平宽展是由于接触摩擦阻力的作用，使轧件侧面的金属在变形过程中翻转到接触表面上，使轧件的宽度增加，增加的量以 ΔB_2 表示，加上这部分宽展的量之后轧件的宽度为：

$$B_2 = B_1 + \Delta B_2 = B_H + \Delta B_1 + \Delta B_2$$

（3）鼓形宽展是轧件侧面变成鼓形而造成的宽展量，用 ΔB_2 表示，此时轧件的最大宽度为：

$$b = B_3 = B_2 + \Delta B_3 = B_H + \Delta B_1 + \Delta B_2 + \Delta B_3$$

显然，轧件的总宽展为： $\qquad \Delta b = \Delta B_1 + \Delta B_2 + \Delta B_3$

通常，理论上所说的宽展及计算的宽展是指将轧制后轧件的横断面化为同厚度的矩形之后，其宽度与轧制前轧坯宽度之差，即：

$$\Delta b = B_h - B_H$$

式中，轧后宽度 B_h 是一个为便于工程计算而采用的理想值。

上述宽展的组成及其相互关系如图 11-5 所示。滑动宽展 ΔB_1、翻平宽展 ΔB_2 和鼓形宽展 ΔB_3 的数值，依赖于摩擦系数和变形区的几何参数的变化。它们有一定的变化规律，但至今尚未掌握定量的规律。只能依赖实验和初步的理论分析了解它们之间的一些定性关系。例如摩擦系数 f 值越大，不均匀变形就越严重，此时翻平宽展和鼓形宽展的值就越大，滑动宽展越小。各种宽展与变形区几何参数之间有如图 11-6 所示的关系。由图中的曲线可看出，当 $l/\bar{h}$ 越小时，滑动宽展越小，翻平宽展和鼓形宽展占主导地位。

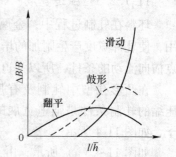

图 11-6 各种宽展与 $l/\bar{h}$ 的关系

这是因为 $l/\bar{h}$ 越小，黏着区越大，故宽展主要是由翻平宽展和鼓形宽展组成，而不是由滑动宽展组成。

11.1.3.2 宽展沿轧件宽度上的分布

关于宽展沿轧件宽度分布的理论，基本上有两种假说。第一种假说认为宽展沿轧件宽度均匀分布。这种假说主要以均匀变形和外区作用作为理论基础。因为变形区与前后外区彼此是同一块金属，是紧密结合在一起的，因此对变形起着均匀的作用，使沿长度方向上各部分金属延伸相同，宽展沿宽度分布自然是均匀的，它可用图 11-7 来说明。第二种假说认为变形区可分为 4 个区域，即在两边的区域为宽展区，中间分前后两个延伸区，它可用图 11-8 来说明。

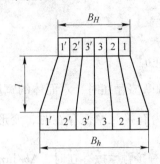

图 11-7　宽展沿宽度均匀分布的假说

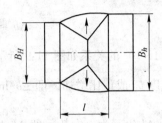

图 11-8　变形区分区假说的图示

宽展沿宽度均匀分布的假说，对于轧制宽而薄的薄板，宽展很小甚至可以忽略时的变形可以认为是均匀的。但在其他情况下，均匀假说与许多实际情况是不相符合的，尤其是对于窄而厚的轧件更不相符。因此这种假说有局限性。

变形区分区假说也不完全准确，许多实验证明变形区中金属表面质点流动的轨迹，亦非严格地按所划分的区间进行流动。但是它能定性地描述宽展发生时变形区内金属质点流动的总趋势，便于说明宽展现象的性质和作为计算宽展的根据。总之，宽展是一个极其复杂的轧制现象，它受许多因素的影响。

11.2　影响宽展的因素

影响金属在变形区内沿纵向及横向流动的数量关系的因素很多，但这些因素都是建立在最小阻力定律及体积不变定律的基础上的。经过综合分析，影响宽展诸因素的实质可归纳为两方面：一是高向移动体积；二是变形区内轧件变形的纵横阻力比，即变形区内轧件应力状态中的 σ_3/σ_2 关系（σ_3 为纵向压缩主应力，σ_2 为横向压缩主应力）。根据分析，变形区内轧件的应力状态取决于多种因素。这些因素通过变形区形状和轧辊形状反映变形区内轧件变形的纵横阻力，因而影响宽展。在具体分析各因素对轧件宽展的影响之前，首先对基本因素对轧件变形的影响做一个定性的分析。

11.2.1　影响轧件变形的基本因素分析

11.2.1.1　有接触摩擦时金属的宽展与变形区水平投影几何尺寸的关系

由于有接触摩擦力存在，轧制时在变形区内会产生与摩擦力相平衡的水平压应力和剪应力，阻碍金属的流动。变形区的水平投影的长度和宽度一般不相等，故金属在长度和宽度方向上受到的流动阻力不相等，使金属在宽度和长度方向上变形不一样。为了说明在有接触摩擦存在时金属沿变形区的宽度和长度方向的变形与变形区水平投影的长宽比之间的关系，可考虑在平锤头间镦粗矩形六面体时的变形。就接触摩擦的影响而言，可以认为轧制和镦粗情况相似。

　　当在接触表面间没有接触摩擦存在时，六面体将产生均匀变形，此时宽展系数和延伸系数相等，即 $\beta = \mu$。由等式 $\ln\mu = \ln\beta$ 关系，再根据体积不变条件可得：

$$\ln\beta = \ln\mu = \frac{1}{2}\ln\eta \qquad\qquad (11\text{-}1)$$

若 $\ln\beta \approx \dfrac{\Delta b}{B}$，$\ln\mu \approx \dfrac{\Delta l}{L}$，代入式（11-1）则有

$$\Delta b \approx \frac{B}{2}\ln\eta, \quad \Delta l \approx \frac{L}{2}\ln\eta \qquad\qquad (11\text{-}2)$$

　　式（11-1）的关系如图 11-9 所示，斜线 1 为无接触摩擦存在时，六面体的宽展 Δb 随变形区宽度 b_0 成正比增加，即 $\Delta b/\ln\eta \approx \dfrac{1}{2}b_0$；曲线 2 为有接触摩擦存在时，变形区宽度 $b_0 = 1$ 时，$\Delta b/\ln\eta$ 为一常数，即 $\Delta b/\ln\eta \approx \dfrac{1}{2}$；曲线 3 为有接触摩擦存在时，$\Delta b/\ln\eta$ 为摩擦系数 f 和变形区宽度 b_0 的函数关系曲线。

　　当有接触摩擦存在时，由于摩擦力在两长度不同的周边方向上引起的流动阻力不同，六面体的宽展和延伸系数将不再相等。在摩擦系数充分大时，可根据最小阻力定律粗略地将变形区分为 4 个金属流动方向不同的区域，如图 11-10 所示。当六面体在高度方向受到压缩时，其水平断面将变为图 11-10 中虚线所示的形状。六面体的水平断面在周边两个方向上得到的最大尺寸改变量相等（为 2Δ）。由此，六面体的平均宽展量可表示为：

$$\frac{1}{2}\Delta bL = \Delta L - \frac{1}{2}B\Delta \qquad\qquad (11\text{-}3a)$$

$$\Delta b = 2\Delta - \frac{B}{L}\Delta \qquad\qquad (11\text{-}3a)$$

而六面体的平均延伸量为：

$$\Delta l = \Delta \qquad\qquad (11\text{-}3b)$$

　　故有

$$\left.\begin{aligned}\ln\beta &\approx \frac{\Delta b}{B} = \frac{2\Delta}{B} - \frac{\Delta}{L}\\[1mm]\ln\mu &\approx \frac{\Delta l}{L} = \frac{\Delta}{L}\end{aligned}\right\} \qquad\qquad (11\text{-}4)$$

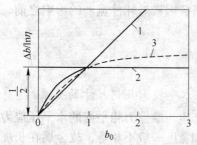

图 11-9　在变形区长度 $l_0 = 1$ 的条件下，
考虑接触摩擦影响时，宽展量 Δb
与变形区宽度 b_0 的关系

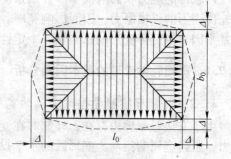

图 11-10　在有接触摩擦的条件下，
镦粗矩形六面体时的变形图示

将式（11-4）代入体积不变方程式 $\ln\mu + \ln\beta - \ln\eta = 0$，得：

$$\Delta = \frac{B}{2}\ln\eta$$

再将 Δ 值代入式（11-3）和式（11-4），求得在有接触摩擦存在（六面体产生不均匀变形）时，有下列关系：

$$\left.\begin{aligned} \Delta b &= \left(B - \frac{B^2}{2L} \right)\ln\eta \\[2mm] \Delta l &= \frac{B}{2}\ln\eta \\[2mm] \ln\beta &= \left(1 - \frac{B}{2L} \right)\ln\eta \\[2mm] \ln\mu &= \frac{B}{2L}\ln\eta \end{aligned}\right\} \tag{11-5}$$

如图 11-10 所示，上述公式是在假设 $B \leqslant L$ 条件下导出的。在此条件下，由式（11-5）可得到如下结论：

（1）在比值 $B/L \leqslant 1$ 的条件下，与无接触摩擦存在的情况相比较，有接触摩擦存在时绝对宽展量 Δb 和对数宽展系数 $\ln\beta$ 增大，绝对延伸量 Δl 和对数延伸系数 $\ln\mu$ 减小。

（2）当 $B=$ 常值时，对于一定的 $\ln\eta$ 值，绝对宽展量 Δb 随长度 L 的增大而增大。

（3）当 $L=$ 常值时，对于一定的 $\ln\eta$ 值，Δb 随宽度 B 的增大而增大。

（4）当 B/L 增大时，对数宽展系数 $\ln\beta$ 减小，而对数延伸系数 $\ln\mu$ 增大。

对于轧制过程中 $B/L \geqslant 1$ 的情况，将式（11-5）中的符号 B 与 L，β 与 μ 对换，即得适合此情况的公式：

$$\left.\begin{aligned} \Delta b &= \frac{L}{2}\ln\eta \\[2mm] \Delta l &= \left(L - \frac{L^2}{2B} \right)\ln\eta \\[2mm] \ln\beta &= \frac{L}{2B}\ln\eta \\[2mm] \ln\mu &= \left(1 - \frac{L}{2B} \right)\ln\eta \end{aligned}\right\} \tag{11-6}$$

由此，对于 $B/L \geqslant 1$ 的情况可得如下结论：

（1）与无接触摩擦的情况相比，Δb 和 $\ln\beta$ 减小，而 Δl 和 $\ln\mu$ 则增大。

（2）绝对宽展量 Δb 与 L 成正比增加，当 $L=$ 常值时，Δb 保持不变。

（3）与前种情况相同，B/L 比值增大时，$\ln\beta$ 减小，而 $\ln\mu$ 增大。

根据式（11-5）和式（11-6）中的第一式，当以 L 为长度的度量单位（即取 $L=1$）时，在摩擦系数很大的情况下，仅考虑接触摩擦的影响，绝对宽展量 Δb 与宽度 B 间的关系如图 11-9 的曲线 2 所示。在一般的摩擦条件下，实际的宽展曲线如图 11-9 的曲线 3 所示。

11.2.1.2　轧辊形状的影响

由于在变形区的纵断面上，轧辊表面是一圆弧，因此作用在金属表面上的径向压力 p

的水平分量不等于零。这一压力的水平分量,将减小金属沿纵向流动的水平流动阻力。如图 11-11 所示,在变形区第 I 区域径向压力的水平投影,其方向与在此区域的摩擦力水平投影方向相反。因此,与在平行的平锤间锻造相比,纵向阻力减小,并且在轧制方向上的变形或伸长率增大,而宽展则相应减小。

因而,轧辊的圆柱体形状严重地影响着轧制时横向和纵向变形间的关系。轧辊的圆柱体形状对于横向和纵向变形间对比关系的影响,可用工具形状系数来加以考虑,此系数 K_G 的表示如下:

$$K_G = \frac{W_x}{W_y} \tag{11-7}$$

式中 W_x——纵向延伸阻力;

$\qquad$ W_y——横向宽展阻力。

轧制时,在变形区内轧辊对轧件的作用力如图 11-11 所示,由于第 II 区(前滑区)很小,一般忽略不计,只考虑第 I 区(后滑区)内轧件的受力状态,纵向延伸阻力等于在变形区后滑区的径向压力和摩擦力水平投影的代数和。若设沿变形区后滑区域整个弧长上压力是均匀分布的,则径向压力的合力 P' 将位于与轧辊中心线成 φ 角的地方,而:

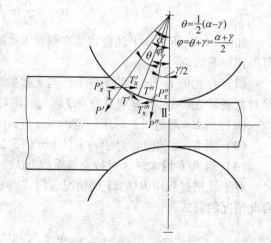

图 11-11 在变形区每个区域内
对延伸的阻力图示

$$\varphi = \alpha - \frac{\alpha - \gamma}{2} = \frac{\alpha + \gamma}{2}$$

这样,纵向延伸阻力为:

$$W_x = T'_x - P'_x$$

因为在横向上轧辊是平的,所以横向宽展阻力为:

$$W_y = T'$$

将两式代入系数 K_G 的方程中,对于变形区的后滑区可得到:

$$K'_G = \frac{T'_x - P'_x}{T'} \tag{11-8}$$

还有

$$P'_x = P'\sin\varphi = P'\sin\frac{\alpha + \gamma}{2}$$

$$T'_x = T'\cos\varphi = P'f\cos\frac{\alpha + \gamma}{2}$$

将两式代入式(11-8)之后可得:

$$K'_G = \frac{P'f\cos\dfrac{\alpha + \gamma}{2} - P'\sin\dfrac{\alpha + \gamma}{2}}{P'f}$$

或

$$K'_G = \cos\frac{\alpha + \gamma}{2} - \frac{1}{f}\sin\frac{\alpha + \gamma}{2} \tag{11-9}$$

由于
$$\alpha = \varphi_1\left(\frac{\Delta h}{D}\right) , \quad \gamma = \varphi_2\left(\frac{\Delta h}{D}, f\right)$$

则得
$$K'_G = \varphi\left(\frac{\Delta h}{D}, f\right) \tag{11-10}$$

按式（11-9）和式（11-10）绘制相应的图 11-12 中的曲线。由图 11-12 可以看出，K'_G 变化于下列范围内：

$$1 > K'_G > 0$$

上式说明由于轧辊形状的影响，使纵向阻力一般小于横向阻力，而极限情况是两者相等，$K_G = 1$。此时轧辊直径 D 无限大，相当于平面状态。按照最小阻力定律可知，在轧制情况下，由于轧辊形状的影响，延伸变形一般是大于宽展，K_G 越小，说明金属在变形区内纵向阻力越小。延伸越大，自然横向变形宽展越小。咬入角 α 越大，轧辊形状影响系数 K_G 越小，越有利于延伸，宽展相应地越小。因此，凡是能影响变形区形状和轧辊形状的各种因素都将影响变形区内金属流动的纵横阻力比，自然也影响变形区内的纵向延伸和横向的宽展。下面讨论具体工艺因素对宽展的影响。

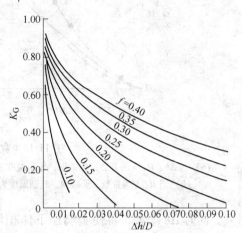

图 11-12　变形区第一个区域工具形状系数图

11.2.2　各种因素对轧件宽展的影响

11.2.2.1　相对压下量的影响

压下量是形成宽展的主要因素之一，没有压下量，宽展就无从谈起。因此，相对压下量越大，宽展越大。

很多实验证明，随着压下量的增大，宽展量也增大，如图 11-13（b）所示，这是因为一方面压下量增大时，变形区长度增大，变形区水平投影形状 $\frac{l}{b}$ 增大，因而使纵向塑性流动阻力增大，纵向压缩主应力值加大。根据最小阻力定律，金属沿横向运动的趋势增大，因而使宽展加大；另一方面，$\frac{\Delta h}{H}$ 增大，高向压下来的金属体积也增大，所以使 Δb 也增大。

应当指出，宽展量 Δb 随压下率的增大而增大的状况，由于 $\frac{\Delta h}{H}$ 的变换方法不同，使 Δb 的变化也有所不同。如图 11-13（a）所示，当 H = 常数或 h = 常数时，压下率 $\frac{\Delta h}{H}$ 增大，Δb 增大的速度快，而 Δh = 常数时，Δb 增大的速度次之。这是因为，当 H 或 h = 常数时，欲增大 $\frac{\Delta h}{H}$，需增大 Δh，这样就使变形区长度 l 增大，因而纵向阻力增大，延伸减小，宽展 Δb

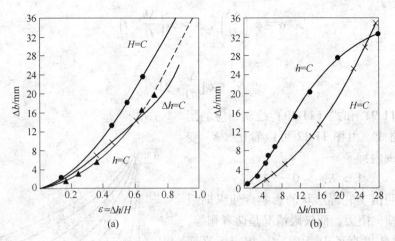

图 11-13 宽展与压下量的关系

(a) 当 Δh、H、h 为常数，低碳钢，轧制温度为 900℃，轧制速度为 1.1m/s 时，Δb 与 $\Delta h/H$ 的关系；

(b) 当 H、h 为常数，低碳钢，轧制温度为 900℃，轧制速度为 1.1m/s 时，Δb 与 Δh 的关系

增大。同时 Δh 增大，将使金属压下体积增大，也促使 Δb 增大，两者综合作用的结果，将使 Δb 增大得较快。而 Δh 等于常数时，增大 $\dfrac{\Delta h}{H}$ 是依靠减小 H 来达到的。这时变形区长度 l 不增大，所以 Δb 的增大较上一种情况慢些。

图 11-14 所示为相对压下率 $\dfrac{\Delta h}{H}$ 与宽屈指数 $\dfrac{\Delta b}{\Delta h}$ 之间关系的实验曲线，可对上述论证加以解释。当 $\dfrac{\Delta h}{H}$ 增大时，Δb 增大，故 $\dfrac{\Delta b}{\Delta h}$ 会直线增大，当 h 或 H 等于常数时，增大 $\dfrac{\Delta h}{H}$ 是靠增大 Δh 来实现的，所以 $\dfrac{\Delta b}{\Delta h}$ 增大得缓慢，而且到一定数值以后，即 Δh 增大超过了 Δb 的增大时，会出现 $\dfrac{\Delta b}{\Delta h}$ 减小的现象。

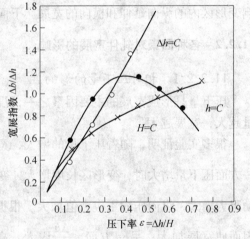

图 11-14 当 Δh、H 和 h 为常数时，宽展指数与压下率的关系

11.2.2.2 轧制道次的影响

实验证明，在总压下量一定的前提下，轧制道次越多，宽展越小。表 11-1 所示的数据可完全说明上述结论。因为在其他条件及总压下量相同时，一道轧制时变形区形状 $\dfrac{l}{b}$ 比值较大，所以宽展较大；而当多道次轧制时，变形区形状 $\dfrac{l}{b}$ 值小，所以宽展也较小。

表 11-1 轧制道次与宽展量的关系

序 号	轧制温度 $t/℃$	道次数	$\dfrac{\Delta b}{\Delta h}/\%$	$\Delta b/mm$
1	1000	1	74.5	22.4
2	1085	6	73.6	15.6
3	925	6	75.4	17.5
4	920	1	75.1	33.2

因此，不能只是根据原料和成品的厚度来决定宽展，而应该按各个道次来分别计算。

11.2.2.3 轧辊直径对宽展的影响

由实验得知，其他条件不变时，宽展量 Δb 随轧辊直径 D 的增大而增大。这是因为当 D 增大时变形区长度加大，使纵向的阻力增加，根据最小阻力定律，金属容易向宽度方向流动，如图 11-15 所示。

研究辊径对宽展的影响时，应当注意到轧辊为圆柱体这一特点。由于沿轧制方向是圆弧形的，必然产生有利于延伸变形的水平分力，它使纵向摩擦阻力减小，有利于纵向变形，即增大延伸。所以，即使变形区长度与轧件宽度相等，延伸与宽展的量也不相等，而受工具形状的影响，延伸总是大于宽展。

11.2.2.4 摩擦系数的影响

实验证明，当其他条件相同时，随着摩擦系数的增大，宽展也增大，如图 11-16 所示。因为随着摩擦系数的增大，轧辊的工具形状系数增大，因此使 σ_3/σ_2 比值增大，相应地使延伸减小，宽展增大。摩擦系数是轧制条件的复杂函数，可写成下面的函数关系：

$$f = \Psi(t,\ v,\ K_1,\ K_3)$$

式中 t——轧制温度；

v——轧制速度；

K_1——轧辊材质及表面状态；

K_3——轧件的化学成分。

凡是影响摩擦系数的因素，都将通过摩擦系数引起宽展的变化。

A 轧制温度对宽展的影响

轧制温度对宽展影响的实验曲线如图 11-17 所示。分析此图上的曲线特征可知，轧制温度对宽展的影响与其对摩擦系数的影响规律基本上相同。在此热轧条件下，轧制温度主要是通过氧化铁皮的性质影响摩擦系数，从而间接地影响宽展。从图 11-17 可以看出，在较低温阶段由于温度升高，氧化铁皮生成，摩擦系数增大，从而宽展亦增大；而到高温阶段由于氧化铁皮开始熔化起润滑作用，使摩擦系数减小，因而宽展也减小。

B 轧制速度的影响

轧制速度对宽展的影响规律基本上与其对摩擦系数的影响规律相同，因为轧制速度是影响摩擦系数的，因而影响宽展的变化，随轧制速度的升高，摩擦系数减小，因而宽展减小，如图 11-18 所示。

C 轧辊表面状态的影响

轧辊表面越粗糙，摩擦系数越大，将导致宽展越大，实践也完全证实了这一点。比如

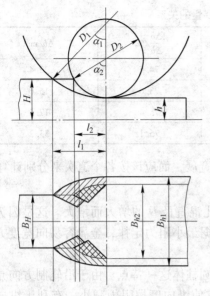

图 11-15   轧辊直径对宽展的影响

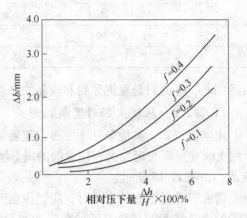

图 11-16   摩擦系数对宽展的影响

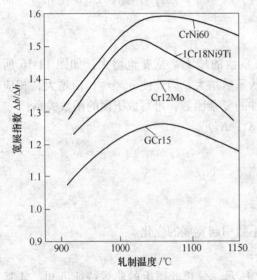

图 11-17   轧制温度与宽展指数的关系

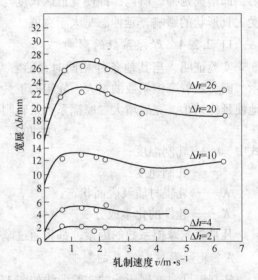

图 11-18   宽展与轧制速度的关系

在磨损后的轧辊上轧制时产生的宽展较在新辊上轧制时的宽展要大。轧辊表面润滑使接触面上的摩擦系数减小，相应地使宽展减小。

    D   轧件的化学成分的影响

    轧件的化学成分主要是通过外摩擦系数的变化来影响宽展的。热轧金属与合金的摩擦系数之所以不同，主要是由于其氧化铁皮的结构及物理、力学性能不同，因而使摩擦系数和宽展发生变化。但是，目前对各种金属及合金的摩擦系数研究较少，尚不能满足实际需要。有些学者进行了一些研究，下面介绍 ΙΟ. M. 齐日柯夫在一定的实验条件下所做的具有各种化学成分和各种组织的大量钢种的宽展试验，所得结果见表 11-2。从表 11-2 中可以看出，合金钢的宽展比碳素钢要大些。

表 11-2 钢的成分对宽展的影响系数

组 别	钢 种	钢 号	影响系数 m	平均数
I	普通碳素钢	10 号钢	1.0	
II	珠光体-马氏体钢	T7A（碳钢）	1.24	1.25~1.32
		GCr15（轴承钢）	1.29	
		16Mn（结构钢）	1.29	
		4Cr13（不锈钢）	1.33	
		38CrMoAl（合金结构钢）	1.35	
		4Cr10Si2Mo（不锈耐热钢）	1.35	
III	奥氏体钢	4Cr14Ni14W2Mo	1.36	1.35~1.46
		2Cr13Ni4Mn9（不锈耐热钢）	1.42	
IV	带残余相的奥氏体 （铁素体，莱氏体）钢	1Cr18Ni9Ti（不锈耐热钢）	1.44	1.4~1.5
		3Cr18Ni25Si2（不锈耐热钢）	1.44	
		1Cr23Ni13（不锈耐热钢）	1.53	
V	铁素体钢	1Cr17Al5（不锈耐热钢）	1.55	
VI	带有碳化物的奥氏体钢	Cr15Ni60（不锈耐热合金）	1.62	

按一般公式计算出来的宽展，很少考虑合金元素的影响。为了确定合金钢的宽展，必须将按一般公式计算求得的宽展值乘上表 11-2 中的系数 m，也就是：

$$\Delta b_{合} = m\Delta b_{计}$$

式中　Δb——合金钢的宽展；

　　$\Delta b_{计}$——按一般公式计算的宽展；

　　m——考虑到化学成分影响的系数。

E　轧辊的化学成分对宽展的影响

轧辊的化学成分影响摩擦系数，从而影响宽展，一般在钢轧辊上轧制时的宽展比在铸铁轧制时要大。

11.2.2.5　轧件宽度对宽展的影响

如前所述，可将接触表面金属流动分成 4 个区域，即前滑、后滑区和左、右宽展区，用它可以说明轧件宽度对宽展的影响。假如变形区长度 l 一定，当轧件宽度 B 逐渐增大时，由 $l_1 > B_1$ 到 $l_2 = B_2$，如图 11-19 所示，宽展区是逐渐增大的，因而宽展也逐渐增大，当由 $l_2 = B_2$ 到 $l_3 < B_3$ 时，宽展区变化不大，而延伸区逐渐增大，因此，从绝对量上来说，宽展的变化先增大，后来趋于不变，这已为实验所证实，如图 11-20 所示。

从相对量来说，随着宽展区 F_B 和前滑、后滑区的 F_l 的 F_B/F_l 比值不断减小，$\Delta b/B$ 逐渐减小。同样若 B 保持不变，l 增大时，前滑、后滑区先增大，而后接近不变，且宽展区的绝对量和相对量均不断增大。

一般来说，当 $l/\overline{B}$ 增大时，宽展增大，亦即宽展与变形区长度 l 成正比，而与其宽度 $\overline{B}$ 成反比，轧制过程中变形区尺寸的比，可用式（11-11）表示：

$$l/\overline{B} = \frac{\sqrt{R\Delta h}}{\dfrac{B+b}{2}} \tag{11-11}$$

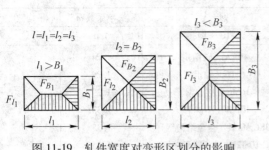

图 11-19　轧件宽度对变形区划分的影响

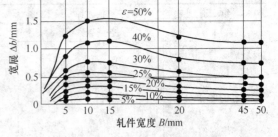

图 11-20　轧件宽度与宽展的关系

此比值越大，宽展亦越大。$l/\overline{B}$ 的变化，实际上反映了纵向阻力及横向阻力的变化，轧件宽度 $\overline{B}$ 增大，Δb 减小，当 B 值很大时，Δb 趋近于零，$b/B=1$，即出现平面变形状态。此时表示横向阻力的横向压缩主应力 $\sigma_2=\dfrac{\sigma_1+\sigma_3}{2}$。在轧制时，通常认为在变形区的纵向长度为横向长度的 2 倍时（$l/\overline{B}=2$），会出现纵横变形相等的条件。为什么不在两者相等（$l/\overline{B}=1$）时出现，这是因为前面所说的受工具形状的影响。此外，在变形区前后轧件都具有外端，外端将起着妨碍金属质点向横向移动的作用，因此，也使宽展减小。

11.3　宽展计算公式

宽展计算公式很多，但影响宽展的因素也很多，只有在深入分析轧制过程的基础上，正确考虑主要因素对宽展的影响，才能获得比较完善的公式。

下面介绍几个宽展公式，这些公式考虑的影响因素并不很多，只是考虑了其中最主要的影响因素，但其计算结果和实际出入并不太大。现在很多公式是按经验数据整理的，使用起来有很大局限性。目前在实际生产中大都是按经验估计宽展。

11.3.1　А. И. 采里柯夫公式

此公式尽管是理论推导，但其结果比较符合实际。

公式导出的理论依据是最小阻力定律和体积不变定律。根据最小阻力定律把变形区分成宽展区、前滑区和后滑区，宽展区的一半可看成如图 11-21 所示的三角形 ABC，根据体积不变定律，在轧制过程中，宽展区中的高向移动体积全向横向移动，形成宽展。

距出口断面为 $x+\mathrm{d}x$ 的 ac 断面移动一个 $\mathrm{d}x$ 距离，即到 bd 的位置，这时在宽展区域内的压下体积都向横向流动形成宽展。

根据体积不变定律，其移动体积的平衡式为：

$$\frac{1}{2}h_x\mathrm{d}x\frac{\mathrm{d}b_x}{2}=-\frac{1}{2}z\mathrm{d}x2\frac{\mathrm{d}h_x}{2} \qquad (11\text{-}12)$$

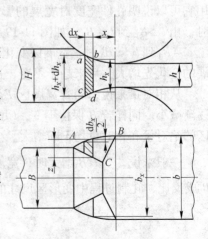

图 11-21　形成宽展的假定宽展区

式中　dh_x——将断面 ac 移动一个 dx 后，轧件断面高度的减少量；

　　　db_x——当 ac 断面移动 dx 后，宽展方向增加量；

　　　z——在 bd 断面上轧件边缘到宽展区的边界上的距离。

平衡式左端为横向增加体积，右端为高向减少体积，右端负号表示 h_x 减小，b_x 增加，两者方向相反。式（11-12）经过整理后得：

$$dh_x = -2z\frac{dh_x}{h_x}$$

积分得：

$$\int_B^b db_x = \int_H^h -2z\frac{dh_x}{h_x}$$

要解此方程式，需要求出 z 与 dh_x 间的关系式，采里柯夫提出的解此方程式的方法如下：

（1）把宽展区分成两部分，即临界面前的宽展区和临界面后的宽展区，计算时分别进行。

（2）宽展区与前滑、后滑区分界面上无金属流动，平均横向应力等于平均纵向应力，即 $\sigma_z = \sigma_x$。

经过一系列的数学力学处理得出采里柯夫宽展计算公式。因为此公式计算起来较复杂，不便于应用，若略去前滑区的宽展不计，当 $\dfrac{\Delta h}{H} < 0.9$ 时，得到简化公式如下：

$$\Delta b = C\Delta h\left(2\sqrt{\frac{R}{\Delta h}} - \frac{1}{f}\right)(0.138\varepsilon^2 + 0.328\varepsilon) \tag{11-13}$$

式中　ε——压下率 $\dfrac{\Delta h}{H}$；

　　　C——系数，取决于轧件原始宽度与接触弧长的比值关系，按下式求出：

$$C = 1.34\left(\frac{B}{\sqrt{R\Delta h}} - 0.15\right)e^{0.15-\frac{B}{\sqrt{R\Delta L}}} + 0.5$$

系数 C 也可由图 11-22 曲线查出。

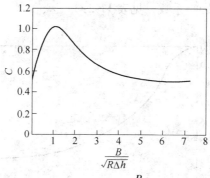

图 11-22　系数 C 与 $\dfrac{B}{\sqrt{R\Delta h}}$ 的关系

11.3.2　Б. П. 巴赫契诺夫公式

此公式的导出是根据移动体积与其消耗功成正比，即：

$$\frac{V_{\Delta b}}{V_{\Delta h}} = \frac{A_{\Delta b}}{A_{\Delta h}}$$

式中　　$V_{\Delta b}$，$A_{\Delta b}$——分别为向宽度方向移动的体积与其所消耗的功；

　　　　$V_{\Delta h}$，$A_{\Delta h}$——分别为高度方向移动体积与其所消耗的功。

从理论上导出宽展公式，忽略宽展的一些影响因素后得出如下实用的简化公式：

$$\Delta b = 1.15 \frac{\Delta h}{2H}\left(\sqrt{R\Delta h} - \frac{\Delta h}{2f}\right) \tag{11-14}$$

巴赫契诺夫公式考虑了摩擦系数、相对压下量、变形区长度及轧辊形状对宽展的影响。在公式推导过程中也考虑了轧件宽度及前滑的影响。实践证明，用巴赫契诺夫公式计算平辊轧制和箱形孔型中的自由宽展可得到与实际接近的结果，因此可以用于实际变形计算。

11.3.3　S. 爱克伦得公式

爱克伦得公式导出的理论依据是宽展取决于压下量及轧件与轧辊接触面上纵横阻力的大小；并假定在接触面范围内，横向及纵向的单位面积上的单位功是相同的，在延伸方向上，假定滑动区为接触弧长的$\frac{2}{3}$，即黏着区为接触弧长的$\frac{1}{3}$。按体积不变条件进行一系列的数学处理后可得：

$$b^2 = 8m\sqrt{R\Delta h}\,\Delta h + B^2 - 2 \times 2m(H + h)\,\sqrt{R\Delta h}\ln\frac{b}{B} \tag{11-15}$$

式中　　　　　　　　　　　$$m = \frac{1.6f\sqrt{R\Delta h} - 1.2\Delta h}{H + h}$$

摩擦系数f可按式（11-16）计算：

$$f = k_1 k_2 k_3 (1.05 - 0.0005t) \tag{11-16}$$

式中　　k_1——轧辊材质与表面状态的影响系数，见表11-3；

　　　　k_2——轧制速度影响系数，其值如图11-23所示；

　　　　k_3——轧件化学成分影响系数，见表11-2；

　　　　t——轧制温度，℃。

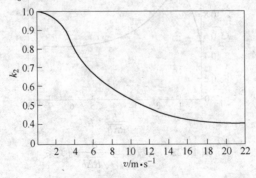

图11-23　轧制速度影响系数

用这个公式计算宽展的结果也是正确的。

表 11-3 轧辊材质与表面状态影响系数 k_1

轧辊材质与表面状态影响系数	k_1	轧辊材质与表面状态影响系数	k_1
粗面钢轧辊	1.0	粗面铸铁轧辊	0.8

11.3.4 C. И. 古布金公式

此公式正确地反映了各种因素对宽展的影响，通过实验得出公式如下：

$$\Delta b = \left(1 + \frac{\Delta h}{H}\right)\left(f\sqrt{R\Delta h} - \frac{\Delta h}{2}\right)\frac{\Delta h}{H} \tag{11-17}$$

【例 11-1】 已知轧制前轧件断面尺寸为 $H \times B = 100\text{mm} \times 200\text{mm}$，轧后厚度 $h = 70\text{mm}$，轧辊材质为铸钢，工作直径为 650mm，轧制速度 $v = 4\text{m/s}$，轧制温度 $t = 1100℃$，轧件材质为低碳钢，计算该道次的宽展量。

解： 计算摩擦系数

轧辊材质为铸钢，查表 11-3，$k_1 = 1$

由 $v = 4\text{m/s}$，查图 11-23，$k_2 \approx 0.8$

轧件材质为低碳钢，查表 11-2，$k_3 = 1$

故 $f = k_1 k_2 k_3 (1.05 - 0.0005t) = 1 \times 0.8 \times 1 \times (1.05 - 0.0005 \times 1100) = 0.4$

（1）计算压下量及变形区长度：

$$\Delta h = H - h = 100 - 70 = 30\text{mm}$$

$$l = \sqrt{R\Delta h} = \sqrt{325 \times 30} \approx 98.7\text{mm}$$

（2）按巴赫契诺夫公式计算宽展量：

$$\Delta b = 1.15\frac{\Delta h}{2H}\left(\sqrt{R\Delta h} - \frac{\Delta h}{2f}\right) = 1.15 \times \frac{30}{200} \times \left(98.7 - \frac{30}{2 \times 0.4}\right) = 10.6\text{mm}$$

（3）按采里柯夫公式计算宽展量：

$$\Delta b = C\Delta h\left(2\sqrt{\frac{R}{\Delta h}} - \frac{1}{f}\right)(0.138\varepsilon^2 + 0.328\varepsilon)$$

$$= 0.8 \times 30 \times \left(2 \times \sqrt{\frac{325}{30}} - \frac{1}{0.4}\right) \times (0.138 \times 0.3^2 + 0.328 \times 0.3) = 10.9\text{mm}$$

其中，由 $\dfrac{B}{\sqrt{R\Delta h}} = \dfrac{200}{\sqrt{325 \times 30}} = 0.27$，查图 11-22，取 $C = 0.8$。

（4）按古布金公式计算宽展量：

$$\Delta b = \left(1 + \frac{\Delta h}{H}\right)\left(f\sqrt{R\Delta h} - \frac{\Delta h}{2}\right)\frac{\Delta h}{H}$$

$$= \left(1 + \frac{30}{100}\right) \times \left(0.4 \times \sqrt{325 \times 30} - \frac{30}{2}\right) \times \frac{30}{100} = 9.6\text{mm}$$

（5）按爱克伦得公式计算宽展量：

$$m = \frac{1.6f\sqrt{R\Delta h} - 1.2\Delta h}{H + h} = \frac{1.6 \times 0.4 \times 98.7 - 1.2 \times 30}{100 + 70} = 0.16$$

$$b^2 = 8 \times 0.16 \times 98.7 \times 30 + 200^2 - 2 \times 2 \times 0.16 \times (100 + 70) \times 98.7 \times \ln\frac{b}{200}$$

$$b \approx 208.22\text{mm}$$

$$\Delta b = 8.22\text{mm}$$

11.4 孔型轧制时宽展的特点及其简化计算

11.4.1 在孔型中轧制时宽展的特点

在孔型中轧制与一般平辊轧制相比具有以下主要特点。

11.4.1.1 沿轧件的宽度上压缩不均匀

如图 11-24 所示，由于轧件各部分之间的内在相互联系及外端的均匀作用，使沿宽度上的高向变形不均匀的轧件获得的是一个共同的平均延伸系数。即：

$$\bar{\mu} = \frac{l}{L}$$

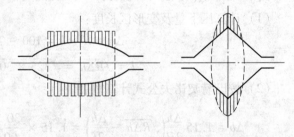

图 11-24 沿轧件宽度方向压缩不均匀的情况

由于 $\bar{\mu}$ 对轧件的任何部分均相同，高向变形的不均匀性完全反映在横变形的复杂性上，在变形区中可能有以下 3 种变形条件同时存在：

（1）形成 $\bar{\eta} = \bar{\mu}$ 区域，轧件的压缩体积完全移向纵向形成延伸；而宽展消失，这是平面变形状态，主应力值间有以下关系成立：

$$\sigma_2 = \frac{\sigma_1 + \sigma_3}{2}$$

（2）形成 $\bar{\eta} > \bar{\mu}$ 区域，因此 $\beta>1$。产生正值宽展，即形成强迫宽展。

（3）形成 $\bar{\eta} < \bar{\mu}$ 区域，则得 $\beta<1$。产生负值宽展，呈横向收缩现象。

这里，$\bar{\eta}$ 为平均压下系数，$\bar{\mu}$ 为平均延伸系数。

11.4.1.2 孔型侧壁斜度的影响作用

孔型侧壁斜度主要是通过改变横向变形阻力影响宽展。在平辊上轧制时，横向变形阻力仅为轴向上的外摩擦力，而在孔型中轧制时由于有孔型侧壁，使横向变形阻力不只取决于外摩擦力，而且与孔型侧壁上的正压力有关，因而影响到轧件的纵横变形比。图 11-25（a）以凹形孔型为例说明孔型侧壁对宽展的影响作用。由图 11-25（a）可以看出在凹形孔型中的横向阻力为

$$W_z = N_z + T_z$$

比在平辊轧制时的横向阻力大，因此宽展减小，而延伸增大。

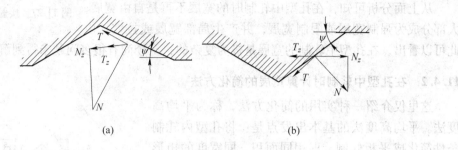

图 11-25　孔型侧壁斜度的影响作用
（a）凹形孔；（b）凸形孔

凸形孔型的影响如图 11-25（b）所示的切入孔，像凸形工具那样，在切入孔中，横向变形阻力为

$$T_z - N_z = N(f\cos\psi - \sin\psi)$$

由此可见，在凸形孔型中轧制时将产生强制宽展。

11.4.1.3　轧件与轧辊接触的非同时性使变形区长度沿轧件宽度是变化的

图 11-26 清楚地表明了这一点。轧件与轧辊首先在 A 点局部接触，随着轧件继续进入变形区，在 B 点开始接触，直到最边缘 C 点及 D 点。因轧件沿变形区宽度与轧辊非同时接触，一般叫做接触非同时性。如图 11-26 所示，轧件与轧辊接触由 A 点到 B 点，由于被压缩部分较小，纵向延伸困难，金属在此处可能得到局部宽展。当接触到 C 点，压缩面积已比未压缩面积大了若干倍，此时，未受压缩部分金属受到压缩部分金属的作用而延伸；相反，压缩部分延伸受到未压缩部分的抑制，但是宽展增加得不太明显。当接近 D 点时，由于两侧部分高度很小，可得到大的延伸。

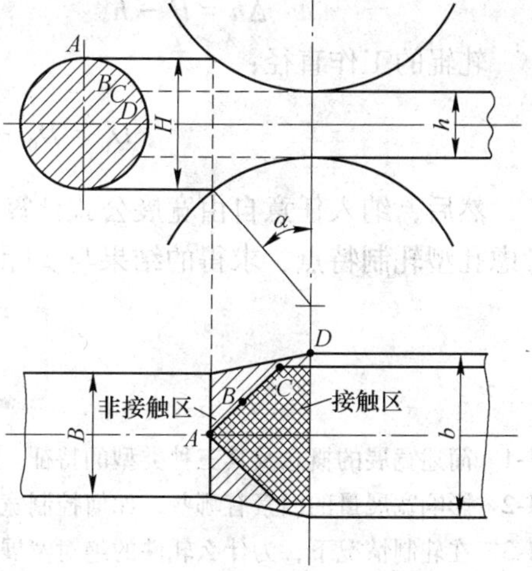

图 11-26　接触的非同时性

11.4.1.4　轧制时速度差对宽展的影响

当在轧辊上刻有孔型时，则轧辊直径沿宽度方向不再相同，如图 11-27 所示，在圆形孔型中，孔型边部的直径为 D_1，孔型底部的辊径为 D_2，两者的差值为：

$$D_1 - D_2 = h - S$$

在同一转速下，D_1 的线速度 v_1 要大于 D_2 的线速度 v_2，这样就形成速度差 $\Delta v = v_1 - v_2$。但由于轧件是一个整体，其出口速度相同，这就必然造成轧件中部和边部的相互拉扯，如果中部体积大于边部的，则边部金属拉不动中部的，就会导致宽展的增大，同时这种速度差又会引起孔型磨损的不均匀。

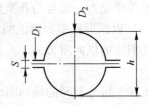

图 11-27 接触的非同时性

从上面分析可知，在孔型中轧制时的宽展不再是自由宽展，大部分成为强制宽展或限制宽展，并产生局部宽展或拉缩。由此可以看出，在孔型中轧制的宽展是极为复杂的，至今尚有很多问题未得到解决。

11.4.2　在孔型中轧制时计算宽展的简化方法

这里仅介绍一种实用的简化方法，称为平均高度法。平均高度法的基本出发点是：将孔型内轧制条件简化成平板轧制，即用同面积、同宽度的矩形代替曲线边的轧件，如图 11-28 所示。

未入孔型轧制前的轧件平均高度：

$$\overline{H} = \frac{F_0}{B}$$

轧制后轧件的平均高度：

$$\overline{h} = \frac{F}{b}$$

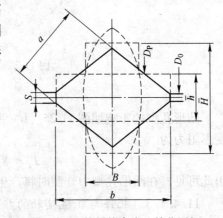

图 11-28　按平均高度法简化图解

轧件的平均压下量：

$$\Delta \overline{h} = \overline{H} - \overline{h}$$

轧辊的工作直径：

$$\overline{D}_{\mathrm{p}} = D_0 - \overline{h} + S = D_0 - \frac{F}{b} + S$$

然后，纳入任意自由宽展公式计算，并认为此宽展就是孔型中的宽展。显然，由于未考虑孔型轧制特点，求得的结果与实际相比必然有一定的出入。

习　题

11-1　简述宽展的概念及其三种类型的特征。

11-2　影响宽展量的因素有哪些，如何控制宽展量的大小？

11-3　在轧制情况下，为什么轧件的绝对宽展量较延伸量小得多？

11-4　试述宽展的常用计算公式，及其应用条件。

11-5　分析板材轧制时宽展量随轧件宽度的变化情况，并说明原因。

11-6　在轧制过程中，增加摩擦系数会使宽展如何变化？

11-7　当总压下量一定时，多道次与少道次的宽展是否一样，为什么？

11-8　判断：

（1）轧件宽度增加，宽展量增大。

（2）在板带钢轧制时，前后张力的加大，使宽展减小。

（3）宽展随轧辊与轧件间摩擦系数的增加而增加。

（4）在其他条件不变的情况下，随着轧辊直径的增加，宽展值加大。

（5）坯料宽度是影响宽展的主要因素。

11-9　单向选择

（1）轧制时当压下量增加，其他条件不变时，轧件的宽展将（　　）。

    A. 增加　　　　　　B. 不变　　　　　　C. 减小

（2）按金属质点横向流动的自由程度，孔形中轧制时的宽展常为（　　）。

    A. 自由宽展　　　　B. 限制宽展　　　　C. 强迫宽展

（3）总压下量和其他工艺条件相同，采用下列（　　）的方式自由宽展总量增大。

    A. 轧制 4 道次　　　B. 轧制 6 道次　　　C. 轧制 8 道次

（4）轧制过程中外摩擦力增大将使轧件的（　　）减小。

    A. 滑动宽展　　　　B. 翻平宽展　　　　C. 鼓形宽展

（5）影响宽展的主要因素是（　　）。

    A. 摩擦系数　　　　B. 压下量　　　　　C. 轧件温度

（6）在轧件宽度较小时，轧件宽度增大，宽展量将随之（　　）。

    A. 增加　　　　　　B. 不变　　　　　　C. 减小

（7）在轧制过程中，钢坯在平辊上轧制时，其宽展属于（　　）。

    A. 自由宽展　　　　B. 强迫宽展　　　　C. 约束宽展

12 轧制过程中的前滑和后滑

【学习要点】

(1) 前滑和后滑的概念：

前滑
$$S_h = \frac{V_h - V}{V} \times 100\%$$

后滑
$$S_H = \frac{V\cos\alpha - V_H}{V\cos\alpha} \times 100\%$$

前滑值的测量
$$S_h = \frac{V_h t - Vt}{Vt} = \frac{L_h - L_H}{L_H}$$

(2) 中性角 γ 的概念与计算：

$$\gamma = \frac{\alpha}{2}\left(1 - \frac{\alpha}{2f}\right)$$

(3) 前滑的计算公式：

芬克前滑公式
$$S_h = \frac{(D\cos\gamma - h)(1 - \cos\gamma)}{h}$$

爱克伦得前滑公式
$$S_h = \frac{\gamma^2}{2}\left(\frac{D}{h} - 1\right)$$

(4) 影响前滑的因素。

12.1 轧制过程中的前滑和后滑现象

轧制时，轧件在高度方向受到压缩，高向压缩的体积，一部分向纵向流动，使轧件伸长，形成延伸；另一部分金属向横向流动，使轧件展宽，形成宽展。轧件的延伸是被压缩的金属向轧辊入口和出口两个方向流动的结果。轧制时，轧件进入轧辊的速度 V_H 小于轧辊在该处圆周速度的水平分量 $V\cos\alpha$，这种现象称为后滑现象；而在轧件出口处速度 V_h 大于轧辊在该处的圆周速度 V，这种现象称为前滑现象。在轧制理论中，通常将轧件出口速度与轧辊的圆周速度的线速度之差和轧辊圆周速度的线速度之比值称为前滑值，即：

$$S_h = \frac{V_h - V}{V} \times 100\% \tag{12-1}$$

式中　S_h——前滑值；

　　　V_h——轧件出口处的速度；

V——轧辊圆周速度。

同理,后滑值是用轧件入口处轧件的运动速度与轧辊在该处圆周速度的水平分速度的差和轧辊圆周速度水平分速度之比值来表示,即:

$$S_H = \frac{V\cos\alpha - V_H}{V\cos\alpha} \times 100\% \qquad (2\text{-}2)$$

式中 S_H——后滑值;

V_H——轧件入口处的速度。

通过实验方法也可以求出前滑值。将式(12-1)中的分子和分母分别各乘以轧制时间 t 则得:

$$S_h = \frac{V_h t - Vt}{Vt} = \frac{L_h - L_H}{L_H} \qquad (12\text{-}3)$$

事先在轧辊表面刻出距离为 L_H 的两个小坑,如图 12-1 所示。轧制后,轧件之表面出现刻痕距离 L_h,根据式(12-3)就可以计算出轧制时的前滑值。

热轧时,实测试件为冷尺寸,计算时要换算成热态尺寸,可用式(12-4)计算:

$$L_h = L_h'[1 + \alpha(t_1 - t_2)] \qquad (12\text{-}4)$$

式中 L_h'——轧件冷却后测得的长度;

t_1,t_2——轧件轧制时的温度和测量时的温度;

α——热膨胀系数,见表 12-1。

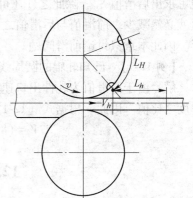

图 12-1 用刻痕法计算前滑值

表 12-1 钢的热膨胀系数

温度/℃	热膨胀系数 $\alpha \times 10^6/℃^{-1}$	温度/℃	热膨胀系数 $\alpha \times 10^6/℃^{-1}$
0~1200	15~20	0~800	13.5~17.0
0~1000	13.3~17.5		

根据式(12-3)可以看出,前滑可用长度表示,所以有人认为前滑和后滑是由于延伸的结果。

根据秒流量体积相等的条件,则:

$$F_H V_H = F_h V_h \quad \text{或} \quad V_H = \frac{F_h}{F_H} V_h = \frac{V_h}{\lambda}$$

将式(12-1)改写成:

$$V_h = V(1 + S_h) \qquad (12\text{-}5)$$

将式(12-5)代入 $V_H = \dfrac{V_h}{\lambda}$ 中,得:

$$V_H = \frac{V}{\lambda}(1 + S_h) \qquad (12\text{-}6)$$

由式(12-2)可知:

$$S_H = 1 - \frac{V_H}{1 - \cos\alpha} = 1 - \frac{V(1 + S_h)}{\lambda V \cos\alpha}$$

或

$$\lambda = \frac{1 + S_h}{(1 - S_H)\cos\alpha} \tag{12-7}$$

由式（12-5）~式（12-7）可知，前滑和后滑是延伸的组成部分。当延伸系数 λ 和轧辊圆周速度 V 已知时，轧件进出轧辊的实际速度 V_H 和 V_h 取决于前滑值 S_h；或知道前滑值便可求出后滑值 S_H。除此之外还可以看出，当 λ 和咬入角 α 一定时，前滑值增加，后滑值就必然减少。前滑值与后滑值之间存在上述关系，所以搞清楚前滑问题，后滑也就清楚了。因此本章只讨论前滑问题。

【例 12-1】 已知轧辊的圆周线速度为 3m/s，前滑值为 8%，试求轧制速度。

解： 由于前滑值为轧件出口速度与轧辊的圆周速度的线速度之差和轧辊圆周速度的线速度之比值。因此，根据式（12-1）可得：

$$V = (8\% + 1) \times 3\text{m/s} = 3.24\text{m/s}$$

12.2　中性角的确定

欲确定轧制过程中前滑值的大小，必须找出轧制过程中轧制参数与前滑的关系，其中首先应知道中性面的位置，即中性角的大小。

为确定中性面的位置（即确定中性角的大小），首先研究轧件在变形区内受力情况。如图12-2 所示，因为该轧制过程属于简单轧制条件，故图 12-2 轧件受力状态只画了上面的一半，表示轧辊作用在轧件表面上的径向单位压力值，并在轧辊与轧件的接触表面均匀分布，即 $P_x =$ 常数。表示作用在轧件接触表面上的单位摩擦力值，而接触表面上各点摩擦系数 f 均相等，即 $f=$ 常数，此时摩擦力 $t=fP_x=$ 常数。在变形区内接触表面只存在前滑和后滑，没有黏着，同时忽略轧件的宽展。由于在前后滑区内金属力图相对轧辊表面产生滑动，且方向不同，于是摩擦力的方向不同，即都指向中性面。

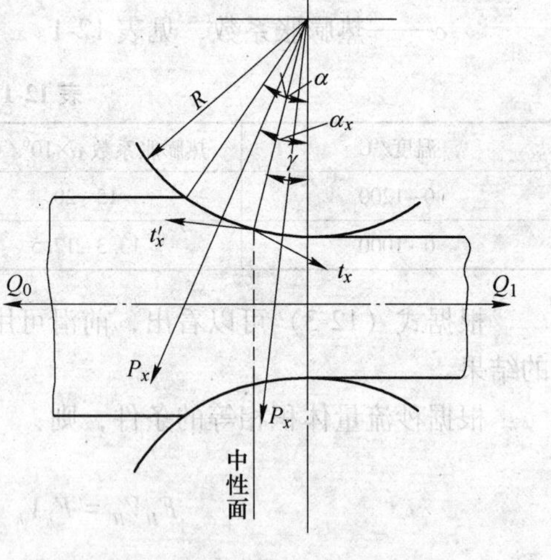

图 12-2　单位压力 P_x 与单位摩擦力 t
的作用方向图

P_x—单位压力；t_x—后滑区单位摩擦力；
t_x'—前滑区单位摩擦力

设轧件上均作用前张力 Q_1 和后张力 Q_0，根据力平衡条件，轧制时作用力的水平分量之和为零，即 $\sum x = 0$，得：

$$-\int_0^\alpha P_x \sin\alpha_x R\mathrm{d}\alpha_x + \int_\gamma^\alpha fP_x \sin\alpha_x R\mathrm{d}\alpha_x - \int_0^\gamma fP_x \cos\alpha_x R\mathrm{d}\alpha_x + \frac{Q_1 - Q_0}{2\bar{b}} = 0$$

式中 P_x——单位压力；

$\bar{b}$——轧件的平均宽度，$\bar{b} = \dfrac{B + b}{2}$；

Q_1，Q_0——作用在轧件上的前后张力；

α——咬入角度；

α_x——任意断面的咬入角度（接触弧角度）。

根据假设，$P_x = $常数，消去并积分：

$$\sin\gamma = \frac{\sin\alpha}{2} - \frac{1 - \cos\alpha}{2f} + \frac{Q_1 - Q_0}{4fP_xRb}$$

当 α 很小时，$\sin\dfrac{\alpha}{2} \approx \dfrac{\alpha}{2}$，$1 - \cos\alpha = 2\sin^2\dfrac{\alpha}{2}$，$\sin\gamma \approx \gamma$，$f = \tan\beta \approx \beta$，得出方程：

$$\gamma = \frac{\alpha}{2}\left(1 - \frac{\alpha}{2\mu}\right) + \frac{1}{4fP_xRb}(Q_1 - Q_0) \tag{12-8}$$

式（12-8）为带有前后张力时的中性角公式。当 $Q_1 = Q_0$ 或者 $Q_1 = Q_0 = 0$ 时，可由式（12-8）导出无前后张力或前后张力相等的中性角公式，即：

$$\gamma = \frac{\alpha}{2}\left(1 - \frac{\alpha}{2f}\right)$$

或

$$\gamma = \frac{\alpha}{2}\left(1 - \frac{\alpha}{2\beta}\right) \tag{12-9}$$

根据式（12-8）和式（12-9）可以确定中性角的位置，而且，该公式反映了轧制过程中 3 个特征角（α、β、γ）之间的关系。由图 12-3 可以清楚地看出摩擦系数越大，中性角越大，前滑区也越大，同时中性角与咬入角呈抛物线关系。欲求中性角的最大值，可对中性角方程式（12-9）求导，并令其导数为零，即：

$$\frac{d\gamma}{d\alpha} = \frac{1}{2} - \frac{\alpha}{2f} = 0$$

当 $\alpha = \beta$ 时，$\gamma_{max} = \dfrac{\alpha}{4}$，此时前滑区最大

可达到整个变形区的 $\dfrac{1}{4}$。

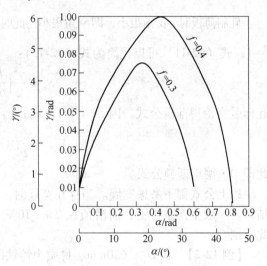

图 12-3 中性角与咬入角的关系

当 $\alpha = 0$ 或 $\alpha = 2\beta$ 时，$\gamma = 0$ 为最小值。此时无前滑仅有后滑，这种情况是不可能的。因为在此情况咬入条件不能满足，轧制过程不能建立。

12.3 前滑值的计算公式

计算前滑值时，必须对轧制过程予以简化，所采用的假设与计算中性角的假定一致，

并在轧件在变形区内各横断面秒流量体积相等的基础上，认为变形区出口断面金属的秒流量体积等于中性面处金属的秒流量体积，由此得出：

$$V_h h = V_r h_r \quad \text{或} \quad V_h = V_r \frac{h_r}{h} \tag{12-10}$$

式中 V_h，V_r——轧件出口处和中性面的水平速度；

h，h_r——轧件出口处和中性面的高度。

因为 $V_r = V\cos\gamma$，$h_r = h + D(1 - \cos\gamma)$，故由式（12-10）得出：

$$\frac{V_h}{V} = \frac{h_r \cos\gamma}{h} = \frac{h + D(1 - \cos\gamma)}{h}\cos\gamma$$

由前滑的定义得：

$$S_h = \frac{V_h - V}{V} = \frac{V_h}{V} - 1$$

将前面的 V_h/V 代入上式得：

$$S_h = \frac{h + D(1 - \cos\gamma)}{h}\cos\gamma - 1 = \frac{D(1 - \cos\gamma)\cos\gamma - h(1 - \cos\gamma)}{h}$$

$$= \frac{(D\cos\gamma - h)(1 - \cos\gamma)}{h} \tag{12-11}$$

此式即为 E·芬克前滑公式。此式反映了轧辊直径 D、轧件出口处厚度 h 及中性角 γ 等主要工艺参数对前滑值的影响。

轧制薄板时，α 角很小，即 γ 角很小。此时令 $\sin\frac{\gamma}{2} \approx \frac{\gamma}{2}$，$1 - \cos\gamma = 2\sin^2\frac{\gamma}{2} = \frac{\gamma^2}{2}$，$\cos\gamma \approx 1$，式（12-11）可以化简为式（12-12）：

$$S_h = \frac{\gamma^2}{2}\left(\frac{D}{h} - 1\right) \tag{12-12}$$

此即爱克伦得前滑公式。因 $D/h \gg 1$，则式（12-12）可变为：

$$S_h = \frac{\gamma^2}{2} \times \frac{D}{h} = \frac{\gamma^2}{h}R \tag{12-13}$$

此即 D·德里斯顿公式。

以上公式都不考虑宽展。当存在宽展时，实际上得到的前滑值将小于上述公式所得的结果。一般生产条件下，前滑值在 2%～10%之间波动，但在某些特殊情况下也可能超出此范围。

【例 12-2】 在 $D = 650$mm、材质为铸铁的轧辊上，将 $H = 100$mm 的低碳钢轧成 $h = 70$mm 的轧件，轧辊圆周速度为 $v = 2$m/s。轧制温度 $t = 1100$℃，计算前滑值。

解：（1）计算咬入角：

$$\Delta h = H - h = 100 - 70 = 30\text{mm}$$

$$\alpha = \arccos\left(1 - \frac{\Delta h}{D}\right) = \arccos\left(1 - \frac{30}{650}\right) = 17.5° = 0.31\text{rad}$$

（2）计算摩擦角：

按已知条件查得 $\quad k_1 = 0.8$，$\quad k_2 = k_3 = 1$

计算摩擦系数得 $\quad f = k_1 k_2 k_3(1.05 - 0.0005t)$

$$= 0.8 \times 1 \times 1 \times (1.05 - 0.0005 \times 1100) = 0.4$$

摩擦角为 $\quad\quad\quad \beta = \arctan f = \arctan 0.4 = 21.8° = 0.38 \mathrm{rad}$

（3）计算中性角：

$$\gamma = \frac{\alpha}{2}\left(1 - \frac{\alpha}{2\beta}\right) = \frac{0.31}{2} \times \left(1 - \frac{0.31}{2 \times 0.38}\right) \approx 0.09\mathrm{rad} = 5.16°$$

（4）计算前滑值：

用芬克公式计算

$$S_h = \frac{(1 - \cos\gamma)(D\cos\gamma - h)}{h} = \frac{(1 - \cos 5.16°)(650 \times \cos 5.16° - 70)}{70} = 3.34\%$$

用爱克伦得公式计算

$$S_h = \frac{\gamma^2}{2} \cdot \left(\frac{D}{h} - 1\right) = \frac{0.09^2}{2} \times \left(\frac{650}{70} - 1\right) \approx 3.36\%$$

用德里斯顿公式计算

$$S_h = \frac{R}{h} \cdot \gamma^2 = \frac{650}{2 \times 70} \times 0.09^2 = 3.76\%$$

【例 12-3】 某热连轧机精轧机组成品轧机 F6 工作辊由于掉肉导致成品出现凸起缺陷。已知 F6 轧机的上下工作辊直径为 700mm，轧件出口厚度为 6.0mm，中性角 $\gamma = 2°$。计算成品带钢上两个相邻的凸起之间的距离 L_h（忽略宽展及温度变化引起的热胀冷缩）。

解：按德里斯顿公式计算前滑值：

$$S_h = \frac{R}{h} \cdot \gamma^2 = \frac{700/2}{6} \times \left(2 \times \frac{3.14}{180}\right)^2 \approx 7.1\%$$

由公式 $\quad\quad\quad\quad\quad S_h = \frac{L_h - L}{L} \times 100\%$

得 $\quad\quad\quad L_h = (1 + S_h) \times L = (1 + 7.1\%) \times 3.14 \times 700 \approx 2354\mathrm{mm}$

12.4 影响前滑的因素

很多实验研究和生产实践表明，影响前滑的因素很多。总的来说主要有以下几个因素：压下率、轧件厚度、摩擦系数、轧辊直径、前后张力、孔型形状等，凡是影响这些因素的参数都将影响前滑值的变化。

12.4.1 压下率对前滑的影响

由图 12-4 的实验结果可以看出，前滑均随相对压下量增加而增加，而且当 $\Delta h =$ 常数时，前滑增加更为显著。

形成以上现象的原因为：相对压下量增加，即高向移位体积增加。当 $\Delta h =$ 常数时，相对压下量的增加是靠减小轧件厚度 H 或 h 完成，咬入角 α 并不增大，在摩擦系数不变化时，此时 γ/α 值不变化，即剩余摩擦力不变化，前后滑区在变形区中所占比例不变，即前后滑值均随 $\Delta h/H$ 值以相同的比例增大。而 $h =$ 常数或 $H =$ 常数时，相对压下量增加是由增加 Δh，即增加咬入角 α 的途径完成的，此时 γ/α 值将减小，这标志着剩余摩擦力减小，此时延伸变形增加，但主要是由后滑的增加来完成的，前滑的增加速度与 $\Delta h =$ 常数的情况相比要缓慢得多。

12.4.2 轧件厚度对前滑的影响

图 12-5 所示的实验结果表明，当轧后厚度 h 减小时，前滑增大。

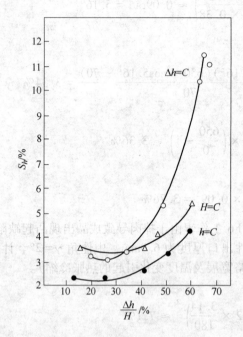

图 12-4 压下率与前滑的关系
（普碳钢轧制温度为 1000℃，D 为 400mm 时）

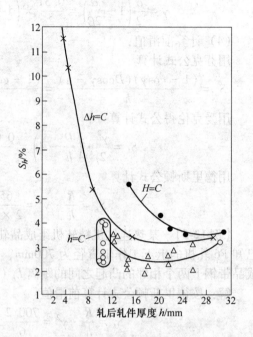

图 12-5 轧件轧后的厚度与前滑的关系
（铅试样，$\Delta h = 1.2$mm，$D = 158.5$mm）

当 $\Delta h =$ 常数时，前滑值增加的速度比 $H =$ 常数时要快。因为在 H、h、Δh 三个参数中，不论是以 $H =$ 常数或以 $\Delta h =$ 常数，h 减小都意味着相对压下量增加，轧件轧后厚度对前滑的影响，实质上可归结为相对压下量对前滑的影响。

12.4.3 轧件宽度对前滑的影响

如图 12-6 所示，前滑随轧件宽度变化的规律是，当宽度小于一定值时（在此试验条件下是小于 40mm 时），随宽度增加前滑值也增加；而宽度超过此值后，宽度再增加，前滑不再增加。

因宽度小于一定值时，宽度增加、宽展减小，延伸变形增加，在 α、f 不变的情况下，前后滑都应增加；而在宽度大于一定值后，宽度增加、宽展不变，延伸也为定值，在 γ/α 值不变时，前滑值亦不变。

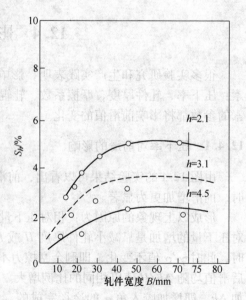

图 12-6 轧件宽度对前滑的影响
（铅试样，$\Delta h = 1.2$mm，$D = 158.3$mm）

12.4.4 轧辊直径对前滑的影响

图 12-7 所示为轧辊直径对前滑的影响实验结果表明，前滑随轧辊直径增大而增大。

此实验结果可从两方面解释：

（1）轧辊直径增大，咬入角减小，在摩擦系数不变时剩余摩擦力增大。

（2）实验中当 $D>400mm$ 时，随辊径增加前滑增加的速度减慢。因为辊径增加伴随着轧制速度增加，摩擦系数随之而减小，使剩余摩擦力有所减小；同时，辊径增大导致宽展增大，延伸系数相应减小。上述因素共同作用，使前滑增加速度放慢。

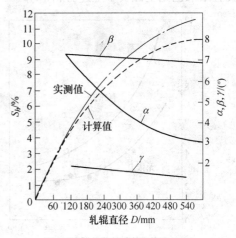

图 12-7 辊径对前滑值的影响

12.4.5 摩擦系数对前滑的影响

实验证明，在压下量和其他工艺参数相同的条件下，摩擦系数 f 越大，其前滑值越大。这是由于摩擦系数增大引起剩余摩擦力增大，因而前滑值增大。利用前滑公式同样可以证明摩擦系数对前滑的影响，由公式可以看出摩擦系数增大将导致中性角 γ 增大，因此前滑也增大。如图 12-8 所示。同时，实验已证明，凡是影响摩擦系数的因素，如轧辊材质、轧件化学成分、轧制温度、轧制速度等，都能影响前滑的大小。图 12-9 所示为轧制温度对前滑的影响。可见在热轧温度范围内，在 $\Delta h/H=\varepsilon$ 不变时，随温度降低，前滑值增大，这是因为此时摩擦系数增大的缘故。

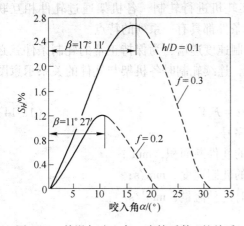

图 12-8 前滑与咬入角、摩擦系数 f 的关系

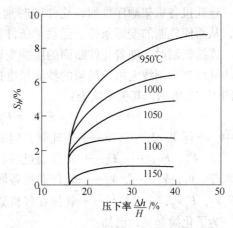

图 12-9 轧制温度、压下量对前滑的影响

12.4.6 张力对前滑的影响

图 12-10 所示为轧件轧后厚度与前滑的关系。实验证明，前张力增加时，使前滑增加、后滑减小；后张力增加时，使后滑增加、前滑减小。中性角减小（即前滑区减小），故前滑值减小。从图 12-10 还可看出张力对前滑值和后滑值的影响规律。图 12-11 所示的

实验结果也完全证实了上述分析。

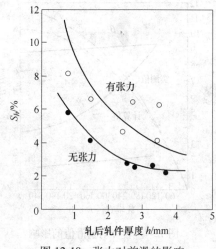

图 12-10 张力对前滑的影响

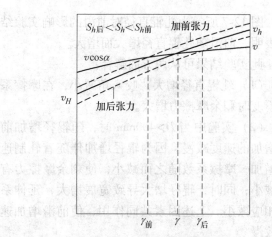

图 12-11 张力改变时速度曲线的变化

12.5 连续轧制中的前滑及有关工艺参数的确定

连续轧制在轧钢生产中所占的比重日益增大，在大力发展连轧生产的同时，对连续轧制的基本理论和一些特殊规律应加以探讨，下面围绕工艺设计方面对必要的参数进行讨论。

12.5.1 连轧关系和连轧常数

连轧机各机架顺序排列，轧件同时通过数架轧机进行轧制，各机架通过轧件相互联系，从而使轧制的变形条件、运动学条件和力学条件都具有一系列的特点。

连续轧制时，随着轧件断面的压缩变形其轧制速度递增，为保持正常的轧制条件就必须使轧件在轧制线上每一机架的秒流量维持不变，连续轧制时各机架与轧件的关系示意图如图 12-12 所示，其关系式为：

$$F_1V_1 = F_2V_2 = \cdots = F_nV_n \tag{12-14}$$

式中 下标 1，2，…，n——逆轧制方向的轧机序号；

F_1，F_2，…，F_n——轧件通过各轧机时的轧件断面积，mm^2；

V_1，V_2，…，V_n——轧件通过各轧机时的轧制速度，mm/s；

F_1V_1，F_2V_2，…，F_nV_n——轧件在各机架轧制时的秒流量，mm^3/s。

为了化简起见，已知：

$$V_1 = \frac{\pi D_1 n_1}{60}, V_2 = \frac{\pi D_2 n_2}{60}, \cdots, V_n = \frac{\pi D_n n_n}{60} \quad (mm/s) \tag{12-15}$$

将式（12-15）代入式（12-14），得：

$$F_1 D_1 n_1 = F_2 D_2 n_2 = \cdots = F_n D_n n_n \tag{12-16}$$

式中 D_1，D_2，…，D_n——各机架的轧辊工作直径，mm；

n_1，n_2，…，n_n——各机架的轧辊转速，r/min。

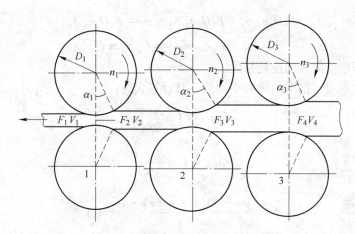

图 12-12 连续轧制是各机架与轧件的关系示意图

以 C_1，C_2，$\cdots$，C_n 代表各机架轧件的秒流量，即：

$$F_1 D_1 n_1 = C_1, F_2 D_2 n_2 = C_2, \cdots, F_n D_n n_n = C_n \qquad (12-17)$$

将式（12-17）代入式（12-16），得：

$$C_1 = C_2 = C_3 = \cdots = C_n \quad (\text{mm}^3/\text{s}) \qquad (12-18)$$

轧件在各机架轧制时的秒流量相等，并等于一常数，这个常数用 C 表示，称为连轧常数，即：

$$C_1 = C_2 = \cdots = C_n = C \quad (\text{mm}^3/\text{s}) \qquad (12-19)$$

当式（12-19）的条件被破坏就会造成拉钢或堆钢，从而破坏连轧变形平衡条件。拉钢可使轧件横断面收缩，严重时会造成轧件破断事故；堆钢可导致薄带折叠，或引起其他设备事故。

12.5.2 前滑系数和前滑值

轧件离开轧辊的速度与轧辊的线速度，由于有前滑的存在二者不相等，即轧件离开轧辊的速度大于轧辊的线速度。前滑的大小以前滑系数和前滑值表示，其计算式为：

$$\overline{S_1} = \frac{V_1'}{V_1}, \overline{S_2} = \frac{V_2'}{V_2}, \cdots, \overline{S_n} = \frac{V_n'}{V_n} \qquad (12-20)$$

$$S_{h_1} = \frac{V_1' - V_1}{V_1} = \frac{V_1'}{V_1} - 1 = \overline{S_1} - 1, S_{h_2} = \overline{S_2} - 1, \cdots, S_{h_n} = \overline{S_n} - 1 \qquad (12-21)$$

式中 $\overline{S_1}$，$\overline{S_2}$，$\cdots$，$\overline{S_n}$——轧件在各机架的前滑系数；

V_1'，V_2'，$\cdots$，V_n'——轧件实际离开轧辊的速度，mm/s；

V_1，V_2，$\cdots$，V_n——各机架的轧辊线速度，mm/s；

S_{h_1}，S_{h_2}，$\cdots$，S_{h_n}——各机架的前滑值。

考虑到前滑的存在，则轧件在各机架轧制时的秒流量为：

$$F_1 V_1' = F_2 V_2' = \cdots = F_n V_n' \quad (\text{mm}^3/\text{s}) \qquad (12-22)$$

及 $$F_1 V_1 \overline{S_1} = F_2 V_2 \overline{S_2} = \cdots = F_n V_n \overline{S_n} \quad (\text{mm}^3/\text{s}) \qquad (12-23)$$

则式（12-17）和式（12-18）可变为：

$$F_1 D_1 n_1 \overline{S_1} = F_2 D_2 n_2 \overline{S_2} = \cdots = F_n D_n n_n \overline{S_n} \qquad (12\text{-}24)$$

$$C_1 \overline{S_1} = C_2 \overline{S_2} = \cdots = C_n \overline{S_n} = C' \qquad (12\text{-}25)$$

式中　C'——考虑前滑后的连轧系数。

在孔型中轧制时，前滑值常取平均值，其计算式为：

$$\overline{\gamma} = \frac{\overline{\alpha}}{2}\left(1 + \frac{\overline{\alpha}}{2\beta}\right) \qquad (12\text{-}26)$$

$$\cos\overline{\alpha} = 1 - \frac{\overline{H} - \overline{h}}{\overline{D}} \qquad (12\text{-}27)$$

$$\overline{S_h} = \frac{\cos\overline{\gamma}\left[\overline{D}(1 - \cos\overline{\gamma}) + \overline{h}\right]}{\overline{h}} + 1 \qquad (12\text{-}28)$$

式中　$\overline{\gamma}$——变形区中性角的平均值；

　　　$\overline{\alpha}$——咬入角的平均值；

　　　β——摩擦角，一般为 $21° \sim 27°$；

　　　$\overline{D}$——轧辊工作直径的平均值，mm；

　$\overline{H}, \overline{h}$——轧件轧前轧后高度的平均值，mm；

　　　$\overline{S_h}$——轧件在任意机架的平均前滑值。

12.5.3　堆拉系数和堆拉率

在连续轧制生产过程中，维持理论上的秒流量体积相等是很困难的。为了使轧制过程能顺利进行，常常采用堆钢或拉钢的生产操作技术。一般对线材连续轧机机组与机组之间采用堆钢轧制，而轧机机组内机架与机架之间采用拉钢轧制，即张力轧制。

12.5.3.1　堆拉系数

堆拉系数是堆钢或拉钢的一种表示方法。以 K 为堆拉系数时：

$$\frac{C_1 \overline{S_1}}{C_2 \overline{S_2}} = K_1, \frac{C_2 \overline{S_2}}{C_3 \overline{S_3}} = K_2, \cdots, \frac{C_n \overline{S_n}}{C_{n+1} \overline{S_{n+1}}} = K_n \qquad (12\text{-}29)$$

式中　$K_1, K_2, \cdots, K_n$——各机架连轧时的堆拉系数。

当 K 值小于 1 时，表示堆钢轧制。连续线材轧制时，机组与机组之间根据活套大小来调节直流电动机的转数，继而控制堆钢系数。

当 K 值大于 1 时，表示拉钢轧制。连续线材轧制时，粗轧和中轧机组之间的拉钢系数一般在 1.02~1.04 之间；精轧机组根据轧机结构形式的不同而不同，一般控制在 1.005~1.02 之间。

将式（12-29）移项得：

$$C_1 \overline{S_1} = K_1 C_2 \overline{S_2}, C_2 \overline{S_2} = K_2 C_3 \overline{S_3}, \cdots, C_n \overline{S_n} = K_n C_{n+1} \overline{S_{n+1}} \quad (\text{mm}^3/\text{s}) \qquad (12\text{-}30)$$

由式（12-30）考虑堆钢和拉钢的连轧关系，得：

$$C_1 \overline{S_1} = K_1 C_2 \overline{S_2} = K_1 K_2 C_3 \overline{S_3} = \cdots = K_1 K_2 \cdots K_n C_{n+1} \overline{S_{n+1}} \quad (\text{mm}^3/\text{s}) \qquad (12\text{-}31)$$

12.5.3.2　堆拉率

堆拉率是堆钢或拉钢的另一种表示方法，也是常采用的方法，用 ε 表示堆拉率时：

$$\frac{C_1\,\overline{S_1} - C_2\,\overline{S_2}}{C_2\,\overline{S_2}} \times 100 = \varepsilon_1, \quad \frac{C_2\,\overline{S_2} - C_3\,\overline{S_3}}{C_3\,\overline{S_3}} \times 100 = \varepsilon_2, \cdots, \frac{C_n\,\overline{S_n} - C_{n+1}\,\overline{S_{n+1}}}{C_{n+1}\,\overline{S_{n+1}}} \times 100 = \varepsilon_n$$

$$(12\text{-}32)$$

当 ε 为正值时表示拉钢轧制，当 ε 为负值时为堆钢轧制。

将式（12-32）移项得：

$$(C_1\,\overline{S_1} - C_2\,\overline{S_2}) \times 100 = C_2\,\overline{S_2}\varepsilon_1, \quad (C_2\,\overline{S_2} - C_3\,\overline{S_3}) \times 100 = C_3\,\overline{S_3}\varepsilon_2, \cdots,$$

$$(C_n\,\overline{S_n} - C_{n+1}\,\overline{S_{n+1}}) \times 100 = C_{n+1}\,\overline{S_{n+1}}\varepsilon_n$$

$$C_1\,\overline{S_1} = C_2\,\overline{S_2}\left(1 + \frac{\varepsilon_1}{100}\right), \quad C_2\,\overline{S_2} = C_3\,\overline{S_3}\left(1 + \frac{\varepsilon_2}{100}\right), \cdots,$$

$$C_n\,\overline{S_n} = C_{n+1}\,\overline{S_{n+1}}\left(1 + \frac{\varepsilon_n}{100}\right) \quad (\text{mm}^3/\text{s}) \tag{12-33}$$

由式（12-30）和式（12-33）可得出堆拉系数和堆拉率的关系式：

$$(K_n - 1) \times 100 = \varepsilon_n \quad (\%)$$

由上可知，连续轧制过程中，要维持正常的连续生产，必须保持秒流量体积相等，或者是前一机架轧件出辊速度必须等于后一机架的入辊速度。但是由于前滑的影响，连轧常数已发生了新的变化，在堆钢和拉钢轧制的操作条件下，又建立了一种新的平衡关系。

习　题

12-1　什么叫前滑与后滑，它是如何产生的？

12-2　何谓中性角，它是如何确定的，中性角、咬入角和摩擦角三者的关系如何？

12-3　为什么有宽展时的前滑值较无宽展时的大？

12-4　何为连轧系数？试推导连轧系数。

12-5　张力在连轧过程中是如何进行自我调节的？

12-6　什么叫堆拉系数和堆拉率，它们的大小说明什么问题？

12-7　若轧辊圆周速度为 3m/s，轧件入辊速度为 2m/s，延伸系数为 1.8，计算前滑值（忽略宽展）。

12-8　在轧辊直径 $D = 400\text{mm}$ 的轧机上，将 $H = 10\text{mm}$ 的带坯经一道次轧成 $h = 7\text{mm}$ 的带钢。此时用辊面刻痕法测得前滑值为 7.5%，计算该轧制条件的摩擦系数。

12-9　某轧机辊径 $D = 360\text{mm}$，轧件入口厚度 $H = 5.1\text{mm}$，出口厚度 $h = 4.2\text{mm}$，摩擦系数 $f = 0.25$，求无张力轧制时的咬入角 α、中性角 γ 及前滑值。

12-10　判断：

（1）轧制时轧辊直径增大，前滑值将减小。

（2）前滑区内金属的质点水平速度小于后滑区内质点水平速度。

（3）前张力增加，金属向前流动的阻力减小，使前滑值增加。

（4）压下量增加，宽展量增加，轧件前滑值减小。

（5）摩擦系数增加，前滑值和宽展量都将增大。

（6）咬入角增加，中性角将增大。

（7）由于变形金属是一个整体，所以在变形区内各金属质点的流动速度都相同。

13 轧制过程力能参数的计算

【学习要点】

（1）卡尔曼微分方程的假设条件、卡尔曼微分方程的建立及其采里柯夫解。

（2）奥罗万单位压力微分方程和西姆斯单位压力公式；斯通单位压力微分方程及其单位压力公式。

（3）轧制压力的工程计算法。轧制总压力计算公式的一般形式：

$$P = \int_0^l p_x \frac{\mathrm{d}x}{\cos\varphi}\cos\varphi + \int_{l_r}^l t_x \frac{\mathrm{d}x}{\cos\varphi}\sin\varphi - \int_0^{l_r} t_x \frac{\mathrm{d}x}{\cos\varphi}\sin\varphi$$

$$P = \bar{p}F, \quad \bar{p} = \frac{1}{F}\int_0^l p_x \mathrm{d}x$$

（4）轧制时金属实际变形抗力的确定。

（5）平均单位压力的计算方法。

（6）轧机传动力矩的组成：

$$M = \frac{M_z}{i} + M_m + M_k + M_d$$

（7）轧制力矩的确定：

$$M_z = 2Pa = 2P\varphi l_j$$

（8）轧机主电机的功率计算：

$$N = \frac{0.105 M_{jum} \cdot n}{\eta}$$

13.1 计算轧制单位压力的理论

13.1.1 沿接触弧单位压力的分布规律

研究单位压力在接触弧上的分布规律，对于从理论上正确确定金属轧制时的力能参数——轧制力、传动轧辊的转矩和功率具有重大意义。因为计算轧辊及工作机架的主要零件的强度和计算传动轧辊所需的转矩及电机功率，一定要了解金属作用在轧辊上的总压力，而金属作用在轧辊上的总压力大小及其合力作用点位置完全取决于单位压力值及其分布特征。

确定平均单位压力的方法归结起来有 3 种。

13.1.1.1 理论计算法

该法建立在理论分析基础上，用计算公式确定单位压力。通常，都要先确定变形区内单位压力分布形式及大小，然后再计算平均单位压力。

13.1.1.2 实测法

在轧钢机上放置专门设计的压力传感器，将压力信号转换成电信号，通过放大或直接送往测量仪表将其记录下来，获得实测的轧制压力资料。用实测的轧制总压力除以接触面积，即可求出平均单位压力。

13.1.1.3 经验公式和图表法

根据大量的实测统计资料，进行一定的数学处理，抓住一些主要影响因素，建立经验公式或图表。

目前，上述方法在确定平均单位压力时都得到广泛的应用，它们各有优缺点。理论方法虽然是一种较好的方法，但理论计算公式目前尚有一定局限性，还没有建立起包括各种轧制方式、条件和钢种的高精度公式，因而应用起来比较困难，并且计算烦琐。而实测方法若在相同的实验条件下应用，可以得到较为满意的结果，但它受到实验条件的限制。总之，目前计算平均单位压力的公式很多，参数选用各异，而各公式又都具有一定的适用范围，因此计算平均单位压力时，根据不同情况上述方法都可采用。下面重点介绍应用最广泛的理论计算方法。

13.1.2 计算单位压力的 T. 卡尔曼微分方程

利用卡尔曼微分方程计算单位压力是应用较普遍的一种方法，而且对此方法的研究也比较深入，很多公式都是由它派生出来的。卡尔曼单位压力微分方程是在一定的假设条件下推导的：在变形区内任意取一微分体，如图 13-1 所示，分析作用在此微分体上的各种作用力，根据力平衡条件，将各种力通过微分平衡方程联系起来，同时运用塑性方程、接触弧方程、摩擦规律及边界条件来建立单位压力微分方程，并求解。

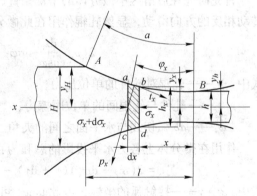

图 13-1 变形区任意微分体的受力情况

13.1.2.1 卡尔曼微分方程导出的假设条件

假设条件有以下几项：

(1) 变形区内沿轧件横断面高度方向上的各点的金属流动速度、应力及变形均匀分布。

(2) 在接触弧上摩擦系数为常数，即 $f = C$。

(3) 当 $\dfrac{\bar{b}}{h}$ 很大时，宽展很小，可以忽略不计，即 $\Delta b = 0$。

(4) 忽略轧辊压扁及轧件弹性变形的影响，但是此点在冷轧时有误差。

(5) 沿接触弧上的整个宽度上的单位压力相同，故以单位宽度为研究对象。

(6) 沿接触弧上，金属的平面变形抗力 $K = 1.15\sigma_\varphi$ 值不变化。

（7）轧制过程的主应力 $\sigma_1 > \sigma_2 > \sigma_3$，其中 $\sigma_2 = \dfrac{\sigma_1 + \sigma_3}{2}$ 为平面变形条件下的主应力条件，故塑性方程式可写成 $\sigma_1 - \sigma_3 = 1.15\sigma_\varphi = K$。

13.1.2.2　单位压力卡尔曼微分方程式的导出

A　第一步

在变形区取微分体积，由力平衡条件写出平衡方程式。

在变形区的后滑区先取一微分体积 $abcd$，其边界为两辊的柱面与垂直于轧制方向的两平面 ac 与 bd，两平面相距无限小距离 $\mathrm{d}x$。

为研究此微分体的平衡条件，将作用在此微分体上的全部作用力都投影到轧制方向（x-x 轴）上。

在微分体的右侧，对微分体 bd 面上的作用力为 $2\sigma_x y$，其中 σ_x 为 bd 截面上的平均压缩主应力，y 为 bd 截面高度的一半。

这里取轧件宽度为 1，而假设截面宽度与高度之比很大，并忽略宽展的影响。在 ac 截面上，假设平均正应力为 $\sigma_x + \mathrm{d}\sigma_x$，而截面高度的一半为 $y + \mathrm{d}y$，则微分体的左侧，对微分体 ac 面上的作用力为：

$$2(\sigma_x + \mathrm{d}\sigma_x)(y + \mathrm{d}y)$$

首先研究在后滑区中微分体的平衡条件，在后滑区中，接触面上金属的质点朝着轧辊转动相反的方向滑动，显然轧辊作用在此微分体单位宽度上的合力的水平投影力为：

$$2\left(p_x \frac{\mathrm{d}x}{\cos\varphi_x}\sin\varphi_x - t_x \frac{\mathrm{d}x}{\cos\varphi_x}\cos\varphi_x\right)$$

式中　　p_x——轧辊对轧件的单位压力；

t_x——轧件与轧辊间的单位摩擦力；

φ_x——ab 弧切线与水平面之间的夹角。

作用在微分体上各力水平投影的总和为：

$$\sum r = 2(\sigma_x + \mathrm{d}\sigma_x)(y + \mathrm{d}y) - 2\sigma_x y - 2p_x \tan\varphi_x \mathrm{d}x + 2t_x \mathrm{d}x = 0 \tag{13-1}$$

式中　　x，y——接触弧的坐标，因此 $\tan\varphi_x$ 可表示为：

$$\tan\varphi_x = \frac{\mathrm{d}y}{\mathrm{d}x}$$

将 $\tan\varphi_x$ 代入式（13-1）中，两边乘以 $\dfrac{1}{\mathrm{d}x}$ 及 $\dfrac{1}{y}$，并忽略二阶无限小，得到后滑区中微分体的平衡方程式为：

$$\frac{\mathrm{d}\sigma_x}{\mathrm{d}x} - \frac{p_x - \sigma_x}{y} \cdot \frac{\mathrm{d}y}{\mathrm{d}x} + \frac{t_x}{y} = 0 \tag{13-2a}$$

在前滑区中（即微分体 $abcd$ 接近 B 点时），微分体上与轧辊接触的质点将力求沿辊面顺轧辊转动方向滑动。显然，此时微分体的平衡条件与在后滑区中相似，只是摩擦力方向相反。因此，前滑区中微分体的平衡方程式为：

$$\frac{\mathrm{d}\sigma_x}{\mathrm{d}x} - \frac{p_x - \sigma_x}{y} \cdot \frac{\mathrm{d}y}{\mathrm{d}x} - \frac{t_x}{y} = 0 \tag{13-2b}$$

B 第二步

为解方程式（13-2a）和式（13-2b），必须求出单位压力 p_x 与应力 σ_x 之间的关系，为此引用平衡变形条件下的塑性方程式：

$$\sigma_1 - \sigma_3 = 1.15\sigma_\varphi = K \tag{13-3}$$

假设所考虑微分体上的主应力 σ_1 及 σ_3 为垂直应力和水平应力，则可写出：

$$\sigma_1 = \left(p_x \frac{\mathrm{d}x}{\cos\varphi_x}\cos\varphi_x \pm t_x \frac{\mathrm{d}x}{\cos\varphi_x}\sin\varphi_x \right) \frac{1}{\mathrm{d}x}$$

上式括号内第二项与第一项比较其值甚小，可忽略不计，于是得：

$$\sigma_1 = p \quad 与 \quad \sigma_3 \approx \sigma_x$$

由此，根据式（13-3）得：

$$p_x - \sigma_x = K \tag{13-4}$$

将此值代入式（13-2a）和式（13-2b）中，得单位压力的基本微分方程式：

$$\frac{\mathrm{d}(p_x - K)}{\mathrm{d}x} - \frac{K}{y}\frac{\mathrm{d}y}{\mathrm{d}x} \pm \frac{t_x}{y} = 0 \tag{13-5}$$

式（13-5）第三项前的正号表示后滑区，负号表示前滑区。

若忽略在变形区中从入口向出口轧件的加工硬化、不同的温度及变形速度的影响，K 值近似为常数，则式（13-5）变为如下形式：

$$\frac{\mathrm{d}p_x}{\mathrm{d}x} - \frac{K}{y}\frac{\mathrm{d}y}{\mathrm{d}x} \pm \frac{t_x}{y} = 0 \tag{13-6}$$

微分方程式（13-6）即是单位压力的卡尔曼方程的一般形式。

欲精确求得单位压力微分方程式（13-6）的通解有很大困难。因为 p_x 与 t_x 间的实际关系，不论在理论上或实验上，至今尚未完全弄清，因此至今从理论上确定的单位压力分布规律均是根据 p_x 与 t_x 间的假设关系导出的。

13.1.2.3 轧件与轧辊间的接触摩擦条件

目前，基本上有以下 3 种假定的摩擦条件。

A 干摩擦理论（即卡尔曼理论）

假设在整个接触表面上轧件对轧辊完全滑动，并服从库仑摩擦定律：

$$t_x = fp_x$$

式中 f——滑动摩擦系数。

然后，简化数学运算过程，以抛物线代替接触弧求解。

B 定摩擦理论

假设在整个接触表面上单位摩擦力是常数，即：

$$t_x = 常数$$

然后以抛物线代替接触弧求解。

C 液体摩擦理论

假设在整个接触面上轧件对轧辊完全滑动，并服从牛顿液体摩擦定律：

$$t_x = \eta \frac{\mathrm{d}v}{\mathrm{d}y}$$

式中　η——黏性系数;

　　$\dfrac{\mathrm{d}v}{\mathrm{d}y}$——在垂直于滑动表面的方向上的速度梯度。

然后,以抛物线代替接触弧求解。

以上 3 种假设的摩擦条件以干摩擦理论应用最为广泛。

13.1.3　单位压力卡尔曼微分方程的 A. И. 采里柯夫解

假设在接触弧上,轧件与轧辊间近于完全滑动,在此情况下,变形区内的接触摩擦条件基本服从于干摩擦定律(库仑摩擦定律),即:

$$t_x = fp_x \tag{13-7}$$

将此 t_x 值代入式(13-6),卡尔曼微分方程变成如下形式:

$$\frac{\mathrm{d}p_x}{\mathrm{d}x} - \frac{K}{y}\frac{\mathrm{d}y}{\mathrm{d}x} \pm \frac{f}{y}p_x = 0 \tag{13-8}$$

此线性微分方程式的一般解为:

$$p_x = \mathrm{e}^{\pm\int\frac{f}{y}\mathrm{d}x}\left(C + \int\frac{K}{y}\mathrm{e}^{\pm\int\frac{f}{y}\mathrm{d}x}\mathrm{d}y\right) \tag{13-9}$$

式中　C——常数,视边界条件而定。

此即单位压力卡尔曼微分方程的干摩擦解。

把精确的接触坐标代入式(13-9),再进一步积分时变得很复杂,计算不方便,考虑到在热轧时咬入角不大于 30°,冷轧时不大于 4°~8°,则可以把接触弧看作是某种曲线,从而可以简化式(13-9)的解。

采里柯夫把接触弧看作弦,从图 13-2 得出式(13-9)的简单解,此方程式的最后结果对于实际计算比较方便,所得误差较小。

根据采里柯夫的假定,通过 A 与 B 两点的直线方程式显然为:

$$y = \frac{\Delta h}{2l}x + \frac{h}{2} \tag{13-10}$$

此式即为轧制时接触弧对应弦的方程式。

微分后:

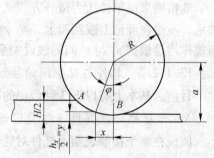

图 13-2　x 和 $h_x/2$ 的图形

$$\mathrm{d}y = \frac{\Delta h}{2l}\mathrm{d}x$$

则

$$\mathrm{d}x = \frac{2l}{\Delta h}\mathrm{d}y \tag{13-11}$$

将此 $\mathrm{d}x$ 的值代入式(13-9)得:

$$p_x = \mathrm{e}^{\pm\int\frac{\delta}{y}\mathrm{d}y}\left(C + \int\frac{K}{y}\mathrm{e}^{\pm\int\frac{\delta}{y}\mathrm{d}y}\mathrm{d}y\right) \tag{13-12}$$

式中,$\delta = \dfrac{2lf}{\Delta h}$。

积分后得到：

在后滑区
$$p_x = C_0 y^{-\delta} + \frac{K}{\delta} \tag{13-13}$$

在前滑区
$$p_x = C_1 y^{\delta} - \frac{K}{\delta} \tag{13-14}$$

按边界条件确定积分常数：

在 A 点，当 $y = \dfrac{H}{2}$，并有后张应力 q_H 时，

$$p_x = K - q_H = \xi_0 K$$

式中，$\xi_0 = 1 - \dfrac{q_H}{K}$。

在 B 点，当 $y = \dfrac{h}{2}$，并有前张应力 q_h 时，

$$p_x = K - q_h = \xi_1 K$$

式中，$\xi_1 = 1 - \dfrac{q_h}{K}$。

将 p_x 及 y 值代入式（13-13）和式（13-14）得积分常数：

$$C_0 = K\left(\xi_0 - \frac{1}{\delta}\right)\left(\frac{H}{2}\right)^{\delta} \tag{13-15}$$

$$C_1 = K\left(\xi_1 + \frac{1}{\delta}\right)\left(\frac{h}{2}\right)^{-\delta} \tag{13-16}$$

将积分常数 C_0、C_1 与 $y = \dfrac{h_x}{2}$ 代入式（13-13）和式（13-14），得单位压力分布公式的

最终结果如下：

在后滑区
$$p_x = \frac{K}{\delta}\left[(\xi_0 \delta - 1)\left(\frac{H}{h_x}\right)^{\delta} + 1\right] \tag{13-17}$$

在前滑区
$$p_x = \frac{K}{\delta}\left[(\xi_1 \delta + 1)\left(\frac{h_x}{h}\right)^{\delta} - 1\right] \tag{13-18}$$

若处于无张力轧制，并且轧件除受轧辊作用外，不承受其他任何外力的作用，则 $q_h = 0$，$q_H = 0$，这样式（13-17）与式（13-18）成为如下形式：

在后滑区
$$p_x = \frac{K}{\delta}\left[(\delta - 1)\left(\frac{H}{h_x}\right)^{\delta} + 1\right] \tag{13-19}$$

在前滑区
$$p_x = \frac{K}{\delta}\left[(\delta + 1)\left(\frac{h_x}{h}\right)^{\delta} - 1\right] \tag{13-20}$$

根据式（13-17）~式（13-20）可得图 13-3 所示接触弧上的单位压力分布图。由图 13-3 可以看出，在接触弧上单位压力的分布是不均匀的。由轧件入口开始向中性面逐渐增大，并达最大，然后减小，至出口又减至最小。而切线摩擦力（$t_x = f p_x$）在中性面上改变方向，其分布规律如图 13-3 所示。分析式（13-17）~式（13-20）可以看出，影响单位压力的主要因素有外摩擦系数、轧辊直径、压下量、轧件高度和前后张力等。单位压力与诸影响因素间的

关系从图 13-4~图 13-7 的曲线可清楚看出，分析这些定性曲线可得以下结论。

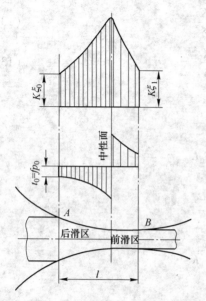

图 13-3　在干摩擦条件下（$t_x = fp_x$）
接触弧上单位压力分布图

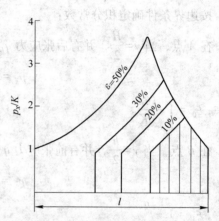

图 13-4　在平面变形条件下，
接触弧上单位压力分布图
（其他条件相同，即 $D = 200\text{mm}$，
$f = 0.2$，$h_x = 1\text{mm}$，而压下量不同）

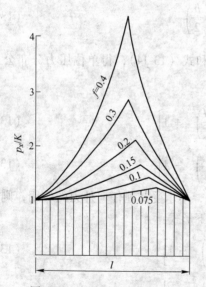

图 13-5　在平面变形条件下，
接触弧上单位压力分布图
（其他条件相同，即 $\dfrac{\Delta h}{H} = 30\%$，
$\alpha = 5°40'$，而外摩擦系数不同）

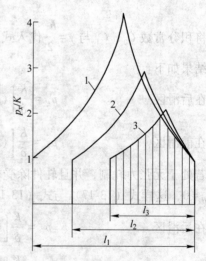

图 13-6　在平面变形条件下，辊径不同时，
接触弧上单位压力分布图
（当 $\dfrac{\Delta h}{H} = 30\%$，$f = 0.3$ 时）

1—$D = 700\text{mm}$（$D/h = 350$）；
2—$D = 400\text{mm}$（$D/h = 200$）；
3—$D = 200\text{mm}$（$D/h = 100$）

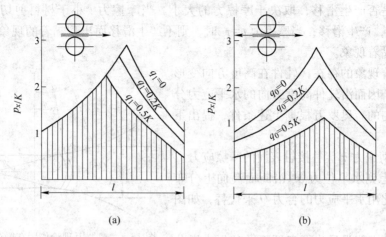

图 13-7 在平面变形条件下，不同张力值对单位压力分布的影响曲线

$$\left(\frac{\Delta h}{H}=30\%,\ f=0.2\ \text{时}\right)$$

（a）有前张力存在；（b）有前后张力存在

13.1.3.1 相对压下量对单位压力的影响

如图 13-4 所示，在其他条件一定的条件下，随相对压下量增大，接触弧长度增大，单位压力亦相应增大，在这种情况下，轧件对轧辊总压力的增大，不仅是由于接触面积增大，且由于单位压力本身亦增大。

13.1.3.2 接触摩擦系数对单位压力的影响

如图 13-5 所示，摩擦系数越大，从入口、出口向中性面单位压力增大越快，显然，轧件对轧辊的总压力因之而增大。

13.1.3.3 辊径对单位压力的影响

如图 13-6 所示，辊径对单位压力的影响与相对压下量的影响类似，随轧辊直径增大，接触弧长度增大，单位压力亦相应增大。

13.1.3.4 张力对单位压力的影响

如图 13-7 所示，采用张力轧制使单位压力显著降低，并且张力越大，单位压力越小，但不论前张力或后张力均使单位压力减小。因此，在冷轧时希望采用张力轧制。

采里柯夫单位压力公式突出的优点是反映了上述一系列工艺因素对单位压力的影响，但公式中没有考虑加工硬化的影响，而且在变形区内没有考虑黏着区的存在。以直线代替圆弧只有对冷轧薄板的情况比较接近，此时弦弧差别较小，同时冷轧薄板时黏着现象不太显著，所以在冷轧薄板情况下应用采里柯夫公式是比较准确的。

13.1.4 E. 奥罗万单位压力微分方程和 R. B. 西姆斯单位压力公式

13.1.4.1 奥罗万单位压力微分方程

奥罗万在推导单位压力微分方程时采用了卡尔曼所做的某些假设。其中主要的是假设轧件在轧制时无宽展，即轧件产生平面变形。奥罗万的假设与卡尔曼的假设最重要的区别在于，不承认接触弧上各点的摩擦系数恒定，即不认为整个变形区都产生滑移，而认为轧件与轧辊间是否产生滑移，取决于摩擦力的大小。当摩擦力 t 小于材料剪切屈服极限 τ_s（即 $t<\tau_s$）时，产生滑移；当摩擦力 $t=\tau_s$ 时，则不产生滑移而出现黏着的现象。同时认为热轧时存在黏着现象。

由于黏着现象的存在，轧件在高度方向变形是不均匀的，因而沿轧件高度方向的水平应力分布也是不均匀的。奥罗万根据上述条件，提出下面两点假设：

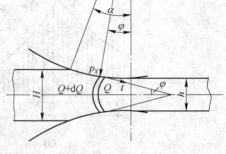

（1）用剪应力 τ 代替接触表面的摩擦应力。

（2）考虑到水平位力 σ_x 沿断面高向上分布不均匀，因此用水平应力的合力 Q 来代替，如图 13-8 所示。

图 13-8　奥罗万理论作用在微分体上的力

根据这两点假设导出了奥罗万单位压力微分方程式：

$$(Q + \mathrm{d}Q) - Q - 2p_x R\mathrm{d}\varphi\sin\varphi \pm 2tR\mathrm{d}\varphi\cos\varphi = 0$$

整理后得：

$$\frac{\mathrm{d}Q}{2} = R(p_x\sin\varphi \mp t\cos\varphi)\mathrm{d}\varphi \qquad (13-21)$$

13.1.4.2　R.B. 西姆斯单位压力公式

西姆斯在奥罗万单位压力微分方程式的基础上，又做了两点假设：

（1）把轧制看成是在粗糙的斜锤头间的镦粗，利用奥罗万对水平力 Q 分布规律的结论，即 $Q = h_x\left(p_x - \dfrac{\pi}{4}K\right)$。

（2）沿整个接触弧都有黏着现象，即 $t = \dfrac{K}{2}$。

同时又以抛物线来代替接触弧，即 $h_x = h_1 + R\varphi^2$，且取 $\sin\varphi = \varphi$，$\cos\varphi = 1$，将这些假设和几何方程式代入式（13-21）得：

$$\frac{\mathrm{d}}{\mathrm{d}\varphi}\left(\frac{p_x}{K} - \frac{\pi}{4}\right) = \frac{\pi R\varphi}{2(h + R\varphi^2)} \mp \frac{R}{h + R\varphi^2}$$

积分上式后，利用以下边界条件（无张力）：

在后滑区入辊处　　　　　　$\varphi = \alpha$，$h_x = H$，$p_x = \dfrac{\pi}{4}K$

在前滑区出辊处　　　　　　$\varphi = 0$，$h_x = h$，$p_x = \dfrac{\pi}{4}K$

得西姆斯单位压力公式：

在后滑区：$\dfrac{p_x}{K} = \dfrac{\pi}{4}\ln\dfrac{h_x}{H} + \dfrac{\pi}{4} + \sqrt{\dfrac{R}{h}}\arctan\left(\sqrt{\dfrac{R}{h}}\,\alpha\right) - \sqrt{\dfrac{R}{h}}\arctan\left(\sqrt{\dfrac{R}{h}}\,\varphi\right)$ $\qquad(13-22)$

在前滑区：$\dfrac{p_x}{K} = \dfrac{\pi}{4}\ln\dfrac{h_x}{h} + \dfrac{\pi}{4} + \sqrt{\dfrac{R}{h}}\arctan\left(\sqrt{\dfrac{R}{h}}\,\varphi\right)$ $\qquad(13-23)$

式（13-22）和式（13-23）即为西姆斯单位压力计算公式。

13. 1. 5　M. D. 斯通单位压力微分方程式及单位压力公式

13. 1. 5. 1　斯通单位压力微分方程式

斯通将轧制看成平板间的镦粗，如图 13-9 所示。斯通单位压力微分方程式：

$$(\sigma_x + d\sigma_x - \sigma_x)h_x \pm 2t_x dx = 0$$

$$\frac{d\sigma_x}{dx} = \mp \frac{2t_x}{h_x} \qquad (13\text{-}24)$$

如果接触表面摩擦规律按全滑动来考虑，即 $t_x = fp_x$，并采用近似塑性条件 $p_x - \sigma_x = K$，则式 (13-24) 变成如下形式：

$$\frac{dp_x}{p_x} = \mp \frac{2f}{h_x} dx \qquad (13\text{-}25)$$

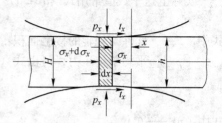

图 13-9　作用在斯通理论
微分体上的作用力

13. 1. 5. 2　斯通单位压力公式

将式 (13-25) 积分，并利用如下边界条件：

在后滑区入辊处　　　$x = \dfrac{l}{2}$, $h_x = H$, 则 $p_x = K\left(1 - \dfrac{q_0}{K}\right)$

在前滑区入辊处　　　$x = -\dfrac{l}{2}$, $h_x = h$, 则 $p_x = K\left(1 - \dfrac{q_1}{K}\right)$

得斯通单位压力公式为：

在后滑区　　　　　　$p_x = K\left(1 - \dfrac{q_0}{K}\right) e^{m\left(1 - \frac{2x}{l}\right)}$ $\qquad (13\text{-}26)$

在前滑区　　　　　　$p_x = K\left(1 - \dfrac{q_1}{K}\right) e^{m\left(1 + \frac{2x}{l}\right)}$ $\qquad (13\text{-}27)$

这里　　　　　　　　$m = \dfrac{fl}{\bar{h}}$, $\bar{h} = \dfrac{H + h}{2}$

13. 2　轧制压力的工程计算

13. 2. 1　影响轧件对轧辊总压力的因素

13. 2. 1. 1　总压力计算公式的一般形式

一般情况下，如果对沿轧件宽向上的摩擦应力和单位压力的变化忽略不计，并取轧件宽度等于 1 个单位，则轧制力可以用式 (13-28) 来表示，如图 13-10 所示。

$$P = \int_0^l p_x \frac{dx}{\cos\varphi}\cos\varphi + \int_{l_r}^l t_x \frac{dx}{\cos\varphi}\sin\varphi - \int_0^{l_r} t_x \frac{dx}{\cos\varphi}\sin\varphi$$

$$(13\text{-}28)$$

式 (13-28) 右边的第二项和第三项分别为后滑和

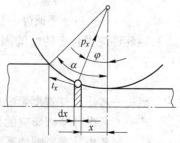

图 13-10　作用在轧辊上的力

前滑区摩擦力在垂直方向上的分力，它们与第一项相比，其值甚小，可以忽略不计，则轧制力可写成式（13-29）：

$$P = \int_0^l p_x \mathrm{d}x \tag{13-29}$$

实际上这个数值常用式（13-30）计算：

$$P = \bar{p}F \tag{13-30}$$

式中　F——轧件与轧辊的接触面积；

　　　$\bar{p}$——平均单位压力，可由式（13-31）确定：

$$\bar{p} = \frac{1}{F} \int_0^l p_x \mathrm{d}x \tag{13-31}$$

式中　p_x——单位压力。

因此，计算轧制力归根结底在于两个基本参数：

（1）计算轧件与轧辊间的接触面积；

（2）计算平均单位压力。

第一个参数，关于接触面积的数值，在大多数情况下，是比较容易确定的，因为它与轧辊和轧件的几何尺寸有关，通常可用式（13-32）确定：

$$F = l\bar{b} \tag{13-32}$$

式中　l——接触弧长度；

　　　$\bar{b}$——轧件平均宽度，它等于轧辊入辊和出辊处的宽度的平均值，即：

$$\bar{b} = \frac{B + b}{2}$$

第二个参数，关于平均单位压力的确定，较为困难，因为它取决于许多影响因素。

13.2.1.2　影响平均单位压力的因素

影响单位压力的因素很多，但诸影响因素从其对单位压力影响的本质上可以分为以下两个方面：

（1）影响轧件力学性能的因素；

（2）影响轧件应力状态特性的因素。

根据研究，属于影响轧件力学性能（简单拉、压条件下的实际变形抗力 σ_φ）的因素有金属的本性、温度、变形程度和变形速度，可写成：

$$\sigma_\varphi = n_T n_\varepsilon n_u \sigma_s \tag{13-33}$$

式中　n_T，n_ε，n_u——分别为考虑温度、变形程度和变形速度对轧件力学性能影响的系数；

　　　σ_s——普通静态机械实验条件下的金属屈服极限。

影响轧件应力状态特性的因素有外摩擦力、外端及张力等。因此，应力状态系数 n_σ 可写成：

$$n_\sigma = n_\beta n_\sigma' n_\sigma'' n_\sigma''' \tag{13-34}$$

式中　n_β——考虑轧件宽度影响的应力状态系数；

　　　n_σ'——考虑外摩擦影响的系数；

　　　n_σ''——考虑外端影响的系数；

　　　n_σ'''——考虑张力影响的系数。

轧制平均单位压力可用下列公式的一般形式表示：

$$\bar{p} = n_\sigma \sigma_\varphi \qquad (13\text{-}35)$$

或写成

$$\bar{p} = n_\beta n_\sigma' n_\sigma'' n_\sigma''' n_T n_\varepsilon n_u \sigma_s$$

式中除 n_σ''' 外，所有系数都大于 1，在有些张力大而外摩擦小的情况下，n_σ''' 可能达到 $0.7 \sim 0.8$。实际上，这一系数对单位压力影响最大，而且随轧制条件与外摩擦的变化，此系数可能在很大范围内发生变化，平均 $n_\sigma''' = 0.8 \sim 8$。

综上所述，为确定轧件对轧辊的总压力，必须求出接触面积 F、应力状态系数 n_σ 及反映轧件力学性能的实际变形抗力 σ_φ。

13.2.2　接触面积的确定

根据分析，在一般轧制情况下，轧件对轧辊的总压力作用在垂直方向上，或近似于垂直方向上，而接触面积应与此总压力作用方向垂直，故在一般实际计算中接触面积 F 并非轧件与轧辊的实际接触面积，而是实际接触面积的水平投影。习惯上称此面积为接触面积。

接触面积按不同情况可分为以下几类。

13.2.2.1　在平辊上轧制矩形断面轧件时的接触面积

板带材轧制及在矩形孔型中轧制矩形断面轧件均属于此类，下面分为三种情况予以讨论。

A　辊径相同

一个辊上的接触面积可按式（13-36）近似地计算：

$$F = \bar{b}l \qquad (13\text{-}36)$$

式中　l——变形长度，$l = \sqrt{R\Delta h}$；

　　　$\bar{b}$——在变形区轧件的平均宽度，$\bar{b} = \dfrac{B+b}{2}$。

故式（13-36）又可写成：

$$F = \frac{B+b}{2}\sqrt{R\Delta h} \qquad (13\text{-}37)$$

B　辊径不同

若两个轧辊直径不相同（板、带材轧制有此情况），则对每一个轧辊的接触面积按式（13-38）计算：

$$F = \frac{B+b}{2}\sqrt{\frac{2R_1 R_2}{R_1 + R_2}\Delta h} \qquad (13\text{-}38)$$

C　考虑轧辊的弹性压扁

在冷轧较硬合金时，由于轧辊承受轧件的高压作用，产生局部弹性压扁现象，结果使接触弧长度显著增大。

在接触弧长很小的薄板与带材轧制中，此影响非常大，有时，可使接触弧长度增大 $30\% \sim 50\%$，考虑轧辊弹性压扁的变形区长度可按式（9-14）计算。由该式可得结论：在冷轧条件下，为减小接触面积，必须力求用小辊径轧辊。因为辊径愈大，由于轧辊弹性压扁使变形区长度增大愈显著。当然，此结论对任何轧制情况均成立，但其影响不如冷轧时大。

13.2.2.2　在孔型中轧制时接触面积的确定

在孔型中轧制时，由于轧辊上有孔型，轧件进入变形区和轧辊相接触是不同时的，压下是不均匀的，因而接触面积已不再呈梯形。在这种情况下，接触面积亦可近似地按平均高度法公式（13-39）来计算，此时所取压下量和轧辊半径均为平均值 $\Delta \bar{h}$ 和 $\bar{R}$，即：

$$\Delta \bar{h} = \frac{F_H}{B} - \frac{F_h}{b} \qquad (13\text{-}39)$$

式中 F_H，F_h——分别为轧前、轧后轧件断面面积；

　　　 B，b——分别为轧前、轧后轧件的最大宽度，如图 13-11 所示。

对菱形、方形、椭圆和圆孔形进行计算时，也可采用下列关系式。

（1）菱形件进菱形孔（见图 13-11（a））：

$$\Delta \bar{h} = (0.55 \sim 0.6)(H - h)$$

（2）方形件进椭圆孔（见图 13-11（b））：

$$\Delta \bar{h} = H - 0.7h \qquad （适用于扁椭圆）$$

$$\Delta \bar{h} = H - 0.85h \qquad （适用于圆椭圆）$$

（3）椭圆件进方形孔（见图 13-11（c））：

$$\Delta \bar{h} = (0.65 \sim 0.7)H - (0.55 \sim 0.6)h$$

（4）椭圆件进圆形孔（见图 13-11（d））：

$$\Delta \bar{h} = 0.85H - 0.79h$$

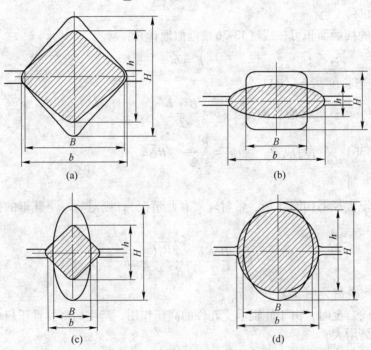

（a）　　　　　　　　（b）

（c）　　　　　　　　（d）

图 13-11 在孔型中轧制的压下量

为了计算延伸孔型的接触面积，可采用下列近似式计算：

由椭圆轧成方形　　　　$F = 0.75b\sqrt{R(H - h)}$

由方形轧成椭圆形　　　$F = 0.54(B + b)\sqrt{R(H - h)}$

由菱形轧成菱形或方形　$F = 0.676\sqrt{R(H - h)}$

式中　H, h——分别为在孔型中央位置轧制前、后的轧件断面高度；

　　　　B, b——分别为轧制前、后的轧件断面的最大宽度；

　　　　　R——孔型中央位置的轧辊半径。

13.2.3　金属实际变形抗力的确定

由式（13-33）可知，金属及合金的实际变形抗力取决于金属及合金的本性屈服极限、轧制温度、轧制速度和变形程度的影响，下面分别予以讨论。

13.2.3.1　金属及合金屈服极限 σ_s 的影响

通常用金属及合金的屈服极限 σ_s 来反映金属及合金本性对实际变形抗力的影响。但应注意，有些金属压缩时的屈服极限大于拉伸时的屈服极限。如钢压缩时的屈服极限比拉伸时约大 10%；而有些金属压缩和拉伸时屈服极限相同。因此，在选取 σ_s 时，一般最好用压缩时的屈服极限，因为它与轧制变形较接近。

对有些金属在静态力学性能实验中很难测出 σ_s，尤其是在高温下更是困难，这时可以用屈服强度 $\sigma_{0.2}$ 来代替。近年来由于热变形模拟试验机的出现，为各种状态下的 σ_s 的测定提供了有利条件。σ_s 是在一定条件下测得的，其值可查有关资料。

13.2.3.2　轧制温度的影响

轧制温度对金属屈服极限有很大影响。通常是随着轧制温度升高，屈服极限下降，这是由于降低了金属原子间的结合力。轧制温度对金属屈服极限的影响用变形温度影响系数 n_T 来表示。其值可由图 13-12、图 13-13 及有关资料查得。

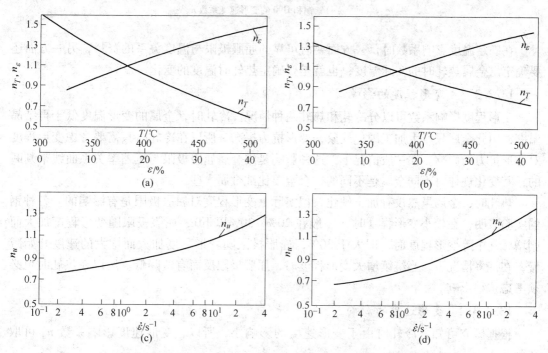

图 13-12　纯铝和 LF21 变形温度、变形程度和变形速度影响系数

（a），（b）纯铝和 LF21 的温度系数 n_T 和变形程度系数 n_ε；

（c），（d）纯铝和 LF21 的变形速度系数 n_u

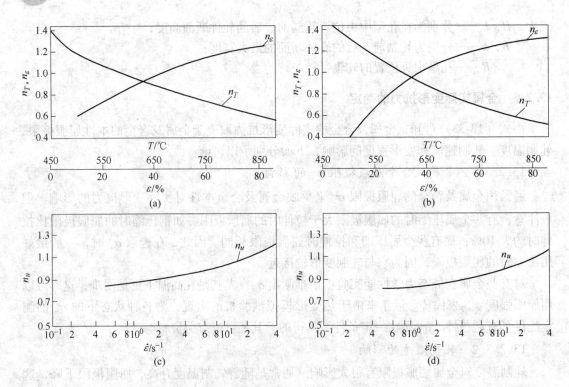

图 13-13   紫铜和 H90 变形温度、变形程度和变形速度影响系数
（a），（b）紫铜和 H90 的温度系数 n_T 和变形程度系数 n_ε；
（c），（d）紫铜和 H90 的变形速度系数 n_u

在确定温度影响系数时，一方面要有可靠的屈服极限与温度关系的资料，另一方面还要确定出金属热轧时的实际温度，也就是要确定热轧时温度的变化。

13.2.3.3   变形程度的影响

变形程度影响系数可以分冷轧和热轧两种情况。冷轧时，金属的变形温度低于再结晶温度，因此金属只产生加工硬化现象，变形抗力提高。所以在冷轧时只需要考虑变形程度对变形抗力的影响。在一般情况下，这种影响是用金属屈服极限与压缩率关系曲线来判断的，其变化规律对不同金属是不同的，合金要比纯金属大些。

热轧时，金属虽然没有加工硬化，但实际上变形程度对屈服极限是有影响的。各种钢的实验表明，在较小变形程度时（一般在 20% ~ 30% 以下），屈服极限随变形程度加大而剧增，在中等变形程度时，即大于 30%，屈服极限随变形程度加大而增大的速度开始减慢，在许多情况下，当继续增大变形程度时，屈服极限反而有些降低。所以在热轧时也必须考虑这种影响。

13.2.3.4   变形速度的影响

根据研究可知，冷轧时由于变形速度的影响小，所以，变形速度影响系数 n_u 可取为 1。

而热轧时，由于在轧制过程中，同时发生加工硬化、恢复和再结晶现象，随变形速度的增加，后者进行得不完全，故使变形抗力提高，因而必须考虑变形速度的影响。

变形速度即为单位时间内完成的相对压缩量，可按式（13-40a）计算：

$$\bar{u} = \frac{v_h l}{RH} \tag{13-40a}$$

或者：

$$\bar{u} = \frac{v_h}{l} \frac{\Delta h}{H} \tag{13-40b}$$

式中 v_h——轧件出口速度。

对于孔型轧制，可将式（13-40）乘以修正系数 K，对于菱方孔型，$K = 1.5$，对于椭圆孔形 $K = 1.33$。

式（13-40）简单，便于实际应用。图 13-12 和图 13-13 分别给了铝合金和铜合金的变形速度影响系数 n_u 与变形速度 u 的关系曲线，计算出平均变形速度 $\bar{u}$ 便可由有关图曲线中查出速度影响系数 n_u。

13.2.3.5 冷轧及热轧时金属实际变形抗力的研究方法

当确定金属的实际变形抗力时，必须综合考虑上述因素的影响。下面对冷轧和热轧条件分别予以讨论。

A 冷轧时金属实际变形抗力 σ_φ 的确定

冷轧时温度和变形速度对金属变形抗力的影响不大，因此 n_T 和 n_u 可近似取为 1，只有变形程度才是影响变形抗力的主要因素。由于在变形区内各断面处变形程度不等，因此，若取 σ_φ 为常量，通常根据加工硬化曲线取本道次平均变形所对应的变形抗力值。平均变形量 $\bar{\varepsilon}$ 可按式（13-41）计算：

$$\bar{\varepsilon} = 0.4\varepsilon_0 + 0.6\varepsilon_1 \tag{13-41}$$

式中 ε_0——本道次轧前的预变形量，$\varepsilon_0 = (H_0 - H)/H_0$；

ε_1——本道次轧后的总变形量，$\varepsilon_1 = (H_0 - h)/H_0$；

H_0——冷轧前轧件的厚度；

H——本道次轧前轧件的厚度；

h——本道次轧后轧件的厚度。

B 热轧时金属实际变形抗力 σ_φ 的确定

在热轧条件下，加工硬化的影响可忽略不计，也就是 $n_\varepsilon \approx 1$，因此热轧时确定金属实际变形抗力的公式为：

$$\sigma_\varphi = n_T n_u \sigma_s \tag{13-42}$$

为了便于实际应用，用实验方法将上述综合影响反映在一个曲线图中，即式（13-42）中的 σ_φ 值可从曲线中直接查出。在确定 σ_φ 的曲线图中，反映出钢种、变形速度、变形温度和压下量的影响，图 13-14～图 13-19 所示为部分金属的平均变形温度、平均变形程度与平均变形速度之间的关系曲线。有的曲线是在一定变形程度下作出的，因此由图查得的 σ_φ 需再乘上压下率影响的修正系数，图 13-14 的左上角即为压下率影响的修正系数。

上述 σ_φ 为变形区中金属实际变形抗力的平均值，所以，变形速度、变形温度和压下率亦必须取变形区长度的平均值。

建议平均压下率采用以下式（13-43）计算：

$$\bar{\varepsilon} = \frac{2}{3} \frac{\Delta h}{H} \tag{13-43}$$

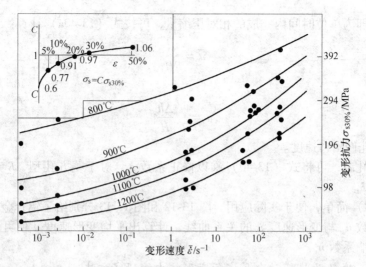

图 13-14 不锈钢 1Cr18Ni9Ti 的变形温度、变形速度对变形抗力的影响（ε = 30%）

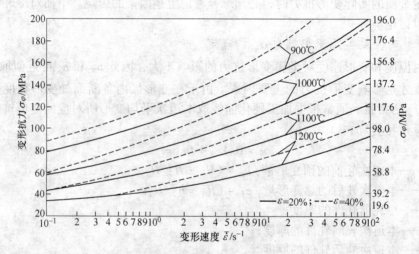

图 13-15 40Cr 钢变形温度、变形速度对变形抗力的影响

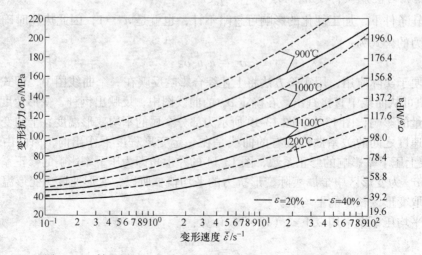

图 13-16 轴承钢 GCr15 的变形温度、变形速度对变形抗力的影响

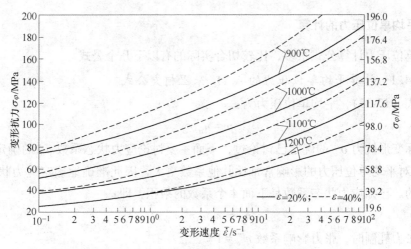

图 13-17　碳钢 Q235 变形速度、变形温度对变形抗力的影响

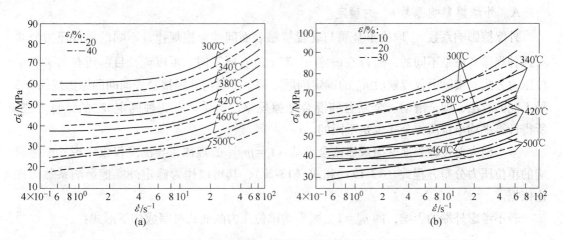

图 13-18　纯铝和 LF21 变形温度、变形程度和变形速度对变形抗力的影响

（a）纯铝的变形抗力；（b）LF21 的变形抗力

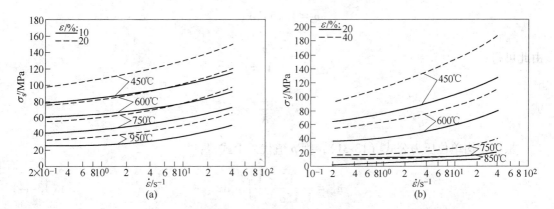

图 13-19　铜及铜合金变形温度、变形程度和变形速度对变形抗力的影响

（a）紫铜的变形抗力；（b）H62 的变形抗力

13.2.4　平均单位压力的计算

平均单位压力计算公式很多，比较切合实际的有以下几个公式。

13.2.4.1　计算平均单位压力的 A. И. 采里柯夫公式

根据式（13-35），平均单位压力为：

$$\bar{p} = n_\sigma \sigma_\varphi$$

式中，实际变形抗力 σ_φ 的确定已讨论过，下面主要讨论应力状态系数 n_σ 的确定。应力状态系数 n_σ 对平均单位压力的影响常常比其他系数更大，因此准确地确定应力状态系数 n_σ 是很重要的。已知应力状态系数是下面 4 个系数的乘积，即：

$$n_\sigma = n_\beta n'_\sigma n''_\sigma n'''_\sigma$$

当无张力轧制时，张力影响系数 $n'''_\sigma = 1$。

下面讨论其余几个系数的确定。

A　外摩擦影响系数 n'_σ 的确定

外摩擦影响系数 n'_σ 取决于金属与轧辊接触表面间的摩擦规律，不同的单位压力公式对这种规律考虑是不同的，所以在确定 n'_σ 值上就有所不同。可以说，目前所有的平均单位压力公式，实际上仅仅解决 n'_σ 的确定问题。关于金属与轧辊接触表面间的摩擦规律有 3 种不同的看法，即全滑动、全黏着和混合摩擦规律，这样就有 3 种确定 n'_σ 的计算方法，所得计算平均单位压力公式也是不同的。

采里柯夫对接触表面摩擦规律按全滑动（$t_x = f p_x$）的规律，导出了仅仅考虑外摩擦影响的单位压力分布方程式（13-19）和式（13-20），其可以作为确定外摩擦影响系数的理论依据。

若不考虑外端的影响，即 $n''_\sigma = 1$，则平均单位压力的通式可写成如下形式：

$$\bar{p} = n_\beta n'_\sigma \sigma_\varphi$$

由于采里柯夫公式导自平面变形状态，即 $n_\beta = 1.15$。代入上式得：

$$\bar{p} = 1.15 n'_\sigma \sigma_\varphi$$

由此可得：

$$n'_\sigma = \frac{\bar{p}}{1.15 \sigma_\varphi}$$

或

$$n'_\sigma = \frac{\bar{p}}{K}$$

根据平均单位压力公式（13-31），把 $\bar{p}$ 值代入上式得：

$$n'_\sigma = \frac{1}{1.15 \sigma_\varphi} \frac{1}{l} \int_0^l p_x \mathrm{d}x \tag{13-44}$$

将式（13-19）和式（13-20）的 p_x 值及式（13-11）的 $\mathrm{d}x$ 值代入式（13-44）中，再根据式（13-11）将 $\mathrm{d}x$ 表示为：

$$dx = \frac{1}{\Delta h}dh_x$$

式中，$dh_x = 2dy$。

在后滑区积分限是由 h_γ 到 H，h_γ 为轧件在中性面上的厚度。而在前滑区积分限是由 h 到 h_γ。由此得到：

$$n'_\sigma = \frac{1}{1.15\sigma_\varphi} \frac{1}{l} \frac{l}{\Delta h} \frac{1.15\sigma_\varphi}{\delta} \left\{ \int_{h_\gamma}^{H} \left[(\delta - 1)\left(\frac{H}{h_x}\right)^\delta + 1 \right] dh_x + \int_{h}^{h_\gamma} \left[(\delta + 1)\left(\frac{h_x}{h}\right)^\delta - 1 \right] dh_x \right\}$$

积分并简化后得：

$$n'_\sigma = \frac{h_\gamma}{\delta \cdot \Delta h}\left[\left(\frac{H}{h_\gamma}\right)^\delta + \left(\frac{h_\gamma}{h}\right)^\delta - 2 \right] \tag{13-45}$$

以 $\frac{h_\gamma}{h}$ 来表示 $\frac{H}{h_\gamma}$。在中性面上，即 $h_x = h_\gamma$ 时，前滑区和后滑区的单位压力分布曲线交于一点，即按式（13-19）和式（13-20）求得的单位压力相等，由此得到：

$$\frac{1}{\delta}\left[(\delta - 1)\left(\frac{H}{h_r}\right)^\delta + 1 \right] = \frac{1}{\delta}\left[(\delta + 1)\left(\frac{h_\gamma}{h}\right)^\delta - 1 \right] \tag{13-46}$$

由此得出：

$$\left(\frac{H}{h_\gamma}\right)^\delta = \frac{1}{\delta - 1}\left[(\delta + 1)\left(\frac{h_\gamma}{h}\right)^\delta - 2 \right]$$

将 $\left(\frac{H}{h_\gamma}\right)^\delta$ 数值代入式（13-45）可得：

$$n'_\sigma = \frac{2h_\gamma}{\Delta h(\delta - 1)}\left[\left(\frac{h_\gamma}{h}\right)^\delta - 1 \right] \tag{13-47}$$

式中，$\delta = \frac{2fl}{\Delta h}$。

再根据式（13-46）可求出：

$$\frac{h_\gamma}{h} = \left[\frac{1 + \sqrt{1 + (\delta^2 - 1)\left(\frac{H}{h}\right)^\delta}}{\delta + 1} \right]^{1/\delta} \tag{13-48}$$

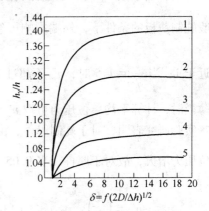

图 13-20 在不同变形程度时
中性面高度与 δ 值的关系

压下率 $\frac{\Delta h}{H}$ 分别为：1—50%；2—40%；

3—30%；4—20%；5—10%

按此方程式绘制 $\frac{h_\gamma}{h}$ 曲线（见图 13-20），便于实际应用。

为了计算方便，采里柯夫将式（13-47）绘成

曲线，如图 13-21 所示。根据压缩率 $\frac{\Delta h}{H}$ 和 δ 值，便可以从图中查出 n'_σ 的值，从而可计算出平均单位压力：

$$\bar{p} = n'_\sigma K$$

或

$$\bar{p} = 1.15n'_\sigma \sigma_\varphi$$

从图 13-21 可以看出，当提高压下率、增大摩擦系数和辊径时，外摩擦影响系数 n'_σ

增大，即平均单位压力增大。

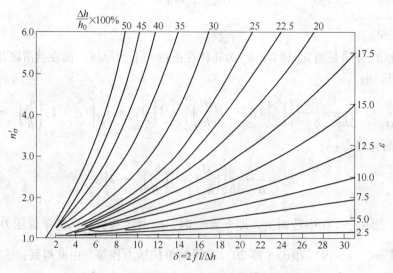

图 13-21 n'_σ 与 δ 和 ε 的关系（按采里柯夫公式）

B   外端影响系数 n''_σ 的确定

外端影响系数 n''_σ 的确定是比较困难的，因为外端对单位压力的影响是很复杂的。在一般轧制薄板的条件下，外端影响可忽略不计。实验研究表明，当变形区 $\dfrac{l}{h} > 1$ 时，n''_σ 接近于 1；当 $\dfrac{l}{h} = 1.5$ 时，n''_σ 不超过 1.04；而在 $\dfrac{l}{h} = 5$ 时，n''_σ 不超过 1.005。因此，在轧制薄板时，计算平均单位压力可取 $n''_\sigma = 1$，即不考虑外端的影响。

实验研究表明，对于轧制厚件，由于外端存在使轧件的表面变形，引起附加应力而使单位压力增大，故对于厚件，当 $0.05 < \dfrac{l}{h} < 1$ 时，可用经验公式计算 n''_σ 值，即：

$$n''_\sigma = \left(\frac{l}{h}\right)^{-0.4} \tag{13-49}$$

在孔型中轧制时，外端对平均单位压力的影响性质不变，可按图 13-22 上的实验曲线查得 n''_σ 值。

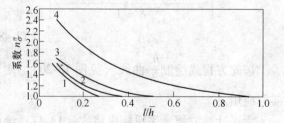

图 13-22 l/h 对 n''_σ 的影响

1—矩形断面试样；2—圆形断面试样；
3—菱形断面试样；4—平断面试样

C   张力影响系数 n'''_σ 的确定

采用张力轧制能使平均单位力降低，其降低值比单位张力的平均值 $\dfrac{q_0 + q_1}{2}$ 大，而单位后张力 q_0 的影响比单位前张力 q_1 影响大。张力降低平均单位压力，一方面由于它能够改变轧制变形区的应力状态，另一方面它能减小轧辊的弹性压扁。因此，不能单独求出张力影响系数 n'''_σ。通常用简化的方法考虑张力对平均单位压力的影响，即把这种影响考

虑到 K 值中，认为张力直接降低了 K 值。在入辊处 K 值降低按 $K-q_0$ 计算；在出辊处 K 值降低按 $K-q_1$ 来计算，所以 K 值的平均降低值 K' 为：

$$K' = \frac{(K - q_0) + (K - q_1)}{2} = K - \frac{q_0 + q_1}{2} \tag{13-50}$$

应指出，这种简化考虑张力对平均单位压力影响的方法，没有考虑张力引起中性面位置的变化。这种把张力考虑到 K 值中的方法是建立在中性面位置不变的基础上，这只有在单位前后张力相等，即 $q_0 = q_1$ 时，应用才是正确的，或者在 q_0 与 q_1 相差不大时应用，否则会产生较大的误差。

13.2.4.2 计算平均单位压力的斯通公式

斯通公式考虑了外摩擦、拉力和轧辊弹性压扁的影响，并假设：

（1）由于轧辊的弹性压扁，轧件相当于在两个平板间压缩；

（2）忽略宽展的影响；

（3）接触表面摩擦规律按全滑动来考虑，即 $t_x = fp_x$，沿接触弧上 σ_φ 为常数。

根据上述条件，导出斯通单位压力公式（13-26）和式（13-27），经积分后，可得出斯通平均单位压力公式：

$$\bar{p} = n'_\sigma K' = \frac{e^m - 1}{m}(K - \bar{q}) \tag{13-51a}$$

式中，系数 $m = \dfrac{fl'}{\bar{h}}$，$\bar{h} = \dfrac{H + h}{2}$，$l'$ 为考虑弹性压扁的变形区长度；$\bar{q}$ 为前后单位张力的平均值，$\bar{q} = \dfrac{q_0 + q_1}{2}$。

当无前后张力时，式（13-51a）可写成：

$$\bar{p} = K \frac{e^m - 1}{m} \tag{13-51b}$$

轧辊弹性压扁后的变形区长度 l' 根据式（13-14）为：

$$l' = \sqrt{R\Delta h + (C\bar{p}R)^2} + C\bar{p}R$$

式中，$C = \dfrac{8(1 - \gamma)}{\pi E}$。

对上式两边同乘 $\dfrac{f}{\bar{h}}$，使其变成 m 和 $\bar{p}$ 的关系，并用 l^2 代替 $R\Delta h$，则：

$$\frac{fl'}{\bar{h}} = \sqrt{\left(\frac{fl}{\bar{h}}\right)^2 + \left(\frac{fCR}{\bar{h}}\right)^2 \bar{p}^2} + \frac{fCR}{\bar{h}}\bar{p}$$

整理后得：

$$\left(\frac{fl'}{\bar{h}}\right)^2 - \left(\frac{fl}{\bar{h}}\right)^2 = 2\left(\frac{fl'}{\bar{h}}\right)\left(\frac{fCR}{\bar{h}}\right)\bar{p} \tag{13-52}$$

将平均单位压力 $\bar{p}$ 代入式（13-52）得：

$$\left(\frac{fl'}{\overline{h}}\right)^2 - \left(\frac{fl}{\overline{h}}\right)^2 = 2CR(e^{fl'/\overline{h}} - 1)\frac{f}{\overline{h}}K'$$

或　　　　　$$\left(\frac{fl'}{\overline{h}}\right)^2 = 2CR(e^{fl'/\overline{h}} - 1)\frac{f}{\overline{h}}K' + \left(\frac{fl}{\overline{h}}\right)^2 \qquad (13\text{-}53)$$

设 $x = \dfrac{fl'}{\overline{h}}$，$y = 2CR\dfrac{f}{\overline{h}}K'$，$z = \dfrac{fl}{\overline{h}}$，则式（13-53）可写成：

$$x^2 = (e^x - 1)y + z^2$$

按上式可作图 13-23。图 13-23 中左边标尺为 $z^2 = \left(\dfrac{fl}{\overline{h}}\right)^2$，右边标尺为 $y = 2CR\dfrac{f}{\overline{h}}K'$，图

中曲线为 $x = \dfrac{fl'}{\overline{h}}$，此曲线又称为 S 形曲线。

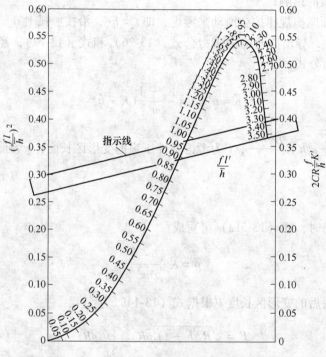

图 13-23　轧辊压扁时平均单位压力图解（斯通图解法）

应用图 13-23 所示的曲线时，先根据具体轧制条件计算出 z 和 y 值，并在 z^2 标尺和 y 标尺上找出两点，连成一条直线，此直线称为指示线，指示线与 S 形曲线的交点即为所求的 $x = \dfrac{fl'}{\overline{h}}$ 值。再根据 x 值可解出压扁弧 l' 的长度，然后将 x 值代入斯通平均单位压力公式，解出平均单位压力 $\overline{p}$ 值。为了计算方便，表 13-1 给出了 $n'_\sigma = \dfrac{e^m - 1}{m}$ 的值，根据 m 值便可从表中查出 n'_σ 值。

表 13-1　函数值 $n'_\sigma = \dfrac{e^m - 1}{m}$

m	0	1	2	3	4	5	6	7	8	9
0.0	1.000	1.005	1.010	1.015	1.020	1.025	1.030	1.035	1.040	1.046
0.1	1.051	1.057	1.062	1.068	1.073	1.078	1.084	1.089	1.095	1.100
0.2	1.106	1.112	1.118	1.125	1.131	1.137	1.143	1.149	1.155	1.160
0.3	1.166	1.172	1.178	1.184	1.190	1.196	1.202	1.209	1.215	1.222
0.4	1.229	1.236	1.243	1.250	1.256	1.263	1.270	1.277	1.281	1.290
0.5	1.297	1.304	1.311	1.318	1.326	1.333	1.340	1.347	1.355	1.362
0.6	1.370	1.378	1.386	1.493	1.401	1.409	1.417	1.425	1.433	1.442
0.7	1.450	1.458	1.467	1.475	1.483	1.491	1.499	1.508	1.517	1.525
0.8	1.533	1.541	1.550	1.558	1.567	1.577	1.586	1.595	1.604	1.613
0.9	1.623	1.632	1.642	1.651	1.660	1.670	1.681	1.690	1.700	1.710
1.0	1.719	1.729	1.739	1.749	1.760	1.770	1.780	1.790	1.800	1.810
1.1	1.820	1.832	1.843	1.854	1.865	1.876	1.887	1.899	1.910	1.921
1.2	1.933	1.945	1.957	1.968	1.978	1.990	2.001	2.013	2.025	2.037
1.3	2.049	2.062	2.075	2.088	2.100	2.113	2.126	2.140	2.152	2.165
1.4	2.181	2.195	2.209	2.223	2.237	2.250	2.264	2.278	2.291	2.305
1.5	2.320	2.335	2.350	2.365	2.380	2.395	2.410	2.425	2.440	2.455
1.6	2.470	2.486	2.503	2.520	2.536	2.553	2.570	2.586	2.603	2.620
1.7	2.635	2.652	2.667	2.686	2.703	2.719	2.735	2.752	2.769	2.790
1.8	2.808	2.826	2.845	2.863	2.880	2.900	2.918	2.936	2.955	2.974
1.9	2.995	3.014	3.032	3.053	3.072	3.092	3.112	3.131	3.150	3.170
2.0	3.195	3.216	3.238	3.260	3.282	3.302	3.322	3.346	3.368	3.390
2.1	3.412	3.435	3.458	3.480	3.503	3.530	3.553	3.575	3.599	3.623
2.2	3.648	3.672	3.697	3.722	3.747	3.772	3.798	3.824	3.849	3.846
2.3	3.902	3.928	3.955	3.982	4.009	4.037	4.064	4.092	4.119	4.146
2.4	4.176	4.205	4.234	4.262	4.291	4.322	4.352	4.381	4.412	4.442
2.5	4.473	4.504	4.535	4.567	4.599	4.630	4.662	4.695	4.727	4.761
2.6	4.794	4.827	4.861	4.895	4.929	4.964	4.998	5.034	5.069	5.104
2.7	5.141	5.176	5.213	5.250	5.287	5.324	5.362	5.400	5.438	5.477
2.8	5.516	5.555	5.595	5.634	5.674	5.715	5.756	5.797	5.838	5.880
2.9	5.922	5.964	6.007	6.050	6.093	6.137	6.181	6.226	6.271	6.316

【例 13-1】　已知冷轧带钢 $H = 1\text{mm}$，$h = 0.7\text{mm}$，$K = 500\text{MPa}$，$q = 200\text{MPa}$，$f = 0.05$，$B = 120\text{mm}$，在直径 200mm 的四辊轧机上轧制。计算轧制压力 P。

解：
$$l = \sqrt{R\Delta h} = \sqrt{\frac{200}{2} \times (1 - 0.7)} = 5.5\text{mm}$$

$$\bar{h} = \frac{H + h}{2} = 0.85$$

$$z^2 = \left(\frac{fl}{\bar{h}}\right)^2 = \left(\frac{0.05 \times 5.5}{0.85}\right)^2 = 0.1$$

$$CR = \frac{8(1 - \gamma)}{\pi z}R = 1.075 \times 10^{-5} \times 100 \approx 1.1 \times 10^{-3}\,\text{mm}^2/\text{N}$$

$$y = 2 \times 1.1 \times 10^{-3} \times \frac{0.05}{0.85} \times (500 - 200) = 0.039$$

由图 13-23 查得：$\quad m = 0.34$, $l' = \dfrac{0.85}{0.05} \times 0.34 = 5.78\,\text{mm}$

由表 13-1 查得：$\qquad \dfrac{\text{e}^x - 1}{x} = 1.190$

$$\bar{p} = (\bar{K} - \bar{q}) \cdot \frac{\text{e}^x - 1}{x} = 1.190 \times (500 - 200) = 357\,\text{MPa}$$

$$P = \bar{p} \cdot B \cdot l = 357 \times 120 \times 5.78 \approx 0.25\,\text{MN}$$

13.2.4.3 计算平均单位压力的 R.B. 西姆斯公式

西姆斯平均单位压力公式对接触表面摩擦规律按全黏着（$t_x = \dfrac{K}{2}$）的条件确定外摩擦影响系数 n'_σ。对式（13-22）和式（13-23）积分后，得出西姆斯平均单位压力公式：

$$\bar{p} = n'_\sigma K = \left(\frac{\pi}{2}\sqrt{\frac{1 - \varepsilon}{\varepsilon}}\arctan\sqrt{\frac{\varepsilon}{1 - \varepsilon}} - \frac{\pi}{4} - \sqrt{\frac{1 - \varepsilon}{\varepsilon}}\sqrt{\frac{R}{h}}\ln\frac{h_\gamma}{h} + \frac{1}{2}\sqrt{\frac{1 - \varepsilon}{\varepsilon}}\sqrt{\frac{R}{h}}\ln\frac{1}{1 - \varepsilon}\right)K$$

$$(13\text{-}54)$$

或写成：$\qquad n'_\sigma = \dfrac{\bar{p}}{K} = f\left(\dfrac{R}{h}\varepsilon\right) \qquad (13\text{-}55)$

为了计算方便，西姆斯把 n'_σ 与 ε 和 $\dfrac{R}{h}$ 的关系根据式（13-54）绘成曲线，如图 13-24 所示，根据 ε 和 $\dfrac{R}{h}$ 的值便可查出 n'_σ 值，进而就可以求出平均单位压力。从对接触表面摩擦规律的考虑来看，西姆斯公式适用于热轧的情况。

13.2.4.4 计算平均单位压力的 S. 爱克伦得公式

爱克伦得公式是用于热轧时计算平均单位压力的半经验公式。其公式为：

$$\bar{p} = (1 + m)(K + \eta\bar{\varepsilon}) \qquad (13\text{-}56)$$

式中 m——外摩擦对单位压力影响的系数；

      η——黏性系数；

      $\bar{\varepsilon}$——平均变形速度。

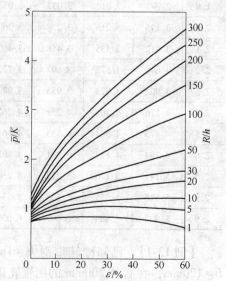

图 13-24 $\quad n'_\sigma$ 与 ε 和 $\dfrac{R}{h}$ 的关系

（按西姆斯公式）

式中 $(1 + m)$ 是考虑外摩擦的影响，为了确定 m，给出以下公式：

$$m = \frac{1.6f\sqrt{R\Delta h} - 1.2\Delta h}{H + h} \tag{13-57}$$

式（13-57）中的第二个括号里的 $\eta\bar{\varepsilon}$ 是考虑变形速度对变形抗力的影响。其中平均变形速度 $\bar{\varepsilon}$ 用下式计算：

$$\bar{\varepsilon} = \frac{2v\sqrt{\dfrac{\Delta h}{R}}}{H + h}$$

把 m 值和 $\bar{\varepsilon}$ 值代入式（13-56），可得出平均单位压力值。

爱克伦得还给出计算 K 和 η 的经验式：

$$K = 9.8(14 - 0.01t)[1.4 + w(C) + w(Mn)]$$

$$\eta = 0.1(14 - 0.01t)$$

式中　K——变形抗力，MPa；

　　　η——黏性系数，MPa·s；

　　　t——轧制温度；

　$w(C)$——碳含量，%；

$w(Mn)$——锰含量，%。

当温度 $t \geqslant 800℃$ 和锰含量 $w(Mn) \leqslant 1.0\%$ 时，这些公式是正确的。

f 用下式计算：

$$f = a(1.05 - 0.0005t)$$

对钢轧辊，$a = 1$；对铸铁轧辊，$a = 0.8$。

近来，有人对爱克伦得公式进行了修正，按下式计算黏性系数：

$$\eta = 0.1(14 - 0.01C')$$

式中　C'——取决于轧制速度的系数，见表 13-2。

表 13-2　系数 C'

轧制速度/m·s^{-1}	系数 C'
<6	1
6~10	0.8
10~15	0.65
15~20	0.60

计算 K 时，建议还要考虑铬含量 $w(Cr)$ 的影响：

$$K = 9.8(14 - 0.01t)[1.4 + w(C) + w(Mn) + 0.3w(Cr)]$$

13.3　轧机传动力矩及功率的计算

13.3.1　传动力矩的组成

欲确定主电动机的功率，必须首先确定传动轧辊的力矩。轧制过程中，在主电动机轴上，传动轧辊所需力矩最多由下面 4 部分组成：

$$M = \frac{M_z}{i} + M_m + M_k + M_d \tag{13-58}$$

式中 M_z——轧制力矩，用于使轧件塑性变形所需的力矩；

     M_m——克服轧制时发生在轧辊轴承、传动机构等的附加摩擦力矩；

     M_k——空转力矩，即克服空转时的摩擦力矩；

     M_d——动力矩，此力矩为克服轧辊不均速运动时产生的惯性力所必需的力矩；

     i——轧辊与主电动机间的传动比。

组成传动轧辊的力矩的前三项为静力矩，即：

$$M_j = \frac{M_z}{i} + M_m + M_k \tag{13-59}$$

式（13-59）是指轧辊做匀速转动时所需的力矩。这三项对任何轧机都是必不可少的。在一般情况下，以轧制力矩为最大，只有在旧式轧机上，由于轴承中的摩擦损失过大，有时附加摩擦力矩才有可能大于轧制力矩。

在静力矩中，轧制力矩是有效部分，至于附加摩擦力矩和空转力矩是由于轧机的零件和机构的不完善引起的有害力矩。

这样换算到主电动机轴的轧制力与静力矩之比的百分数，称为轧机的效率，即

$$\eta = \frac{\dfrac{M_z}{i}}{\dfrac{M_z}{i} + M_m + M_k} \times 100\% \tag{13-60}$$

轧机效率随轧制方式和轧机结构不同（主要是轧辊的轴承构造）在相当大的范围内变化，即 $\eta = 0.5 \sim 0.95$。

动力矩只发生在用不均匀转动进行工作的几种轧机中，如可调速的可逆式轧机，当轧制速度变化时，便产生克服惯性力的动力矩，其数值可由式（13-61）确定：

$$M_d = \frac{GD^2}{375} \times \frac{dn}{dt} \tag{13-61}$$

式中 M_d——动力矩，N·m；

     G——转动部分的重量，N；

     D——转动部分的惯性直径，m；

     $\dfrac{dn}{dt}$——角加速度。

在转动轧辊所需的力矩中，轧制力矩是最主要的。确定轧制力矩有两种方法：按轧制力计算和利用能耗曲线计算。前者对板带材等矩形断面轧件计算较精确，后者用于计算各种非矩形断面的轧制力矩。

13.3.2   轧制力矩的确定

13.3.2.1   按金属对轧辊的作用力计算的轧制力矩

该方法是用金属对轧辊的垂直压力 P 乘以力臂 a，如图 13-25 所示。即：

$$M_{z1} = M_{z2} = P \cdot a = \int_0^l x(p_x \pm t_x \tan\varphi)\,dx \qquad (13\text{-}62)$$

式中　M_{z1}，M_{z2}——分别为上下轧辊的轧制力矩。

因为摩擦力在垂直方向上的分力相对很小，可以忽略不计，所以：

$$a = \frac{\int_0^l x p_x\,dx}{P} = \frac{\int_0^l x p_x\,dx}{\int_0^l p_x\,dx} \qquad (13\text{-}63)$$

从式（13-63）可以看出，力臂 a 实际上等于单位压力图形的重心到轧辊中心连线的距离。

为了消除几何因素对力臂 a 的影响，通常不直接确定出力臂 a，而是通过确定力臂系数 ψ 的方法来确定，即：

$$\psi = \frac{\varphi_1}{\alpha_j} = \frac{a}{l_j} \quad \text{或} \quad a = \psi l_j$$

式中　φ_1——合压力作用角，如图 13-25 所示；

　　　α_j——接触角；

　　　l_j——接触弧长度。

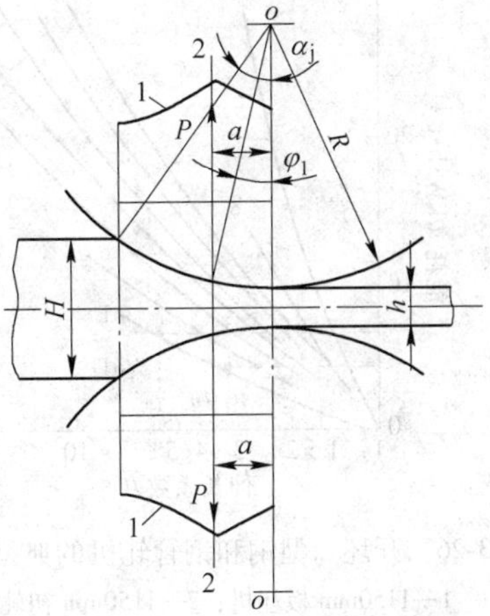

因此，转动两个轧辊所需的轧制力矩为：

$$M_z = 2Pa = 2P\psi l_j \qquad (13\text{-}64)$$

上式中的轧制力臂系数 ψ 根据大实验数据统计，其范围为：

热轧铸锭时　　　　　　　　　$\psi = 0.55 \sim 0.60$

热轧板带时　　　　　　　　　$\psi = 0.42 \sim 0.50$

冷轧板带时　　　　　　　　　$\psi = 0.33 \sim 0.42$

图 13-25　按轧制力计算轧制力矩
1—单位压力曲线；2—单位压力图形重心线

13.3.2.2　按能量消耗曲线确定的轧制力矩

在很多情况下，按轧制时能量消耗来确定轧制力矩是合理的，因为在这方面有些实验资料，如果轧制条件相同时，其计算结果也较可靠。

轧制所消耗的功 A 与轧制力矩之间的关系为：

$$M_z = \frac{A}{\theta} = \frac{A}{\omega t} = \frac{AR}{vt} \qquad (13\text{-}65)$$

式中　θ——轧件通过轧辊期间轧辊的转角，$\theta = \omega t = \dfrac{v}{R}t$；

　　　ω——角速度；

　　　t——时间；

　　　R——轧辊半径；

　　　v——轧辊圆周速度。

利用能耗曲线确定轧制力矩，其单位能耗曲线，对于型钢和钢坯轧制一般表示为每吨产品的能量消耗与总伸长系数间的关系，如图 13-26 所示。而对于板带材一般表示为每吨产品的能量消耗与板带厚度的关系，如图 13-27 所示。第 $n+1$ 道次的单位能耗（kW·

h/t）为$a_{n+1} - a_n$，如轧件重量（t）为G，在该道次的总能耗（kW·h）为：

$$A = (a_{n+1} - a_n)G \tag{13-66}$$

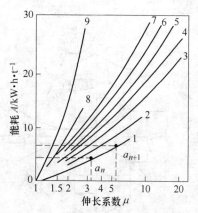

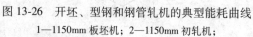

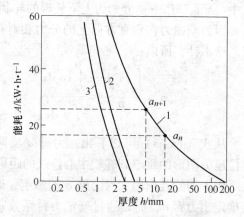

图 13-26   开坯、型钢和钢管轧机的典型能耗曲线

1—1150mm 板坯机；2—1150mm 初轧机；

3—250mm 线材连轧机；4—350mm 棋盘式中型轧机；

5—700mm/500mm 钢坯连轧机；6—750mm 轨梁轧机；

7—500mm 大型轧机；8—250mm 自动轧管机；

9—250mm 穿孔机组

图 13-27   板带钢轧机的典型能耗曲线

1—1700mm 连轧机；2—三机架冷连轧低碳钢；

3—五机架冷连轧氧化铁皮

　　因为轧制时的能量消耗一般是以电机负荷大小测量的，故在这种曲线中还包括轧机转动机构中的附加摩擦消耗，但除去了轧机的空转消耗。所以，按能耗曲线确定的力矩为轧制力矩 M_z（N·m）和附加摩擦力矩 M_m（N·m）之和。

　　根据式（13-65）和式（13-66）得：

$$\frac{M_z + M_m}{i} = \frac{1000 \times 3600(a_{n+1} - a_n)GR}{t \cdot v} \tag{13-67}$$

　　如果将 $G = F_h L_h \rho$ 及 $t = \dfrac{L_h}{v_h} = \dfrac{L_h}{v(1 + S_h)}$ 代入式（13-67），整理后得：

$$\frac{M_z + M_m}{i} = 18 \times 10^5 (a_{n+1} - a_n)\rho F_h D(1 + S_h) \tag{13-68}$$

式中 G——轧件重量，t；

       ρ——轧件的密度，t/m³；

       D——轧辊工作直径，m；

       F_h——该道次后轧件横断面积，m²；

       S_h——前滑；

       i——传动比。

　　取钢的 $\rho = 7.8$t/m³，并对前滑的影响忽略不计，则：

$$\frac{M_z + M_m}{i} = 140.4 \times 10^5 (a_{n+1} - a_n)\rho F_h D \tag{13-69}$$

式中 M_z——轧制力矩，N·m；

       M_m——附加摩擦力矩，N·m；

i——传动比。

13.3.3 附加摩擦力矩的确定

轧制过程中，轧件通过轧辊时，在轴承内以及轧机传动机构中有摩擦力产生。所谓附加摩擦力矩，是指克服这些摩擦力所需的力矩，而且在此附加摩擦力矩的数值中，并不包括空转时轧机转动所需的力矩。

组成附加摩擦力矩的基本数值有两大项：一项是轧辊轴承中的摩擦力矩，另一项是传动机构中的摩擦力矩。

13.3.3.1 轧辊轴承中的附加摩擦力矩

对上下两个轧辊（共 4 个轴承）而言，该力矩值为：

$$M_{m1} = \frac{P}{2} f_1 \frac{d_1}{2} \times 4 = P d_1 f_1$$

式中　P——轧制力；

　　　d_1——轧辊辊颈直径；

　　　f_1——轧辊轴承摩擦系数，它取决于轴承构造和工作条件：

　　　　　滑动轴承金属衬（热轧时）　　　$f_1 = 0.07 \sim 0.10$

　　　　　滑动轴承金属衬（冷轧时）　　　$f_1 = 0.05 \sim 0.07$

　　　　　滑动轴承塑料衬　　　　　　　$f_1 = 0.01 \sim 0.03$

　　　　　液体摩擦轴承　　　　　　　　$f_1 = 0.003 \sim 0.004$

　　　　　滚动摩擦　　　　　　　　　　$f_1 = 0.03$

13.3.3.2 传动机构中的摩擦力矩

该力矩是指减速机座、齿轮机座中的摩擦力矩。此传动系统的附加摩擦力矩根据传动效率按式（13-70）计算：

$$M_{m2} = \left(\frac{1}{\eta_1} - 1 \right) \frac{M_z + M_{m1}}{i} \tag{13-70}$$

式中　M_{m2}——换算到主电动机轴上的传动机构的摩擦力矩；

　　　η_1——传动机构的效率，即从主电动机到轧机的传动效率；一级齿轮传动的效率一般取 $0.96 \sim 0.98$，皮带传动效率取 $0.85 \sim 0.90$。

换算到主电动机轴上的附加摩擦力矩为：

$$M_m = \frac{M_{m1}}{i} + M_{m2}$$

或

$$M_m = \frac{M_{m1}}{i \eta_1} + \left(\frac{1}{\eta} - 1 \right) \frac{M_z}{i} \tag{13-71}$$

13.3.4 空转力矩的确定

空转力矩是指空载转动轧机主机列所需的力矩，通常是根据转动部分轴承中引起的摩擦力来计算。

在轧机主机列中有许多机构，如轧辊、人字齿轮及飞轮等，各有不同的重量、不同的轴颈直径及摩擦系数。因此，必须分别计算。显然，空载转矩应等于所有转动机件空转力矩之和，当换算至主电动机轴时，则转动每一个部件所需力矩之和为：

$$M_k = \sum M_{kn} \tag{13-72}$$

式中　M_{kn}——切换到主电动机轴的转动每一个零件所需的力矩。

如果用零件在轴承中的摩擦圆半径与力来表示 M_{kn}，则：

$$M_{kn} = \frac{G_n f_n d_n}{2i_n} \tag{13-73}$$

式中　G_n——该机件在轴承上的重量；

　　　f_n——在轴承上的摩擦系数；

　　　d_n——轴颈直径；

　　　i_n——电动机与该机件间的传动比。

将式（13-73）代入式（13-72）后，得空转力矩为：

$$M_k = \sum \frac{G_n f_n d_n}{2i_n} \tag{13-74}$$

按式（13-74）计算甚为复杂，通常可按经验公式来确定：

$$M_k = (0.03 \sim 0.06)M_H \tag{13-75}$$

式中　M_H——电动机的额定转矩。

对新式轧机可取下限，对旧式轧机可取上限。

13.3.5　静负荷图

为了校核和选择主电动机，除知其负荷值外，尚需知轧机负荷随时间变化的关系图。力矩随时间变化的关系图，称为静负荷图。绘制静负荷图之前，首先要确定出轧件在整个轧制过程中在主电机轴上的静负荷值，其次要确定各道次的纯轧和间歇时间。

如上所述，静力矩按式（13-76）计算：

$$M_j = \frac{M_z}{i} + M_m + M_k \tag{13-76}$$

静负荷图中的静力矩可以用式（13-76）加以确定。每一道次轧制时间 t_n 可由式（13-77）确定：

$$t_n = \frac{L_n}{\bar{v}_n} \tag{13-77}$$

式中　L_n——轧件轧后长度；

　　　$\bar{v}_n$——轧件出辊平均速度，前滑忽略不计时，它等于轧辊圆周速度。

间隙时间按间隙动作所需时间确定或按现场数据选用。

已知上述各值后，根据轧制图表绘制出一个轧制周期内的电机负荷图。图 13-28 所示为几类轧机的静负荷图。

13.3.6　可逆式轧机的负荷图

在可逆式轧机中，轧制过程是轧辊首先在低速咬入轧件，然后提高轧制速度进行轧

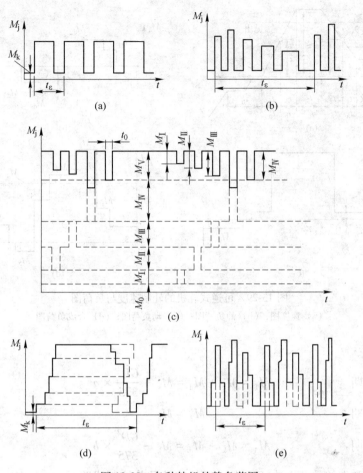

图 13-28　各种轧机的静负荷图

（a）单独传动的连轧机或一道中轧一根轧件；（b）单机架轧机轧数道；（c）同时轧数根轧件；
（d）集体驱动的连轧机；（e）同（d），但两轧件的间隙时间大于轧件通过机组之间的时间

制，之后又降低轧制速度，实现低速抛出。因此轧件通过轧辊的时间由三部分组成：加速时间、稳定轧制时间和减速时间。

由于轧制速度在轧制过程中是变化的，所以负荷图必须考虑动力矩 M_d，此时负荷图是由静负荷与动负荷组合而成，如图 13-29 所示。

如果主动机在加速期的加速度用 a 表示，在减速期用 b 表示，则在各期间内的转动总力矩如下：

加速轧制期　　$$M_2 = M_j + M_d = \frac{M_z}{i} + M_m + M_k + \frac{GD^2}{375} \times a \qquad (13-78)$$

等速轧制期　　$$M_3 = M_j + \frac{M_z}{i} + M_m + M_k \qquad (13-79)$$

减速轧制期　　$$M_4 = M_j - M_d = \frac{M_z}{i} + M_m + M_k - \frac{GD^2}{375} \times b \qquad (13-80)$$

同样，可逆式轧机在空转时也分加速期、等速期和减速期。在空转时各期间的总力

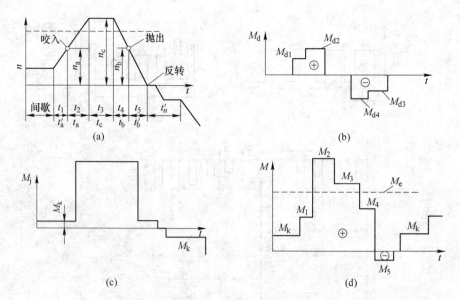

图 13-29 可逆式轧机的轧制速度与负荷图

（a）速度图；（b）静负荷图；（c）动负荷图；（d）合成负荷图

矩为：

空转加速期
$$M_1 = M_k + M_d = M_k + \frac{GD^2}{375} \times a \qquad (13\text{-}81)$$

空转等速期
$$M'_3 = M_k$$

空转减速期
$$M_5 = M_k - M_d = M_k - \frac{GD^2}{375} \times b \qquad (13\text{-}82)$$

加速度 a 和 b 的数值取决于主电动机的特性及其控制线路。

13.3.7 主电机的功率计算

在主电动机的传动负荷确定后，就可对电动机的功率进行计算。这项工作包括两部分：一是由负荷图计算出的等效力矩不能大于电动机的额定力矩；二是负荷图中的最大力矩不能大于电动机的允许过载负荷和持续时间。

如果是新设计的轧机，则对电动机就不是校核，而是要根据等效力矩和所要求的电动机转速来选择电动机。

13.3.7.1 等效力矩计算及电动机的校核

轧机工作时电动机的负荷是间断式的不均匀负荷，而电动机的额定力矩是指电动机在此负荷下长期工作，其温升在允许的范围内的力矩。为此，必须计算出负荷图中的等效力矩，其值按式（13-83）计算：

$$M_{jum} = \sqrt{\frac{\sum M_n^2 t_n + \sum M_n'^2 t_n'}{\sum t_n + \sum t_n'}} \qquad (13\text{-}83)$$

式中　M_{jum}——等效力矩；

　　　$\sum t_n$——轧制时间内各段纯轧时间的总和；

$\sum t'_n$——轧制周期内各段间隙时间的总和;

M_n——各段轧制时间所对应的力矩;

M'_n——各段间隙时间所对应的空转力矩。

校核电动机温升条件为:

$$M_{jum} \leqslant M_H$$

校核电动机的过载条件为:

$$M_{max} \leqslant K_G \times M_H$$

式中　M_H——电动机的额定力矩;

K_G——电动机的允许过载系数,对直流电动机,$K_G = 2.0 \sim 2.5$;对交流同步电动机,$K_G = 2.5 \sim 3.0$;

M_{max}——轧制周期内最大的力矩。

电动机达到允许最大力矩 $K_G M_H$ 时,其允许持续时间在 15s 以内,否则电动机温升将超过允许范围。

13.3.7.2　电动机功率的计算

对于新设计的轧机,需要根据等效力矩计算电动机的功率,即:

$$N = \frac{0.105 M_{jum} \cdot n}{\eta} \qquad (13-84)$$

式中　N——电动机的功率,W;

n——电动机的转速,r/min;

M_{jum}——等效力矩,N·m;

η——由电动机到轧机的传动效率。

13.3.7.3　超过电动机基本转速时电动机的校核

当实际转速超过电动机的基本转速时,应对超过基本转速部分对应的力矩加以修正(图 13-30),即乘以修正系数。

如果此时力矩图形为梯形(见图 13-30),则等效力矩为:

$$M_{jum} = \sqrt{\frac{M_1^2 + M_1 \times M + M^2}{3}} \qquad (13-85)$$

式中　M_1——转速未超过基本转速时的力矩;

M——转速超过基本转速时,乘以修正系数后的力矩。

即　　　$M = M_1 \times \dfrac{n}{n_H}$

式中　n——超过基本转速时的转速;

n_H——电动机的基本转速。

校核电动机过载条件为:

$$\frac{n}{n_H} \times M_{max} \leqslant K_G \times M_H \qquad (13-86)$$

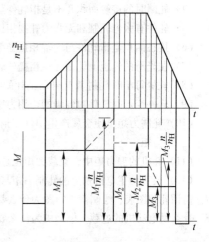

图 13-30　超过基本转速时的力矩修正图

习 题

13-1 在工作辊直径为 860mm 的四辊轧机上轧制低碳钢板，轧制温度 1100℃，$H = 93mm$，$h = 64.2mm$，$B = 610mm$，$\sigma_s = 80MPa$，计算轧制压力，轧制力矩。

13-2 在辊环直径 $D = 530mm$，辊缝 $s = 20.5mm$，轧辊速度 $n = 100r/min$ 的条件下，在钢轧辊轧机上箱形孔型中轧制 45 号钢，轧件轧前尺寸 $H \times B = 202.5mm \times 174mm$，轧后尺寸 $h \times b = 173.5mm \times 176mm$，轧制温度 $t = 1120℃$。计算轧制压力，轧制力矩。

13-3 在 $\phi400/\phi1300mm \times 1200mm$ 的四辊冷轧机上轧制含碳量为 0.08%，$H \times B = 1.85mm \times 1000mm$ 的低碳钢卷。第一道次不喷油，摩擦系数 $f = 0.08$；第二道、第三道喷乳化液，$f = 0.05$；其他参数见表 13-3，计算第二道次的轧制压力，轧制力矩。

表 13-3 参数表

道次	H/mm	h/mm	$\Delta h/mm$	$\varepsilon/\%$	$V/m \cdot s^{-1}$	Q_H/kN	Q_h/kN
1	1.85	1.00	0.85	46	2	30	80
2	1.00	0.50	0.50	50	5	80	50
3	0.50	0.38	0.12	24	3	50	30

13-4 在轧辊直径为 $\phi735/\phi500/\phi735mm$、轧辊材质为铸铁的三辊劳特式轧机上轧制平均含碳量为 0.12% 的碳素钢，轧件尺寸 $H = 75mm$，$B = 1700mm$，$h = 60mm$，轧制温度 $t = 1185℃$，计算轧制压力，轧制力矩。

13-5 在 1150 初轧机上轧制低碳钢锭的某一道次，轧制温度 $t = 1130℃$，轧前尺寸 $H \times B = 378mm \times 720mm$，轧后尺寸 $h \times b = 330mm \times 710mm$，变形抗力 $K = 80.5MPa$，轧辊工作直径 $= 1060mm$，轧机转速 $n = 55r/min$，计算该道次轧制压力，轧制力矩。

13-6 判断：

（1）张力轧制可有效降低轧制压力。

（2）在轧制过程中，轧辊与轧件单位接触面积上的作用力称为轧制力。

（3）轧件宽度对轧制力的影响是轧件宽度越发，轧制力越大。

（4）轧制时的接触面积并不是指轧件与轧辊相接触部分的面积。

（5）轧件有张力轧制和无张力轧制相比，有张力轧制时轧制压力更大。

（6）接触面积是指轧件与轧辊相接触部分的面积。

（7）在光滑的轧辊上轧制比在粗糙的轧辊上轧制时所需轧制力小。

（8）轧机每小时轧制 1t 轧件所消耗的电机能量称为单位能耗。

（9）轧件变形时轧件对轧辊的作用力所引起的阻力矩称为轧制力矩。

（10）轧制力矩是使金属产生塑性变形的有效力矩，而附加摩擦力矩和空载力矩属于摩擦的无效力矩。

（11）轧机的静力矩中，空载力矩也是有效力矩。

（12）换算到主电机轴上的轧制力矩与静力矩的比值称为轧机效率。

13-7 何谓轧制图表，绘制静力矩图为什么要借助于轧制图表？

13-8 什么是电动机的过载，电动机为什么要同时进行过载和发热校核？

14 钢管成形斜轧理论

斜轧方法已在无缝钢管的生产过程中得到广泛应用，它除了用在穿孔这个主要工序之外，还用在轧管、均整、定径、延伸、扩径和旋压等基本工序中。斜轧变形中，金属的流动方向与变形工具轧辊的运动方向成一角度，金属除了前进运动外，还有绕本身轴线之转动，做的是螺旋前进运动。

14.1 斜轧过程的几何学特点

斜轧机都具有以下的共同特点：

（1）管体在斜轧变形区中，除了有前进运动外，还绕自己的中心线旋转，做的是螺旋前进运动。为了实现这一运动，所有斜轧机的轧辊都必须相对轧制线倾斜配置。倾斜配置的方式有两种：一种是轧辊中心线只有送进角而没有辗轧角，一种是既有送进角又有辗轧角。

（2）各种斜轧机的辊形虽然各异，但都可以分为入口锥与出口锥两部分，这两部分又是由一段或几段锥体组成。由这种锥体组成的斜轧空间孔型，自然也是由几个圆锥体组合而成。

（3）从变形区的入口到出口，管坯的横断面或管坯在径向方向应形成连续增长的变形。这表明必须使轧辊组成的孔型，具有给定的连续变化的开口度。对所有的斜轧机，变形区都无例外地是由开口度逐渐缩小的入口段与开口度逐渐扩大的出口段组成。

（4）无论是二辊还是三辊，在斜轧过程中轧辊与管体始终保持接触，辊管之间是一种接触传动，使斜轧过程具有共轭运动的特点。因此，根据一个轧辊与管体的共轭运动推导出的斜轧变形几何规律，既适用于二辊系统，又适用于三辊系统。各基本几何因素之间的关系都是共同的，而与轧机的形式和结构无关。

各种斜轧机的不同点主要表现在几何方面，也就是反映在轧辊中心线相对于轧机中线的配置上和轧制线相对于轧机中线的位置上：

1）有一部分斜轧机只有送进角（$\alpha \neq 0$），没有辗轧角（$\beta = 0$），具有桶形轧辊的斜轧机均属于此。

2）有的斜轧机既有送进角（$\alpha \neq 0$），又有辗轧角（$\beta \neq 0$），具有锥形轧辊的斜轧机均属此类。

3）大部分斜轧机在轧制中轧制线和轧机中线重合（$q = 0$），而均整机和定径机在斜轧时其轧制线则偏离轧机中线之下（$q \neq 0$）。

4）在送进角不大的情况下，轧辊断面产生的轴向位移量可以忽略（$k = 0$），但是在大送进角情况下，则不可忽略（$k > 0$）。

5）盘式穿孔机的送进角为零而辗轧角不为零，而且轧制线位于轧机中心线之上（$q \neq 0$）。

14.2 斜轧运动特征

斜轧过程是工具（轧辊、顶头、导板或导盘）与工件（管坯、毛管）之间相互作用、相互制约、对立统一的过程。斜轧运动学就是研究工具与工件的运动参量，即轧辊与轧件各种速度分量及它们之间的相互关系。

一般情况下都是给定轧辊的转速 n_r 或角速度 ω_r，计算在变形区内辊、管接触面上任意一点处轧辊与轧件的各速度分量。在推导中不考虑金属在变形时产生的滑移现象对轧件速度的影响，把轧辊与轧件都看成是一刚体。但是在实际轧制过程中必然要产生滑移，金属质点的滑移对其流速产生的影响将在本章中予以讨论。

影响轧辊转速的除传动电机的速度外，还与轧辊在空间所处位置、辊形尺寸及所研究点的坐标位置有关，因此，求解辊面上任一点的速度时还必须配合第 13 章的有关几何关系方程方可求解。

研究斜轧运动学的意义在于了解斜轧工具的几何形状、尺寸大小、轧机的各个调整参量、变形区变形量的分配等工艺参数对轧辊速度，对轧辊所引起的金属流动速度在不同位置、不同方向的影响情况，进而分析产品质量及缺陷产生的原因，为正确进行工具设计，正确制定生产工艺，包括变形制度、速度制度的制定提供理论依据。

14.2.1 轧辊的运动速度

设轧辊的角速度为 $\boldsymbol{\omega}_r$，轧辊表面任意一共轭点 M 的径向矢量为 $\boldsymbol{R}$，根据刚体运动学原理，在（X、Y、Z）坐标系里，该点的速度矢量为

$$\boldsymbol{W} = \boldsymbol{\omega}_r \times \boldsymbol{R}$$

$$\boldsymbol{W} = (W_X,\ W_Y,\ W_Z) = W_X \boldsymbol{i} + W_Y \boldsymbol{j} + W_Z \boldsymbol{k}$$

由图 14-1 可直接得出辊面上任意一点轧辊的 3 个速度分量：

$$\left. \begin{array}{l} W_X = 0 \\ W_Y = -\omega_r R\sin\omega \\ W_Z = -\omega_r R\cos\omega \end{array} \right\}$$

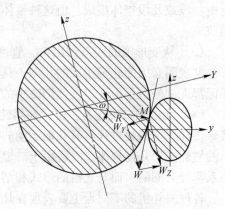

图 14-1 辊面上任意点 M
圆周速度 W 的分解

式中 ω_r——轧辊角速度，$\omega_r = \dfrac{\pi n_r}{30}$；

n_r——轧辊转速；

R——所求接触点处轧辊的半径；

ω——由辊管接触点（共轭点）所作半径 R 与 Y 轴夹角。

14.2.2　轧件的运动速度

研究共轭运动常用的数学方法是坐标变换，这里要采用矢量的坐标变换公式。

由 (x, y, z) 坐标系表示的轧件速度矢量 $\boldsymbol{V}$，可以用表示轧辊速度矢量 $\boldsymbol{W}$ 的 (X, Y, Z) 坐标系来表达。

$$\boldsymbol{W} = (W_X, W_Y, W_Z) = W_X\boldsymbol{i} + W_Y\boldsymbol{j} + W_Z\boldsymbol{k} = V_x\boldsymbol{i}_1 + V_y\boldsymbol{j}_1 + V_z\boldsymbol{k}_1 \tag{14-1}$$

在坐标系 (x, y, z) 里，轧件的各向分速度 V_x、V_y、V_z 分别为：

$$
\left.
\begin{aligned}
V_x &= \frac{\frac{\partial X}{\partial x}W_X}{\sqrt{\left(\frac{\partial X}{\partial x}\right)^2 + \left(\frac{\partial X}{\partial y}\right)^2 + \left(\frac{\partial X}{\partial z}\right)^2}} + \frac{\frac{\partial Y}{\partial x}W_Y}{\sqrt{\left(\frac{\partial Y}{\partial x}\right)^2 + \left(\frac{\partial Y}{\partial y}\right)^2 + \left(\frac{\partial Y}{\partial z}\right)^2}} + \frac{\frac{\partial Z}{\partial x}W_Z}{\sqrt{\left(\frac{\partial Z}{\partial x}\right)^2 + \left(\frac{\partial Z}{\partial y}\right)^2 + \left(\frac{\partial Z}{\partial z}\right)^2}} \\[2mm]
V_y &= \frac{\frac{\partial X}{\partial y}W_X}{\sqrt{\left(\frac{\partial X}{\partial x}\right)^2 + \left(\frac{\partial X}{\partial y}\right)^2 + \left(\frac{\partial X}{\partial z}\right)^2}} + \frac{\frac{\partial Y}{\partial y}W_Y}{\sqrt{\left(\frac{\partial Y}{\partial x}\right)^2 + \left(\frac{\partial Y}{\partial y}\right)^2 + \left(\frac{\partial Y}{\partial z}\right)^2}} + \frac{\frac{\partial Z}{\partial y}W_Z}{\sqrt{\left(\frac{\partial Z}{\partial x}\right)^2 + \left(\frac{\partial Z}{\partial y}\right)^2 + \left(\frac{\partial Z}{\partial z}\right)^2}} \\[2mm]
V_z &= \frac{\frac{\partial X}{\partial z}W_X}{\sqrt{\left(\frac{\partial X}{\partial x}\right)^2 + \left(\frac{\partial X}{\partial y}\right)^2 + \left(\frac{\partial X}{\partial z}\right)^2}} + \frac{\frac{\partial Y}{\partial z}W_Y}{\sqrt{\left(\frac{\partial Y}{\partial x}\right)^2 + \left(\frac{\partial Y}{\partial y}\right)^2 + \left(\frac{\partial Y}{\partial z}\right)^2}} + \frac{\frac{\partial Z}{\partial z}W_Z}{\sqrt{\left(\frac{\partial Z}{\partial x}\right)^2 + \left(\frac{\partial Z}{\partial y}\right)^2 + \left(\frac{\partial Z}{\partial z}\right)^2}}
\end{aligned}
\right\}
\tag{14-2}
$$

式（14-2）中的各偏导数 $\dfrac{\partial X_i}{\partial x_i}$ 由式（3-42）求导后代入，整理后得到轧件表面上任一接触点 M 的 3 个速度分量：

$$
\left.
\begin{aligned}
V_x &= \omega_r R(\cos\alpha\sin\beta\sin\omega - \sin\alpha\cos\omega) \\
V_y &= -\omega_r R\cos\beta\sin\omega \\
V_z &= -\omega_r(\sin\alpha\sin\beta\sin\omega + \cos\alpha\cos\omega)
\end{aligned}
\right\}
\tag{14-3}
$$

式中　V_x——钢管上任意一点的理论轴向流动速度。

接触点在钢管圆周方向的理论切向速度可由式（14-4）计算：

$$V_t = \sqrt{V_y^2 + V_z^2} = \omega_r R\sqrt{\cos^2\beta\sin^2\omega + (\sin\alpha\sin\beta\sin\omega + \cos\alpha\cos\omega)^2} \tag{14-4}$$

轧件的实际流动速度应等于理论速度乘以滑移系数，下面将讨论有关滑移的概念和滑移系数的确定。

14.2.3　变形区内金属的滑移

14.2.3.1　轧辊速度的分解

传统的斜轧理论一般都应用理论分析和实验分析相结合的方法，研究斜轧过程中金属产生的各种滑移现象。通过在同一坐标系里轧辊的速度与轧件的速度之比值来定义滑移系数。本节的轧辊表面一点的圆周速度 W 与上节图 14-1 所示的自共轭点 M 所作的圆周速度 W 是一致的。而轧辊的轴向速度 W_o 与切向分速 W_t 则不同于上一节的 W_X 和 W，这里的 W_o 是指在 (x, y, z) 坐标系 x 方向（轧制线方向）的轧辊速度分量，W_t 是轧辊速度在垂直轧制线方向的分量。

把原来平行于轧制线的轧辊轴线，围绕通过轧辊中心并垂直轧制线的轴旋转，所转过的角度 α 称为送进角；轧辊轴线在通过轧制线与轧辊轴线的平面内转动与轧制线形成的交角 β 称为辗轧角，如图 14-2 所示。

轧辊表面上任一点的圆周速度为：

$$W = \frac{\pi D n_r}{60} \qquad (14\text{-}5)$$

式中　D——点所在断面的轧辊直径；

　　　n_r——轧辊的转数，r/min。

如图 14-2（a）所示，速度 W 可分解为与轧制线平行的速度分量 W_o 及与轧制线垂直的水平切向速度分量 W_t，根据式（14-5）有

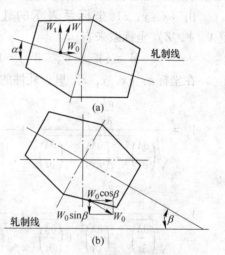

图 14-2　轧辊速度分解图
(a) $\alpha \neq 0$，$\beta = 0$ 的情况（在垂直面上）
(b) $\alpha \neq 0$，$\beta \neq 0$ 的情况（在水平面上）

$$\left.\begin{aligned} W_o &= \frac{\pi D n_r}{60}\sin\alpha \\[2mm] W_t &= \frac{\pi D n_r}{60}\cos\alpha \end{aligned}\right\} \qquad (14\text{-}6)$$

可见，由于有送进角 α，沿轧制方向的速度 W_o 不等于零，而且随 α 角的增加而增大。轧制时，在速度 W_o 及 W_t 作用下，管坯在产生旋转运动的同时，还产生一向前的轴向运动。

如图 14-2（b）所示，当轧辊轴线在水平面内还有倾角 β（辗轧角）存在时，式（14-6）所示的沿轧制方向的速度分量还将相应地转一角度 β，而切向速度分量不变。由此，当有送进角 α 和辗轧角 β 同时存在时，沿轧制方向和切向方向的速度分量为：

$$\left.\begin{aligned} W_o &= \frac{\pi D n_r}{60}\sin\alpha\cos\beta \\[2mm] W_t &= \frac{\pi D n_r}{60}\cos\alpha \end{aligned}\right\}$$

如果轧件在轧辊的孔型中没有滑动，轧件的理论轴向速度与理论切向速度将与轧辊表面相应点处相同。但实际上金属从开始咬入到变形区最窄的孔喉（辊面间距离最小处）这一段，随着轧件的前进，其断面面积越来越小，金属在该段的总延伸对穿孔机最大可达 4 倍以上。所以在变形区内，金属流动的速度越来越快，轧件在入口和出口处的前进速度将显著不同。因此，轧件和轧辊表面之间不可避免地要产生滑移。将金属的实际流动速度用 V 表示，其轴向和切向水平速度分量用 V_o 及 V_t 表示，则有：

$$\left.\begin{aligned} V_o &= \eta_{ox} W_o \\[2mm] V_t &= \eta_{tx} W_t \end{aligned}\right\} \qquad (14\text{-}7)$$

式中 η_{ox}——任一断面上的轴向滑动系数；

$\qquad$ η_{tx}——任一断面上的切向滑动系数。

14.2.3.2 切向滑动

斜轧时金属相对轧辊表面的切向滑动，由几何切向滑动和塑性变形切向滑动两部分构成。

塑性变形切向滑动是由金属在轧辊间或轧辊与顶头间被辗轧产生塑性流动，金属相对轧辊所产生的切向滑动。如在圆柱形轧辊间横轧时，金属相对轧辊所产生的切向滑动即由塑性变形所引起。由于穿孔时变形是不均匀的，确定塑性变形切向滑动是比较困难的。

几何切向滑动是由轧辊及轧件的锥度引起的。由于回转体的切向速度在转数一定的条件下与直径成正比，故轧辊的切向速度 W_t 在中部的压缩带上（直径最大处）比在出、入口断面上大，而管坯的切向速度 V_t 在变形区的孔喉处比在出、入口断面上小。这两条速度变化曲线在变形区内可能交于一点或两点，交点所在断面称为几何滑动的中和面，仅在中和面上金属与轧辊间无几何切向滑动，在其余断面上均有切向滑动存在。

在斜轧过程中沿变形区长度存在的切向滑动主要取决于几何因素。塑性变形引起的切向滑动可不予考虑，而近似地认为在横断面上沿接触弧的平均切向滑动系数等于几何滑动系数。

假设管坯在穿孔过程中无扭转，所有断面的角速度相等，不计送进角 α 的影响（即令 $\cos\alpha=1$），则切向滑动系数可表示为：

$$\eta'_{tx} = \frac{V'_t}{W_t} = \frac{r}{R} \cdot \frac{n_m}{n_r}$$

式中 η'_{tx}——管坯无扭转时的切向滑动系数；

$\qquad$ V'_t——无扭转时管坯的切向速度；

n_m，n_r——管坯及轧辊的转数；

r，R——管坯及轧辊的半径。

由于在中和面上几何滑动系数等于 1，故有：

$$\frac{n_m}{n_r} = \frac{R_n}{r_n}$$

式中 R_n，r_n——轧辊及管坯在中和面上的半径。

于是切向滑动系数为：

$$\eta'_{tx} = \frac{r \cdot R_n}{R \cdot r_n} \approx \frac{r}{r_n} \qquad (14\text{-}8)$$

按照式（14-8），在无扭转时切向滑动系数在变形区内沿穿孔锥（入口锥）和辗轧锥（出口锥）按直线变化，如图 14-3 所示。实际上在穿孔过程中，在切向摩擦力的作用下，管坯是有扭转产生的。实验表明，在穿孔锥间的区域内管坯扭转很小，扭转主要产生在辗轧锥间的区域内；管坯的扭转方向与管坯的转动方向相反。

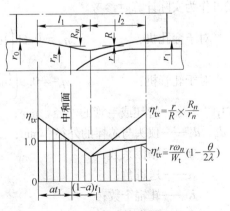

图 14-3 几何切向滑动系数
沿变形区长度的变化

管坯的扭转使管坯在变形区内的各不同断面上转动的角速度发生改变。在穿孔锥间的区域内，可近似认为管坯转动的角速度不变，等于中和面的转动角速度 ω_n；在辗轧锥间的区域内，管坯转动的角速度 ω 逐渐减小，在出口断面上达最小值。考虑管坯的扭转，切向滑动系数可表示为：

$$\eta_{tx} = \frac{V_t}{W_t} = \frac{r \cdot \omega}{W_t} = \frac{r \cdot \omega_n}{W_t}\left(1 - \frac{\theta}{2\pi}\right) \tag{14-9}$$

式中　θ——断面的扭转角度。

按照式（14-9）及管坯扭转的数据，考虑扭转的切向滑动系数沿变形区长度的变化如图 14-3 所示。

如同纵轧一样，变形区内中和面的位置取决于轧件的平衡条件。在穿孔时，管坯受轧辊的正压力和摩擦力、顶头的轴向推力及导板的摩擦力的作用，此外还有惯性力存在。在这些力的作用下，金属在一定的流动速度状态下处于动态平衡。

根据大多数实验数据，出口断面的切向滑动系数都接近于 1，故在实际计算中对出口断面可取 $\eta_t = 1$。

14.2.3.3　轴向滑动

根据在二辊穿孔机上的实验研究，在变形区的全长上金属的轴向流动速度 V_0 都小于轧辊圆周速度在轧制方向的分量 W_0，如图 14-4 所示，$\eta_0 = \dfrac{V_0}{W_0} < 1$，金属产生轴向后滑。和切向滑动不同，在变形区中不存在 $W_0 = V_0$ 这样一个中和面。

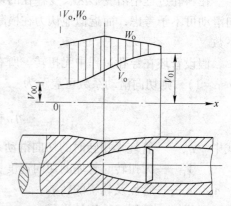

图 14-4　速度 W_0 及 V_0 沿变形长度的分布

变形区中金属流动受到的阻力越大，则滑动越小、滑动系数越大。因此，工具与金属接触面间的摩擦系数、轧制速度和温度、工具与管坯的形状尺寸、顶头前伸量和芯棒使用方式（固定还是浮动）、送进角大小等因素都对轴向滑动系数有所影响。由于影响因素的复杂，虽然做了大量实验和理论分析，但要定量估计各因素的影响还是极其困难的。下面介绍的经验公式可作为实际计算时参考。

对于穿孔机：

$$\eta_0 = 0.68\left(\ln\alpha + 0.05\,\frac{d_0}{d_p}\varepsilon_0\right)f\sqrt{K}$$

对于轧管机：

$$\eta_0 = 0.9\left(\ln\alpha + 0.05\,\frac{d_0}{d'_p}\varepsilon'_0\right)f\sqrt{K}$$

式中　d_0——管坯或毛管的外径，mm；

　d_p，d'_p——顶头与芯棒的外径，mm；

　　f——摩擦系数；

　　α——送进角；

　　K——轧辊个数；

　　ε_0——顶头前坯料的径向压下量，%；

　　ε'_0——辊肩前毛管的径向压下量，%。

轧制过程中产生大的滑动是不利的，它会使生产率降低，工具磨损加快，能量消耗增加，轧件质量恶化。因此，合理的设计应使滑动系数尽可能增大。

14.2.3.4 轧件的送进速度

轧件的前进速度对生产率有直接意义。根据秒流量相等原则，金属在变形区内任一断面 x 上的平均轴向流动速度为：

$$V_o = V_{o1} \frac{F_1}{F} \tag{14-10}$$

式中　V_{o1}——金属在出口断面上的平均轴向流动速度（出口速度）；

　　F_1，F——金属在出口断面及所研究的断面 x 上的面积。

根据式（14-7），金属的出口速度：

$$V_{o1} = \eta_o \cdot \frac{\pi D_1 n_r}{60} \sin\alpha \tag{14-11}$$

式中　η_o——出口断面的轴向滑动系数；

　　n_r——轧辊的转数；

　　D_1——出口断面上的轧辊直径。

按式（14-11）将 V_{o1} 值代入式（14-10）求得轧件的平均轴向流动速度（或称送进速度）为：

$$V_o = \eta_o \frac{\pi D_1 n_r}{60} \frac{F_1}{F} \sin\alpha \tag{14-12}$$

14.2.3.5 螺距

斜轧变形区中，由于轧件做的是螺旋前进运动，为了表示出轧件上某一点与轧辊接触到与另一轧辊接触时间内轧件的轴向位移量，有必要引入一个新的几何参数——螺距。

将金属的送进速度 V_o 乘以管坯转 $\frac{1}{K}$ 转（K 为轧辊数，对二辊即为转半转，对三辊为 1/3 转）所需时间 τ，则得在任一断面 x 上的 $\frac{1}{K}$ 转送进距离，简称为螺距：

$$s = V_0 \cdot \tau_0$$

不计管坯在变形区内的扭转，管坯转 $\frac{1}{K}$ 转所需的时间为：

$$\tau = \frac{60}{K n_m}$$

式中　n_m——管坯的转数。

于是求得　　　　　　　　　　　$s = \frac{60}{K} \cdot \frac{V_0}{n_m}$ 　　　　　　　　　(14-13)

根据考虑切向滑动时金属切向分速度的式（14-7），对于出口断面应有如下等式存在：

$$\eta_t \frac{\pi D_1 n_r}{60} \cos\alpha = \frac{\pi d_1 n_m}{60}$$

所以

$$n_{\mathrm{m}} = \eta_{\mathrm{t}} \frac{D_{\mathrm{t}}}{d_{\mathrm{t}}} n_{\mathrm{r}} \cos\alpha \tag{14-14}$$

按式（14-14）及式（14-12），将 n_{m} 及 V_{o} 值代到式（14-13）中，最后得：

$$s = \pi \cdot \frac{\eta_{\mathrm{o}}}{\eta_{\mathrm{t}}} \cdot \frac{D_1}{D} \cdot \frac{F_1}{F} \cdot \frac{d_1}{K} \tan\alpha \approx \pi \frac{\eta_{\mathrm{o}}}{\eta_{\mathrm{t}}} \cdot \frac{F_1}{F} \cdot \frac{d_1}{K} \tan\alpha \tag{14-15}$$

式中　η_{t}——出口断面的切向滑动系数，$\eta_{\mathrm{t}} \approx 1$；

　　　d_1——管坯在出口断面上的直径。

由式（14-15）可见，螺距是变化的，其值随轧件进入变形区坯料横断面面积的减小而增大。

14.2.3.6　纯轧时间的计算

斜轧的纯轧时间是指轧件通过变形区所需的时间——由管坯前端接触轧辊起到轧出的毛管尾端离开轧辊止的时间间隔。所以纯轧时间等于轧件前端通过变形区长度 l 及以出口速度 V_{o1} 轧完长度为 L 的毛管所需的时间之和。把轧件前端在变形区内的移动速度看成是均匀的，并假定等于出口速度，则纯轧时间：

$$T = \frac{l + L}{V_{\mathrm{o1}}} = \frac{l + L}{\eta_{\mathrm{o}} \dfrac{\pi D_1 n_{\mathrm{r}}}{60} \sin\alpha \cos\beta} \tag{14-16}$$

对于辊式穿孔机，$\beta = 0$，则有：

$$T = \frac{l + L}{\eta_{\mathrm{o}} \dfrac{\pi D_1 n_{\mathrm{r}}}{60} \sin\alpha} \tag{14-17}$$

由此可见，为提高轧机生产效率，缩短纯轧时间，可以通过提高轧辊转数和加大送进角来实现。虽然也可以通过加大轧辊直径和增加滑动系数使纯轧时间减少，但受到轧机结构和咬入条件的限制，后面的方法是不可取的。

14.2.4　大送进角轧制

随着高速纵轧管机——连轧管机、减径机技术的发展，由于辅助工序自动化程度的提高而缩短了辅助时间，对钢管的质量要求越来越高，使得管材生产工序中产量与质量的矛盾集中到穿孔工序上。在三辊轧管机组中，轧管机的轧速比穿孔机还要低，因此在各种情况下都希望提高斜轧机的生产能力。建立高生产率的斜轧机已成为当前理论研究与生产实践中的一项迫切任务。上一节已经指出，增加轧辊转速和适当加大送进角是实现这一任务的有效手段和方向。

14.2.4.1　大送进角对轧制过程的影响

送进角改变，变形区形状产生变化，因此对变形区的参数产生很大影响。图 14-5 所示为变形区参数的变化与送进角之间的关系。由图可见，送进角增大，变形区长度缩短，而金属与轧辊接触面积和接触宽度都增大。变形区参数的改变将对受力状态和速度状态产生很大影响，这些变化有的对产量与质量的提高有明显效果，而有的则使轧制条件恶化。

有利的影响有以下几方面：

（1）由于加大送进角，轧辊轴向分速加大，摩擦力水平分力增加，金属与轧辊间的滑动减少，这两方面都使轧速加大，道次能力（通过能力）增加，生产率显著提高。

（2）改善了金属变形的不均匀性，提高了金属的可穿性。这是由于送进角增加，轴向滑移减少，坯料内的附加应力减少。另外由于变形区的缩短，轴向速度的增大，使管坯在变形区中的每转压下量增加，这虽然会使变形不均匀增加，但金属经过变形区的压下次数减少，从而减少了交变应力的循环次数，拉应力和切应力的反复作用减少，这两方面都使金属

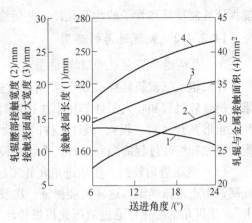

图 14-5 变形区几何参数与送进角 β 的关系

变形不均匀性和中心破裂的倾向减少。表 14-1 是 Cr18Ni10Ti 钢管坯可穿性随送进角的变化，从表 14-1 可看出，送进角由 6°增加到 18°，临界压下量增加到 2.8 倍。

表 14-1　Cr18Ni10Ti 钢管坯可穿性随送进角的变化

送进角/(°)	临界压下量/%	平均局部压下量/%
6	8.9	—
12	15.3	3.00
15	20.8	3.80
18	25.0	5.33

（3）提高了工具使用寿命。由于送进角的增加，穿孔时间缩短，从而使顶头的热负荷降低，寿命提高，例如在三辊穿孔机上：

送进角	9°	13°	17°
穿孔时间	6.9s	5.1s	3.2s
顶头鼻子温度	840℃	800℃	670℃

（4）单位能耗下降。由于送进角增大，使表面滑移减小，轧速的提高则保持了管坯温度，因此能耗下降。

不利的影响主要是：

（1）送进角加大，变形区缩短，造成一次咬入与二次咬入条件变坏，同时限制了临界压下量的提高。

（2）送进角加大，接触宽度和接触面积增加，使轧制总压力和马达负荷上升。

（3）终轧过程的条件恶化。这是由于轧速上升，螺距增大，每 $\frac{1}{K}$ 转的单位压下量加大，轧制压力增加，使得金属的横向变形强烈，加上尾部刚端的消失，使横向变形加深发展，因此，在二辊斜轧机上毛管的椭圆度增加，而在三辊斜轧机上，尾部三角形效应增大。接触面宽度进一步增大，到一定程度金属将充满并挤出辊缝，破坏了轧件的转动条件，造成"轧卡"，影响轧制过程的稳定。

（4）送进角加大后变形区产生畸变，轧辊辗轧锥与顶头圆锥之间的孔型产生歪扭，不

能保证轧制质量和管子的均圆孔径，并使终轧过程不具有足够的曳入力而导致"轧卡"。

14.2.4.2 大送进角的运用

A 大送进角在穿孔机上的运用

在二辊或三辊斜轧穿孔机上采用大送进角轧制，已收到了提高产量和质量的明显效果，但终轧过程和咬入条件都比小送进角时恶化，且毛管尾部会出现椭圆张开（对二辊）和三角形张开（对三辊），破坏轧件的转动而轧卡。因此为保证在大送进角情况下轧制过程的建立和终轧过程的顺利进行，在设备设计上采取了以下一系列措施：

（1）变送进角轧制。使送进角在轧制过程中能进行调整，用小送进角咬入，大送进角轧制，小送进角抛出，这样就能保证一次咬入与二次咬入，中段高速轧制和尾部不致"轧卡"。送进角的变化可通过液压或机械传动方式使转鼓旋转与制动。

（2）推力穿孔。即在咬入与轧制的全过程中，管坯尾端始终施加一定推力，这样除可帮助咬入、提高轧速、防止终轧卡钢外，还可减少坯料内部的轴向拉应力，提高轴向滑移系数，改善应力状态，有利于提高毛管质量。

（3）传动顶头。斜轧穿孔的一次咬入包括使轧件能实现轴向曳入的条件和使轧件实现转动的条件两个方面。如果将原来的被动顶头变成主动顶头，使得在管坯的旋转方向上附加一个转动力矩，可改善咬入条件，并有利于减少甚至消除金属与顶头表面之间的滑移，改善毛管内表面质量。

（4）改进导向工具。由于导板与金属表面之间的严重摩擦，大大阻碍了金属的曳入，降低了工具寿命和划伤了毛管的表面。用导盘或导辊代替导板则可避免上述缺点。不仅如此，导盘能改善坯料内部的应力状态和金属的变形条件，提高了难变形金属的可穿性。

（5）合理地改进孔型设计。由于大送进角使工作辊与工具（顶头、导板）所形成的变形区缩短，对一次咬入产生很大影响，因此要预先根据坯料的咬入条件、力能参数及所选择的变形区形状，制定合理的孔型方案，要使轧辊在入口锥的锥度减小（如由 3°30′减小到 1°~2°），以增加咬入力；出口锥的辊面应考虑成具有双锥度或多锥度，甚至为曲线型的复杂辊型，使轧辊的锥度在送进角变化下也能与顶头的锥度相平行，以保证终轧过程具有足够的曳入力和轧出的毛管满足尺寸精度。

根据生产实际证明，大送进角穿孔在三辊穿孔机上的运用效果比二辊更突出。从运动学观点分析，三辊的最大送进角可比二辊大 0.3~0.5 倍，即在不破坏咬入的情况下，采用锥度 3°30′的轧辊时，三辊送进角允许增加到 24°，而二辊是 18°。此外，三辊穿孔的二次咬入条件比二辊好，即临界压下量比二辊大。

B 大送进角在三辊轧管机上的运用

三辊轧管机轧制周期中，纯轧时间占 70%~80%，因此采用加大送进角的方法来提高轧管速度、缩短纯轧制时间，是提高其生产率的重要途径，也是三辊轧管机挖潜的一项有效措施。

但是阿塞尔型的三辊轧管机由于送进角在轧制过程中不可调，因此一个最大的问题是不能轧薄壁管材，最大的 D/t 比值不超过 12；比值大于 12 时尾部出现三角形喇叭口，破坏终轧过程。而三角形效应又受送进角的很大影响，送进角加大，接触宽度增加，金属横向变形加深，三角形效应显著。所以，解决三辊轧管的管尾三角是提高 D/t 比值和提高送进角的关键。而要消除管尾三角，最好的方法就是减小送进角。因此，如何解决既要用大送进角来提高速度，又要用小送进角来防止管尾三角，便成了设计新型三辊轧管机的一大课题。

为解决这一矛盾，法国首次出现的特朗斯瓦尔型三辊轧管机，通过自动调整送进角的方法，实现了在送进角 $\alpha = 12°$ 时获得 $D/t = 38$ 的薄壁管，而阿塞尔轧机只能在 $\alpha < 6°$ 的情况下获得 $D/t < 12$ 的管子。

特朗斯瓦尔轧机的特点就是可根据需要，在轧每一根管子的过程中，迅速按要求改变送进角和轧辊转速。为防止管尾产生三角形，要求在终轧过程采用较小的送进角和较低的轧辊转速，而在轧每根管子的前中段时采用大的送进角和较高的转速。因此每当轧到尾部时，通过液压传动使入口侧的活动机架绕轧制线急速转动到指定位置，这样一端安装在活动机架上面的 3 个轧辊相对于固定机架扭转了一个角度，实现了送进角的减小。

三辊轧管机由于是通过转动机架使 3 个轧辊同时扭转，所以送进角变化时，除了引起变形区的畸变、长度缩短之外，还会引起孔喉直径的变化，即最大辊径断面处的孔型直径变化。当送进角减小时，孔喉增大，引起管壁增厚，D/t 比值减小，从而消除或减轻三角效应；当送进角增大时，孔喉减小，引起管壁减薄，从而 D/t 比值增大。利用这一特点，可在轧前中段时，采用大送进角，既提高了轧速，又轧出了薄壁管；在轧尾段时采用小送进角，虽然出现了极短的一段管壁增厚，但可避免三角形的产生。所以在三辊轧管机上采用大送进角轧制，除了提高生产率外，更有意义的一点是可以提高 D/t 比值，轧出薄壁管。

14.3 斜轧机力能参数计算

14.3.1 概述

轧制压力、顶头轴向负荷、轧制扭矩和轧制功率是钢管斜轧机工具设计和设备设计中的主要参数。由于斜轧过程中存在必要应变和多余应变两类变形，因此使得斜轧时力能参数的计算复杂化。目前对这一问题尚不能在理论上作严格的数学处理，而只能用各种近似的简化处理方法，并忽略多余应变的影响，把复杂的应变情况理想化。

计算各种形式斜轧机轧制功率的方法与步骤，原则上与纵轧一样，即可根据：
（1）金属对轧辊的压力计算；
（2）单位能耗曲线计算。

按金属对轧辊的压力计算，即根据求出的总轧制力，算出轧制力矩和轧制功率。为求总压力，计算金属的变形抗力和平均单位压力，计算轧辊与轧件的接触面积是主要的环节。计算步骤与方式大体与纵轧相同，但应注意斜轧本身所具有的一系列特点，例如必须引入径向压下量、螺距、滑移系数等参量，要考虑顶头轴向力、接触面宽度变化、送进角等因素。

斜轧机轧制力计算公式目前有 4 种类型：
（1）借用纵轧板材的单位压力公式；
（2）根据斜轧本身的变形特点，用塑性力学的工程计算法推导出理论式；

（3）用数值法导出的理论式，如有限元法、上限法、变分法；

（4）经验公式。

第一种方法虽然是把斜轧过程简化成纵轧过程，不甚合理，但这种方法目前仍被工程界广为采用；后两种根据斜轧特点推导的理论式，由于在推导中作了大量的简化假定，其准确性有待于实践验证。

14.3.2　接触面积的计算

为计算总轧制压力，须确定接触面积。这里研究在辊式斜轧机上穿孔时的接触面积计算。由于沿变形区长度，接触表面的宽度是变化的（见图 14-6），在确定接触面积时须将变形区长度 l 分成若干等分，而在每一 Δl 段内将接触面积近似地看做一梯形，从而总的接触面积为各梯形面积之和：

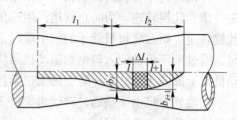

图 14-6　穿孔时的接触面积

$$F = \sum \frac{b_i + b_{i+1}}{2}\Delta l \qquad (14\text{-}18)$$

式中　b_i，b_{i+1}——在分点 i 及 $i+1$ 上的接触宽度；

　　　　Δl——分点 i 及 $i+1$ 间的距离。

14.3.2.1　变形区长度的确定

变形区的长度为由入口断面到出口断面的距离。如图 14-7 所示，入口断面的管坯直径为 d_0，出口断面上的毛管直径为 d_1，轧辊之间的最小距离为 d_H，轧辊的入口锥和出口锥的母线倾角为 α_1 和 α_2，如果不计送进角 α，则由几何关系可求得变形区长度：

$$l = l_1 + l_2 = \frac{d_0 - d_H}{2\tan\alpha_1} + \frac{d_1 - d_H}{2\tan\alpha_2} \qquad (14\text{-}19)$$

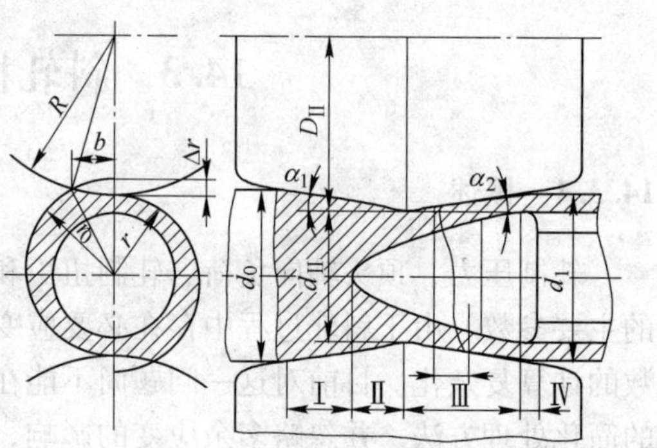

当考虑送进角 α 时，变形区的长度 l 要较按式（14-19）计算得到的为小，在 $\alpha = 8° \sim 12°$ 时，误差不超过 $8\% \sim 10\%$。确定 l 的精确公式很复杂，考虑 α 角时可近似地按式（14-20）计算：

图 14-7　穿孔时的变形区图标

$$l = \left(\frac{d_0 - d_H}{2\tan\alpha_1}\right)\cos\alpha + \left(\frac{d_1 - d_H}{\tan\alpha_2}\right)\cos\alpha \qquad (14\text{-}20)$$

在 α 角较大时，式（14-20）可给出较为精确的结果。

14.3.2.2　接触面宽度的确定

任一断面的接触宽度 b 可根据该断面上的轧辊半径 R、径向压下量 Δr 及管坯的轧前半径 $r_e = r + \Delta r$ 确定之。按图 14-7 有下列等式存在：

$$\Delta r = R - \sqrt{R^2 - b^2} + r_e - \sqrt{r_e^2 - b^2} = R\left[1 - \sqrt{1 - \left(\frac{b}{R}\right)^2}\right] + r_e\left[1 - \sqrt{1 - \left(\frac{b}{r_e}\right)^2}\right]$$

$$(14\text{-}21)$$

由于比值 $\frac{b}{R}$ 及 $\frac{b}{r_e}$ 远小于 1，故式（14-21）的根号项可展开成麦克劳林级数，取展开式的前两项已足够精确，则有：

$$\sqrt{1 - \left(\frac{b}{R}\right)^2} \approx 1 - \frac{1}{2}\left(\frac{b}{R}\right)^2$$

$$\sqrt{1 - \left(\frac{b}{r_e}\right)^2} \approx 1 - \frac{1}{2}\left(\frac{b}{r_e}\right)^2$$

将上式代入式（14-21），经整理后得：

$$b = \sqrt{\frac{2Rr_e}{R + r_e}\Delta r}$$

$$(14\text{-}22a)$$

把 $r_e = \frac{d}{2} + \Delta r$、$R = \frac{D}{2}$ 关系代入，有：

$$b = \sqrt{\frac{\Delta r d + 2\Delta r^2}{1 + \frac{d}{D} + 2\frac{\Delta r}{D}}}$$

$$(14\text{-}22b)$$

式（14-22b）是在假定金属仅与轧辊连心线之一边相接触，且不产生弹性变形的情况下导出的。但实际上由于轧辊和轧件的局部弹性压缩，使金属还在连心线的另一边流动，实际的径向压下量比理论计算的要大，因此计算值一般都比实测值低。虽然如此，因该式比较简单，故实际计算中常被采用。式（14-22b）中的径向压下量 Δr，根据图 14-7 对各个区域分别按下列公式计算。

对于区域 I，Δr 表示坯料在 $\frac{1}{k}$ 转中两相邻断面半径之差：

$$\Delta r = s\tan\alpha_1$$

$$(14\text{-}23)$$

对于区域 II，Δr 为 $\frac{1}{k}$ 转中两相邻断面壁厚之差：

$$\Delta r = s(\tan\alpha_1 + \tan\gamma)$$

$$(14\text{-}24)$$

对于区域 III：

$$\Delta r = s(\tan\gamma - \tan\alpha_2)$$

$$(14\text{-}25)$$

式中 γ——顶头锥体的母线的倾斜角。

式（14-23）~式（14-25）中的 s 按式（14-15）计算，对于二辊式斜轧机 $k=2$，对于三辊斜轧机 $k=3$，考虑二辊式斜轧机上穿孔时，管坯在变形区内形成的椭圆度对接触面积宽度的影响，可对式（14-22）作些修正，按式（14-26）计算接触面宽度：

$$b = \sqrt{\frac{2Rr_e\Delta r}{R + r_e}} + \frac{Rr}{R + r}(\xi - 1)$$

$$(14\text{-}26)$$

式中，第二项为椭圆度的影响使接触面宽度所增加的数值。椭圆度系数 ξ 对于无孔腔的区域 I 取 1.005~1.01（顶头前压下量大时取大值），对于有孔腔的区域，由于椭圆度受导板的控制，系数 ξ 可按断面上导板距离 a 与辊面的距离 d 的比值确定：

$$\xi = \frac{a}{d}$$

14.3.3　变形速度及变形程度的确定

材料变形抗力的大小与变形过程中的变形温度、变形速度和变形程度有关。对于斜轧穿孔过程，变形区中的温度变化不太显著，而变形速度与变形程度对不同断面差别较大。因此在确定斜轧穿孔的变形抗力时，应将变形区划分为若干区段，分段计算其变形速度与变形程度，根据各段的不同情况确定相应的变形抗力。

14.3.3.1　斜轧穿孔速度的计算

斜轧过程变形速度的计算，一般都是根据式（14-27）推导：

$$\dot{\varepsilon} = \frac{d\varepsilon}{dt} = \frac{\varepsilon}{t} \tag{14-27}$$

式中　$\dot{\varepsilon}$——总应变或某一应变分量；

　　　t——产生总应变或某一分应变所需时间。

变形速度也可用速度分量表示：

$$\dot{\varepsilon} = \frac{d\varepsilon}{dt} = \frac{dr}{H} \cdot \frac{1}{dt} = \frac{v_r}{H} \tag{14-28}$$

式中　v_r——变形区内金属的径向速度分量；

　　　H——管件在径向的变形深度。

A　斯米尔诺夫公式

对入口锥：

$$\dot{\varepsilon} = \frac{2\pi n}{60} \eta_0 \frac{D_H}{d_3} \sin\alpha \tan\alpha_1 \frac{1 + \left(\frac{d_H}{d_3}\right)^2}{1 + \frac{d_H}{d_3}} \tag{14-29a}$$

对出口锥：

$$\dot{\varepsilon} = \frac{2\pi n}{60} \eta_0 \frac{D_H}{t_H} \sin\alpha \tan\alpha_2 \frac{1 + \frac{F_H}{F_r}}{1 + \frac{t_H}{t_r}} \tag{14-29b}$$

式中　n——轧辊转速；

　　　η_0——轴向滑移系数；

　　　D_H——辊腰处轧辊直径；

　　d_3, d_H——坯料在轧辊入口与孔喉处直径；

　　　α——送进角；

　α_1, α_2——轧辊辊面入口锥角与出口锥角；

　　　t_r——毛管壁厚；

t_H——顶头鼻前被穿坯料的直径；

F_H——孔喉处轧件的断面面积；

F_r——毛管的断面面积。

B 切克马辽夫公式

辗轧实心坯时：$\dot{\varepsilon} = \dfrac{v_t \Delta r}{R \alpha_0^2 (R + r)}$

辗轧毛管时：$\dot{\varepsilon} = \dfrac{v_t}{\omega (R + r)} \left[\dfrac{\Delta r}{R} + \left(\dfrac{r_p}{R} + 1 \right) \cdot \ln \left(\dfrac{r + \Delta r - r_p}{r - r_p} \right) \right]$ （14-30）

$\alpha_0 = \arcsin \dfrac{b}{R}$

式中　ω——毛管咬入点所对应的轧辊中心角；

v_t——金属切向速度分量；

Δr——径向压下量；

R，r——轧辊半径与轧件半径；

b——辊管接触宽度；

r_p——顶头半径。

14.3.3.2 变形程度计算

斜轧穿孔变形区内任一横断面的变形程度可以用相对变形与对数变形两种方式表示。

相对变形　　　　　对数变形

轧制实心坯心时　$\varepsilon = \dfrac{2 \Delta r}{d_x}$　$\bar{\varepsilon} = \ln \left(1 + \dfrac{2 \Delta r}{d_x} \right)$

轧制毛管时　$\varepsilon = \dfrac{\Delta r}{S + \Delta r}$　$\bar{\varepsilon} = \ln \left(1 + \dfrac{\Delta r}{S} \right)$ （14-31）

式中　Δr——该截面的径向压下量；

d_x——该截面轧件直径；

S——该截面毛管壁厚。

14.3.4 斜轧单位压力计算

斜轧过程中金属处于明显的三向应力和三向应变状态。这种空间应力应变状态如简化成平面问题或轴对称问题来分析求解，都会产生很大误差，按三维问题求解，在数学处理上又遇到很大困难。因此斜轧单位压力的理论计算方法至今尚未获得很好的解决。实际中广为应用而又接近实测值的斜轧穿孔单位压力理论计算方法仍然是纵轧公式。

借用纵轧公式计算斜轧问题看起来是不合理的，但是，如果把斜轧看成是一种连续的纵轧过程还是有道理的。利用纵轧公式计算斜轧穿孔单位压力比较简单，易于掌握，也适用于作为生产过程计算机控制系统中计算参数的数学模型。对于斜轧时三向应力应变状态所产生的计算误差，可借助于投产期间获得的一些实验系数加以修正。

14.3.4.1 斜轧过程分析

如上所述，斜轧螺旋轧制都具有一个共同的特点，就是金属在同一变形区内受到轧辊与顶头（或芯棒）的周期连续作用而产生形状与尺寸的变化。以三辊联合穿轧为例，变形区是由压缩—穿孔—横轧—扩径—辗轧—均整—定径几个轧制阶段连续组成。金属在这一系列的工序孔型中连续通过，从而获得一次大的变形量。在 3 个轧辊与顶头、芯棒所包围的空间（即孔型）内，金属受到周期连续的轧制。将变形区不同阶段的截面按 360° 展开。位于变形区内的顶头与芯棒可视作小直径的芯辊，充当每一展开部分的下辊，外围的 3 个轧辊则充当主动的上工作辊，这样便组成了连续变化的一系列纵轧孔型，如图 14-8 所示。因此可近似认为，斜轧相当于共用一个内加工轧辊的多机座的二辊纵轧连轧形式，从某种意义上可以说，斜轧实现了"单机连轧"的作用。基于这个观点，在斜轧穿孔单位压力计算中，借用纵轧公式是允许和合理的。但是在应用时要注意将表征纵轧板带公式中的几何与变形参量正确地转化成表征斜轧特点的几何变形参量。例如，纵轧的变形区长度 l，在斜轧穿孔时应当是接触面宽度 b，变形前的板厚 h_0 在斜轧穿孔无顶头入口锥区则应是坯料的直径 d_0，处于顶头区则应是毛管的壁厚 S，纵轧中的绝对压下量 Δh，在斜轧穿孔中应等于 2 倍径向压下量 Δr 等，如图 14-9 所示。

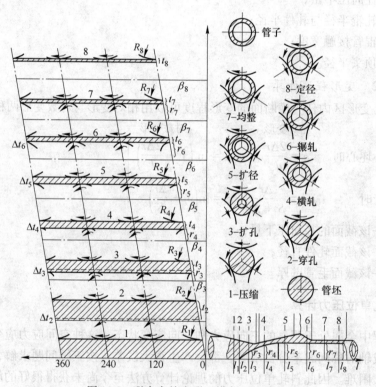

图 14-8 联合穿轧变形区横断面的展开

14.3.4.2 平均单位压力一般表达式

纵轧时的平均单位压力，一般用下式定性表示：

$$\bar{p} = \gamma n'_\sigma n''_\sigma n'''_\sigma \sigma_s$$

式中 γ——中间主应力影响系数；

n'_σ——外摩擦及变形区几何参数影响系数；

n_σ''——外端影响系数；

n_σ'''——张力影响系数；

σ_s——对应一定的变形温度、变形速度
　　及变形程度被轧材料的变形抗力。

根据纵轧理论的研究有如下结论：

（1）当变形区长度 l 与轧件厚度 h 之比即
$l/h < 1$ 时，外摩擦对单位压力的影响很小，
$n_\sigma' = 1$，而外端影响较大，$n_\sigma'' > 1$。

（2）当 $l/h > 1$ 时，外端对单位压力的影响
很小，$n_\sigma'' = 1$，而外摩擦影响很大，$n_\sigma' > 1$。

（3）将纵轧近似看成是平面应变，$\gamma =$
1.15。

如将斜轧穿孔近似看成是连续纵轧过程，
由于不带张力，故 $n_\sigma''' = 1$，单位压力的定性表
达式可写成：

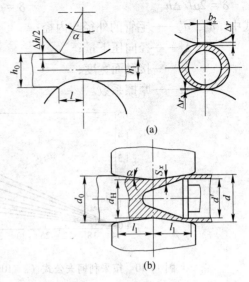

图 14-9　纵轧（a）与斜轧（b）变形区的
几何参数量

$$\bar{p} = \gamma n_\sigma' n_\sigma'' \sigma_s \qquad (14\text{-}32)$$

上述 3 个结论也同样适用，即：

（1）当辊管的接触宽度与管子的壁厚之比 $b/S < 1$ 时，外摩擦对单位压力的影响可忽
略不计，$n_\sigma' = 1$。在入口锥无顶头区，由于 $b/d_0 \ll 1$（d_0 为管坯直径），因此，该区域单位
压力主要受外端影响，$n_\sigma' = 1$ 而 $n_\sigma'' > 1$。

（2）对顶头区域，如 $b/S > 1$ 时，外端对单位压力的影响可以忽略，$n_\sigma'' = 1$，此时只考
虑外摩擦影响，$n_\sigma' > 1$。

（3）取 $\gamma = 1.15$。

14.3.4.3　外摩擦影响系数 n_σ' 的计算

外摩擦的应力状态系数 n_σ' 在斜轧穿孔中反映了轧辊与管体之间、管体与顶头之间的接
触面上的摩擦条件以及轧件在变形区中几何形状的影响。所以 n_σ' 是摩擦系数 μ、管坯直径
d_0、毛管壁厚 S、接触面宽度 b 和径向压下量 Δr 等因素的函数。

A　采里柯夫公式

因公式原形较为复杂，一般都是根据该式做成的诺莫图来确定 n_σ'（见图 14-10）：

$$n_\sigma' = f(\varepsilon, \delta)$$

式中，$\varepsilon = \Delta h / h_0$，$\delta = 2\mu l / \Delta h$。

利用该式计算斜轧穿孔单位压力时，对入口锥无顶头区，n_σ' 趋近于 1，故不必计算。
只有对顶头区和出口锥，在 $b/S > 1$ 时才进行 n_σ'' 的计算，此时参变量的转换关系如下：

纵轧时	斜轧穿孔时
h_0	$(d_x - d_x')/2 + \Delta r$
Δh	$2\Delta r$
l	b_x
$\varepsilon = \dfrac{\Delta h}{h_0}$	$\varepsilon = 2\Delta r / (d_x - d_x' + 2\Delta r)$

$$\delta = 2\mu l/\Delta h \qquad\qquad\qquad \delta = \mu b_x/\Delta r_x$$

式中　d_x，d'_x——毛管的外径与内径；

$\quad\quad\quad\Delta r$——径向压下量；

$\quad\quad\quad b_x$——接触面宽度；

$\quad\quad\quad\mu$——摩擦系数。

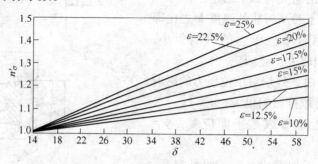

图 14-10　按采利柯夫公式（$\varepsilon = 10\% \sim 25\%$）计算平均单位压力的诺莫图

采里柯夫公式的解析式为：

对入口锥有顶头区　$n'_\sigma = (d_0 + d_H)(\eta_t^{-4\mu\bar{b}_1/(d_0-d_H)} - 1)/(4\mu\bar{b}_1 - d_0 + d_H)\eta_t$

对出口锥　$\quad\quad\quad n'_\sigma = (3S_T + S_1)(\eta_t^{-8\mu\bar{b}_2/(S_T-S_1)} - 1)/(8\mu\bar{b}_2 - S_T + S_1)\eta_t$ $\Bigg\}$ （14-33）

式中　d_0——管坯直径；

$\quad\quad d_H$——轧辊间距（孔喉直径）；

$\quad\quad\bar{b}_1$，$\bar{b}_2$——入、出口锥的平均接触宽度；

$\quad\quad S_T$——压缩带处管壁厚；

$\quad\quad S_1$——毛管壁厚；

$\quad\quad\eta_t$——切向滑移系数；

$\quad\quad\mu$——摩擦系数。

B　罗伯特公式

利用热轧板带轧制单位压力公式计算三辊穿孔机单位压力。纵轧公式为：

$$n'_\sigma = e^{\mu l/2\bar{t}}$$

式中　l——接触弧长；

$\quad\quad\bar{t}$——变形区中板的平均厚度；

$\quad\quad\mu$——摩擦系数。

当用于三辊斜轧穿孔时，罗氏将接触弧长取为出口锥长 $l = (d - d_H)/2\alpha$，轧件平均厚度取出口处壁厚与孔喉处喉径的平均值，即 $\bar{t} = (d_H + d - d')/4$（见图 14-9），故上式用于斜轧时则成为：

$$n'_\sigma = e^{\mu(d-d_H)/\alpha(d_H+d-d')}$$

式中　d_H——喉径；

$\quad\quad d$，d'——毛管外径与内径；

α——轧辊辊面锥角。

显然，罗氏将纵轧时的接触弧长用出口锥长来代替是不妥的。前面分析已指出斜轧之所以可借用纵轧公式，是基于把斜轧看成是金属绕轧制中线作周向运动的纵轧过程，此时的接触弧长应是斜轧中辊管接触面的宽度才对，因此建议作如下修改：

$$n'_{\sigma} = e^{\mu \bar{b}/2\bar{s}} \tag{14-34}$$

式中　$\bar{b}$——平均接触宽度；

$$\bar{b} = F_i/l_i \quad \text{或} \quad \bar{b} = 1/n \sum_0^n b \tag{14-35}$$

F_i——某一变形区段的接触面积；

l_i——对应变形区段长度；

n——变形区划分之段数。

毛管的平均厚度按式（14-36）计算：

$$\bar{S} = \frac{1}{n} \sum_0^n S \tag{14-36}$$

式中　b，S——划分之各段的接触面宽度与壁厚。

C　西姆斯公式

西姆斯热轧公式广泛用于计算热轧板带单位压力，经简化后的数学表达式相当简单，如经美坂佳助简化后的西姆斯公式为：

$$n'_{\sigma} = \frac{\pi}{4} + 0.25 \frac{l_c}{h_c}$$

式中　l_c——接触弧长；

h_c——轧件平均厚度。

应用到斜轧穿孔时可改写为：

$$n'_{\sigma} = \frac{\pi}{4} + 0.25 \frac{\bar{b}}{\bar{S}} \tag{14-37}$$

式中　$\bar{b}$，$\bar{S}$——平均接触宽度与平均壁厚，可按式（14-35）与式（14-36）计算。

14.3.4.4　考虑外端影响的应力状态系数 n''_{σ} 计算

n''_{σ} 一般是根据实验得到的经验公式。以下推荐的切克马辽夫公式是在 $\phi 90$ 穿孔机上得到的经验公式。

对入口锥侧变形区　　　$n''_{\sigma 1} = \left(1.8 - \dfrac{b_H}{2r_H}\right)\left(1 - 2.7\varepsilon_H^2\right)$

对出口锥侧变形区　　　$n''_{\sigma 2} = 0.75 n''_{\sigma 1}$
$$\left.\begin{array}{l} \\ \\ \end{array}\right\} \tag{14-38}$$

式中　b_H——孔喉处断面的接触宽度；

r_H——孔喉处坯料的半径；

ε_H——孔喉处的相对压下率，$\varepsilon_H = (d_0 - d_H)/d_0$；

d_0，d_H——坯料直径与孔喉处坯料直径。

14.3.4.5　计算步骤

（1）把斜轧穿孔变相地看成是连续纵轧过程，将斜轧穿孔中的几何参量与变形参数合理转化成纵轧的相应参数，利用纵轧公式近似计算斜轧穿孔单位压力。

（2）由于斜轧变形区形状不规则，变形区各部分的变形程度和变形速度都不同，在计算单位压力时，应将变形区划分成若干段，分别计算各段的平均单位压力。

（3）按 $\bar{p} = rn'_\sigma n''_\sigma \sigma_s$ 计算各种单位压力时，应先根据每段 b/S 比值大小进行 n'_σ 或 n''_σ 计算。

（4）根据每段的变形速度与变形程度之平均值，确定该段的变形抗力 σ_s，然后将各段求得的 n'_σ、n''_σ、σ_s 代入式（14-32），求出各段的平均单位压力 $\bar{p}_i$ 和接触面积 F_i，则总轧制力为：

$$P = \sum_1^n \bar{p}_i F_i$$

14.3.5　顶头上轴向力的确定

顶头轴向力对轧辊所受的总轴向力大小和轧制力矩的大小有直接影响。因此在设计中，为了计算轧辊止推轴承、电机功率、顶杆的弯曲强度和顶杆的止推轴承，都要求较准确确定顶头轴向力的大小。

顶头的轴向力是由作用在顶头尖端上和主体上的两部分轴向力组成。顶头主体是由头部、定径段和圆柱段组成。试验表明，顶头尖端的轴向力只占顶头总轴向力的 15% 左右。因此，顶头上的轴向力主要由作用在主体上的力决定。主体上的轴向力与坯料每转的送进距离有关，送进距离越大，金属与工具接触面增大，作用在顶头上的轴向力就增大。

由于三辊轧机每转一周的送进距离要比同样条件下的二辊轧机大，故作用在顶头上的轴向力，三辊轧机比二辊轧机高 25%~28%。

送进角愈大，送进距离也愈大，轴向速度增加，同时由于轧制压力的增加，其轴向分力也增加，所有这些因素都使顶头所受的轴向力有较大的增长。

穿孔过程中与顶头有关的重要力能参数指标有两个：一个是顶头对金属的轴向力，这个力越大，顶杆产生的弯曲也越大，这样导致毛管壁厚不均匀增加；另外一个指标是顶头的轴向力与轧辊上所受的总压力的比值 Q/P，这个比值越小，金属对轧辊的轴向滑动就越小，因而越有利于穿孔过程的力能条件。

用不同的轧制方法所测得的 Q/P 比值范围如下（桶形轧辊二辊穿孔机）：

由钢锭穿成厚壁毛管时	0.22~0.33
由轧制坯穿成薄壁毛管时	0.25~0.45
锥形轧辊二辊穿孔机	0.32~0.40
三辊穿孔机	0.40~0.50
均整机	0.35~0.50
延伸机	0.15~0.20

顶头轴向力的确定用理论方法计算是很复杂的。根据顶头受力的平衡条件求出的轴向力解析计算公式十分庞大，式中的各分力很难正确算出，因此在实际中无法应用。目前在设计时广为应用的办法是根据实际测定的 Q/P 比值来确定。表 14-2、表 14-3 为我国 $\phi100mm$ 二辊穿孔机与 $\phi108mm$ 三辊穿孔机的实测数据，可看出，Q/P 比值的范围在 27%~44% 内，故推荐经验公式：

$$Q = (0.35 \sim 0.50)P$$

作为设计时的依据。

表 14-2 ϕ100mm 二辊穿孔机 P、Q 实测值

钢　号	坯料 ϕ/mm	毛管 $D\times t$/mm	轧制总压力 P/t	顶头轴向力 Q/t	$\dfrac{Q}{P}$/%
20	90	91×6.5	31~39	10~17	32~43.6
20	100	105×12.5	41~48.5	11~18	27~37
20	115	118×10.5	50~67.5	17~24	34~35.5
45	75	75×6	27~34	8~12	30~35

表 14-3 ϕ108mm 三辊穿孔机 P、Q 实测值

钢　号	坯料 ϕ/mm	毛管 $D\times t$/mm	轧制总压力 P/t	顶头轴向力 Q/t	$\dfrac{Q}{P}$/%
1Cr18Ni9Ti	110	108×15	81.5	27	33
GCr15	110	107×12~15	48.5~67	20.5~25.5	42.5~38
30CrMnSi	110	105×10~15	52~68	22~25	42~37
20	110	107×9~20	33.5~68.5	13.5~27.5	40
45	90	94×10~4	35~44	15.5~3.5	44~37.5

14.3.6 斜轧受力分析与力矩计算

为了在设计中正确地选定传动轧辊所需的电机功率，必须算出轧制力矩。为此，首先须对斜轧过程中轧辊的受力情况进行分析。分析方法基本上与纵轧相似，所不同的是还要考虑到顶头与导板产生的轴向力作用。

这里仅对辊式斜轧机的轧辊受力情形进行分析。对于二辊系统与三辊系统，轧辊受力分析的情况本质上是一样的。研究在一般斜轧情况下，即具有送进角与辗轧角时（$\alpha \neq 0$，$\beta \neq 0$）轧辊的受力情形。

先研究在没有顶头（或芯棒）的情况下，即轧件在其前进运动没有遇到轴向外阻力时轧辊的受力情况，然后再研究有顶头（或芯棒）时的情况。

为了确定轧辊的受力方向，先看作用在坯料上的力的平衡。认为在建立过程中坯料移动速度是均匀的，故轧辊对坯料作用力的合力，即轧制力 P 应该位于坯料轴线相垂直的平面内，并通过坯料之轴线，与基准面（通过处于 0 位时的二轧辊轴线的平面）成一夹角 ω（见图 14-11），只有这样，作用于坯料上所有力的力矩之和才能为零。

将轧制力 P 在与基准面的垂直与水平方向上分解为二分力 $P\sin\omega$ 与 $P\cos\omega$，垂直分力将在轧辊上形成圆周力 $P\sin\omega\cos\alpha$，其作用点距轧辊轴为 R，此外还形成轴向力 $P\sin\omega\sin\alpha$，水平分力也同样对轧辊产生一横向分力 $P\cos\omega\cos\beta$（其作用点距基准面为 $b/2$）与轴向分力 $P\cos\omega\sin\beta$。

每个轧辊上的总轴向合力为：

$$U = P\cos\omega\sin\beta - P\sin\omega\sin\alpha \tag{14-39}$$

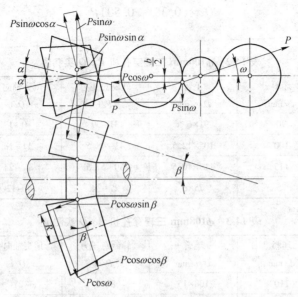

图 14-11   在没有顶头作用下斜轧的受力分析

旋转轧辊所需的力矩为:

$$M = P\left(R\sin\omega\cos\alpha + \frac{b}{2}\cos\omega\cos\beta\right) \tag{14-40}$$

其中 ω 角由下式计算:

$$\tan\omega = \frac{b}{d_x}$$

式中 b——轧辊与轧件平均接触宽度;

d_x——轧制力作用面内的坯料直径;

R——合压力作用面上轧辊半径。

由于斜轧变形区较长,必须确定出合压力 P 作用点在变形区中所处的坐标位置,应以此位置去计算转动轧辊所需之力矩。合力作用点坐标位置可按下式计算:

$$x_P = \frac{x_1 p_1 + x_2 p_2 + \cdots + x_n p_n}{P}$$

$$y_P = \frac{y_1 p_1 + y_2 p_2 + \cdots + y_n p_n}{P}$$

式中 x_i, y_i——每区段接触面重心的坐标;

p_i——该区段上的平均单位压力;

P——金属对轧辊的总压力。

当有顶头(或芯棒)时,轧件在其前进方向上受到阻力,与上面所研究的无顶头的区别是,在轧辊上作用着平行于坯料轴线的附加力,此力等于顶头(或芯棒)的轴向力,如以 Q 表示顶头上的这个轴向力,则分到每个轧辊上的力为 Q/K(K 为轧辊数目),因此,根据方程(14-39),轧辊上的总轴向力为:

$$U = \frac{Q}{K}\cos\beta + P(\cos\omega\sin\beta - \sin\omega\sin\alpha) \tag{14-41}$$

转动轧辊所要力矩由式（14-40）得：

$$M = P\left(R\sin\omega\cos\alpha + \frac{b}{2}\cos\omega\cos\beta\right) + \frac{Q}{K}R\sin\alpha \qquad (14-42)$$

式（14-41）可用于计算轧辊的止推轴承，式（14-42）可用于功率计算与辊颈强度计算。

对于二辊穿孔机，还需要考虑导板产生的轴向阻力 E_x，这个阻力也将由轧辊承受。这时每个轧辊上将作用等于 $0.5Q$ 的附加力和导板的轴向阻力 E_x，如图 14-12 所示。这些力作用在轧辊表面，并形成弯曲力矩：

$$M_弯 = (0.5Q + E_x)\frac{D}{2}\cos\alpha \qquad (14-43)$$

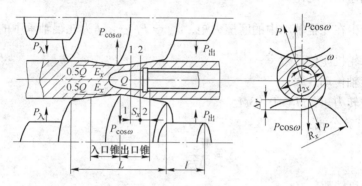

图 14-12 二辊穿孔机机辊受力分析

这个力矩对于毛管出口方向的辊颈产生卸载作用，而对入口方向的辊颈则起加载作用，压下螺丝所承受的力如下：

对入口端

$$T_入 = 0.5P + (0.5Q + E_x)\frac{0.5D}{L+l}\cos\alpha \qquad (14-44)$$

对出口端

$$T_出 = 0.5P - (0.5Q + E_x)\frac{0.5D}{L+l}\cos\alpha \qquad (14-45)$$

式中 L——辊身长；

l——辊颈长。

导板压力根据实验数据为 $(0.15 \sim 0.30)P$，故

$$E_x = (0.15 \sim 0.30)P\mu\sin\alpha \qquad (14-46)$$

计算结果与实测数据表明，穿孔时作用在轧辊辊颈上的压力，入口端比出口端大 $0.2 \sim 0.5$ 倍。

导板除了使金属在轴向流动时受到阻力，而且对旋转着的金属还产生旋转阻力矩，因此二辊穿孔机轧辊所需的总力矩中，还要考虑导板对轧辊的切向阻力矩，该阻力矩可由式（14-47）确定：

$$M_e = (0.15 \sim 0.30)P\mu\cos\alpha\frac{c}{2} \qquad (14-47)$$

式中 μ——导板与金属之间摩擦系数；

c——导板间距离。

根据（14-42）式，考虑到穿孔机的辗轧角 $\beta=0$，对二辊穿轧机一个轧辊所需力矩为：

$$M = P\left(R\sin\omega\cos\alpha + \frac{b}{2}\cos\omega\right) + R\left(\frac{Q}{2} + E_x\right)\sin\alpha + M_c \qquad (14\text{-}48)$$

计算电机功率除需考虑轧辊所需的轧制力矩外，尚需考虑摩擦力矩、动力矩、空转力矩。这些力矩的计算方法与纵轧时相同。当不考虑动力矩时所需电机力矩为：

$$M_{电} = \frac{K}{\eta_1\eta_2}\left(\frac{M}{i} + \frac{M_m}{i} + M_k\right) \qquad (14\text{-}49)$$

式中　K——轧辊数；

　　　M——一个轧辊所需的轧制力矩；

　　　i——减速箱传动比；

　　　M_m——产生在轧辊轴承中的摩擦力矩，$M_m \approx Pf\dfrac{d_m}{2}$，$f$ 为轧辊轴承中的摩擦系数；

　　　η_1——齿轮机座传动效率；

　　　η_2——接轴传动效率；

　　　M_k——空转力矩，$M_k \approx 0.03M$。

电机功率计算公式：

$$N = \frac{M_{电}\, n}{975} \quad (\text{kW}) \qquad (14\text{-}50)$$

式中　n——电机转数，r/min；

　　　$M_{电}$——电机轴上的总力矩，kg·m。

习　题

14-1　什么是斜轧？叙述斜轧与纵轧的区别与联系。

14-2　什么是螺距，如何计算螺距？

14-3　在斜轧过程中主要有几种滑移现象，分别是什么？

15 人工智能在轧制过程中的应用

【学习要点】
（1）轧制过程的概念，现代轧制技术的特点。
（2）轧制问题求解机制与求解方法的分类。
（3）单一人工智能方法在轧制中的应用。
（4）几种人工智能方法相结合在轧制中的应用。
（5）人工智能与其他方法相结合在轧制中的应用。

15.1 人工智能在轧制领域应用的背景和作用

15.1.1 人工智能进入轧制领域的背景

人工智能（artificial intelligence，简称 AI）在轧制过程中的应用对促进轧制技术的发展已经起到了积极的作用。专家系统（expert system，简称 ES）、神经网络（artificial neural network，简称 ANN）、模糊逻辑与模糊控制（fuzzy logic/fuzzy control，简称 FL/FC）、遗传算法（genetical gorithm，简称 GA）等，已成为轧制领域研究人员耳熟能详的概念。本节将介绍人工智能是在什么背景下进入轧制领域的，它对轧制理论研究和轧制技术发展会产生什么影响。

轧制技术已有几百年的发展历史。近年来随着社会发展与科学技术的进步，用户对钢铁产品质量、品种、性能的要求越来越高，钢材质量指标已经达到相当高的程度。例如在外形尺寸精度方面，成卷提供的宽幅冷轧带钢，厚度精度已经达到了 0.002mm，热轧板卷厚度精度已达 0.025mm；在内部组织结构方面，已实现了对微米、亚微米级的组织进行控制，实验室中普通钢的晶粒尺寸已经可以控制在 $1\mu m$ 左右，工业规模生产中已经获得了晶粒尺寸在 $3\sim4\mu m$ 左右的细晶结构钢。此外，有些专门用途的钢材还有深冲、超深冲、抗凹陷性、烘烤硬化性、可焊接性、耐温、耐压、耐磨、耐蚀等使用性能方面的严格要求，这就为轧制过程的控制进一步增加了难度。传统的轧制理论曾经在轧制技术的发展中起到了积极的作用，解决了主要轧制过程参数（如宽展、前滑、轧制力等）的近似计算问题，但是它已经满足不了现代轧制技术发展的需要。用户日益提高的要求和市场越来越激烈的竞争促使人们去寻求新的更有效的方法来解决所面临的技术难题。

简要回顾轧制理论发展的历史，将会加深对这个问题的认识。

15.1.1.1 理想轧制过程的概念

在轧制理论的形成和发展过程中，人们为了能够方便地对轧制过程进行理论分析，对轧制过程进行了一系列简化，提出了理想轧制过程的概念。其核心内容主要包括以下假设：

(1) 轧辊是匀速转动、圆柱形的不变形刚体。

(2) 轧件是均质、均温、各向同性的理想塑性材料。

(3) 变形过程中金属无横向流动（平面变形假设）。

(4) 在同一垂直平面内，各处金属质点的流动速度相同（平断面假设）或接触面上轧件速度与轧辊速度一致（黏着假设）。

(5) 双辊传动，变形过程是上下对称、左右对称的。

在此基础上，人们引用力平衡方程、质量（能量）守恒定律、最小能量原理等，建立并逐步发展了近代轧制理论，形成了一整套分析轧制过程的计算方法。在其发展进程中，很多研究者贡献出了自己的智慧，表现出了非凡的才华，形成了各具风格的流派，促使金属轧制这项古老的工艺走进了科学的殿堂。

需要指出的是，轧制理论的建立与发展，并不是几个人心血来潮时的杰作，它一刻也没有离开轧制生产技术的发展。正是轧制技术从手工作坊向大工业的转变，催生了近代轧制理论；反过来，轧制理论的进步又为轧制技术向更高层次的发展提供了指导。

15.1.1.2 现代轧制技术的特点

抽象化的理想轧制过程实际上是不存在的，但是它却可以为分析现代轧制技术的特点提供参照。

首先，轧辊不是一个理想的圆柱体，板形控制要求对轧辊凸度进行研究，这里既有辊形设计时采用的原始凸度，也有热凸度和磨损凸度，特别是近年来还为一些特定的轧辊设计了凸度曲线（典型的如 CVC 轧辊）；其次，轧辊远不是刚体，在轧制力作用下，轧辊不但会生产弹性挠曲，而且还有弹性压扁；另外，轧件带来的热量会引起轧辊的热膨胀。不从这样的角度去看待今天的轧辊，就谈不上当今的板形控制。

其次，轧件也不是均质、均温、各向同性的理想塑性材料。人们早已认识到，轧件头、中、尾部温度的不均匀分布，是导致产品尺寸偏差的重要原因；沿板带钢轧件横断面的温差，不仅会导致出现浪形，而且会对晶粒尺寸等轧件内部的组织性能产生影响。对轧件内部晶粒形状取向、织构的研究已成为提高产品深冲性能（r 值）、电磁性能等特殊要求的条件。

再次，平面变形假设与平断面假设也会带来误差和缺憾。即使对传统上认为最接近平面变形条件的板带轧制过程，也因为遇到边部减薄、平直度与凸度控制等具体问题而放弃平面变形假设转而求助于三维变形理论。尽管有限元法等数值计算方法的出现提供了一种对轧制过程进行三维分析的有力工具，但是要想精确处理轧制过程中工件弹塑性与黏塑性变形、工具弹性变形与热变形、工件与工具的温度变化、工件内部的组织性能变化、系统的动态时变特性等问题，仍有很多工作要做。

由此可见，传统的轧制理论已经不能满足现代轧制技术发展的需要。实践呼唤新的、更为有效的方法出现。

现代轧制技术具有以下一些特点：

（1）多变量。轧制过程中涉及的物理量很多，它们是随着时间进程与空间位置变化而变化的，如温度、压力、力、速度、流量、张力等，而且很多物理量是以场的形式存在的，如温度场、应力场、应变场、速度场等。

（2）强耦合。上述变量中，其中任何一个变量发生变化都将引起其他多个变量发生变化，从而导致整个系统状态的改变。这种变量之间的影响是双向的，例如温度的变化引起轧制力的变化，而轧制力的变化又引起塑性变形功率的变化，反过来又引起温度的变化。

（3）非线性。轧制过程中的很多相关关系是非线性的，这里既有几何非线性问题，也有物理非线性问题。例如应力应变关系、轧机刚度曲线、轧件塑性曲线等。

（4）时变性。轧制过程不可能长期稳定地维持在一个理想的最佳点，上述大量的非线性、强耦合的变量随时在变化着，并影响着目标控制量的变化。例如轧辊偏心引起轧件厚度发生周期性变化。在 AGC（automaticgaugecontrol）系统的参与下，以辊缝位置的周期性变化来减小轧辊偏心对厚度波动的影响。

面对这样复杂的问题，按照传统方法从几条基本假设出发，列出几个方程，显然难以得到理想的结果。在这种情况下，人们就开始探索新的途径来解决这些问题。

15.1.2 人工智能在轧制领域的作用

15.1.2.1 人工智能与传统方法的比较

人工智能与传统方法不同，它避开了过去那种对轧制过程深层规律的无止境的探求，转而模拟人脑来处理那些实实在在发生了的事情。它不是从基本原理出发，而是以事实和数据为依据，来实现对过程的优化控制。

以轧制力为例，在传统方法中，首先需要基于假设和平衡方程推导轧制力公式，研究变形抗力、摩擦条件、外端等因素的影响，精度不能满足要求时加入经验系数进行修正。而利用人工神经网络进行轧制力预报，所依据的是大量在线采集到的轧制力数据和当时各种参数的实际值。为了排除偶然性因素，所用的数据必须是大量的，足以反映出统计性规律。

利用这些大量的数据通过一种称为"训练"的过程告诉计算机，在什么条件下、什么钢种（C、Mn 及各种元素含量多少）、多高的温度、多大的压下量、在第几机架实测到多大的轧制力等，经过千百万次的训练，计算机便"记住"了这种因果关系。当再次给出相似范围内的具体条件，向它问询轧制力将是多少时，凭借类比记忆功能，计算机就会很容易地给出答案。这个答案是可信的，因为它基于事实，是过去千百万次实实在在发生了的真实情况。

人工智能使人们手中又多了一个强有力的工具。

15.1.2.2 人工智能：轧制理论发展历史中一个新的里程碑

人工智能进入轧制过程研究领域，在轧制理论和轧制技术发展历史上具有划时代的意义。为了加深对人工智能作用的认识，这里回顾一下轧制理论的发展过程，如图 15-1 所示。

20 世纪 30 年代以前，近代轧制理论处于孕育萌生期。卡尔曼方程的出现，树立了轧

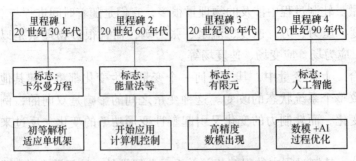

图 15-1   轧制理论发展历史上的四个里程碑

制理论发展的第一个里程碑。在卡尔曼方程的基础上，很多轧钢界的前辈们费尽心思，推导演绎，提出了一个又一个轧制力公式、前滑公式、宽展公式，逐渐形成了以工程法为核心的近代轧制理论体系，把轧制这门古老的手艺变成了科学。

进入 20 世纪 60 年代以后，计算机开始应用于连轧机组的控制，对轧制过程参数的计算精度提出了新的要求。对轧制理论的研究空前活跃起来，出现了一类基于能量原理的新解法。尽管每个人所用的名称不同，如上下界法、变分法、能量法等，但其本质上并没有太大的区别。其共同特点是，与工程法不同，不是从力平衡关系出发，而是着眼于运动许可速度场，从运动许可速度场中利用数学上的优化方法寻找满足能量原理的最佳值。这类解法的出现及成功应用带来了新的活力，为轧制理论发展树立了第二个里程碑。

自 20 世纪 80 年代以来，为适应轧钢生产中对高精度数学模型的需要，有限元在轧制领域登堂入室，为轧制理论发展树立了第三个里程碑。有限元具有能够化繁为简、以量克难的长处，在多个微小的单元里，采用最简单的线性关系，组合起来去逼近任何复杂的曲线。轧制理论中遗留下来的一些"老大难"问题，利用有限元法得到了解决。但有限元的缺点是计算量太大，在线应用困难。

从 20 世纪 90 年代开始，人工智能的应用为轧制理论的发展揭开了新的篇章。人工智能从新的视角去处理轧制过程中遇到的实际问题，引发了轧制过程研究中观念上的一场革命，为轧制理论发展树立了第四个里程碑。

人工智能在轧制领域一出现就是与应用密切联系在一起的。短短几年间，它已经成功地应用于从板坯库管理到加热、轧制、精整、成品库整条生产线的各个环节，完成管理、参数预报、过程优化、监控等多方面的工作。这正是人工智能近年来颇受轧制工作者青睐的原因。

15.1.3   国内外发展状况

15.1.3.1   国外发展简况

人工智能进入轧制领域可以追溯到 20 世纪 80 年代。1984 年小园东雄曾介绍了利用人工智能技术进行型钢的最优剪切控制。90 年代以后，日本轧钢界学者和工程技术人员在人工智能应用方面做了大量的工作，有关报道逐渐增多。

在模糊理论和模糊控制方面，有带钢板形的模糊控制；估计碳素钢的变形抗力；进行板厚张力不相关控制；棒材轧机的模糊设定；热带精轧机组的轧制规程设定；利用模糊规则，根据热带精轧机组前 3 架的轧制实绩对后几个机架进行动态修正；利用模糊推理进行冷连轧机组的智能操作指导，等等。

在专家系统应用方面，有冷连轧机厚度精度诊断、热连轧负荷分配、H 型钢孔型设计、型钢质量设计、棒钢出炉节奏控制、热轧在线传动系统诊断、箔材板形控制、铝材轧机板形控制、坯料精整路线选择、热带钢轧机的板坯自动搬运、精整线板卷运输，等等。

在神经网络方面，有冷连轧机组压下规程设定、多辊轧机板形控制、利用 BP 网络进行板形识别、综合利用神经网络和模糊逻辑进行板形控制、利用自组织模型进行操作数据分类，等等。

与日本学者的风格不同，德国的轧钢工作者虽然没有像日本发表那么多的文章，但他们在人工智能的实际应用方面也下了很大功夫。据介绍，西门子公司（Siemens AG）利用神经网络进行轧制过程自动控制，进行轧制力预报、带钢温度预报和自然宽展预报，使轧制力预报精度提高了 15%~40%，温度精度提高了 25%，宽展精度提高了 25%。这些成果已经应用于德国蒂森钢铁公司（Thyssen AG）、赫施钢铁公司（Hoesch AG）等轧钢厂的 6 套轧机上。

除了日本和德国之外，其他各国轧制工作者也在人工智能应用的各个方面开展了研究工作。

15.1.3.2   国内发展概况

在 20 世纪 90 年代以后国内开始出现有关人工智能在轧制领域应用研究的报道。如型钢轧制工艺故障模糊诊断、工字钢孔型设计专家系统、利用神经网络预报热连轧精轧机组轧制力等。90 年代初，东北大学轧制技术及连轧自动化国家重点实验室（State Key Laboratory of Rolling and Automation，简称 RAL）开始把人工智能在轧制中的应用作为主要研究方向之一，其后，一批博士后、博士和硕士研究生及青年教师围绕这个方向开展了大量的研究工作。研究内容涉及神经网络、小脑模型、模糊控制、专家系统、遗传算法等各个方面。

15.1.3.3   最新进展：智能化信息处理简介

人工智能在轧制中应用的最新进展是智能化信息处理。现代化轧机配备了大量的传感器可以随时对轧制过程的各种参数进行检测，如温度、轧制力、张力、速度、辊缝、轧件尺寸板形、液压系统压力、冷却系统流量，等等。轧制过程的工作状态，可以通过这些参数充分地反映出来。所谓轧制过程的智能化信息处理，就是利用人工智能工具，对这些采集到的信息进行加工处理，从中提炼出有用的知识。

应当指出，轧制线上采集到的大量数据是需要处理的，一是因为数据量大，若不经处理，数据量越大，越让人眼花缭乱，反映不出规律；二是因为项目多，若不经处理，数据项目越多，越容易让人顾此失彼，揭示不出内在联系；三是因为变化快，很多参数在毫秒时间尺度内发生变化，若不经处理，常常会让人感到莫名其妙，无所适从。智能化信息处理的作用是通过分析数据、挖掘知识来整合控制模型参数、维护过程控制软件，最终达到优化轧制过程的目的。

智能化信息处理系统所采用的工具有：各种类型的数据库，如实时海量数据库、虚拟组合数据库（virtually integrated data base）等；各种类型的神经网络，如 BP 网络、模糊神经网络等；专家系统；模糊逻辑等。传统的数据处理工具，如数理统计、傅氏变换等在这里仍有用武之地。一些新的理论方法，如小波变换（wavelet transform）、多媒体（multimedia data）等，在这里也有了施展空间。

　　智能化信息处理的应用是多方面的。首先，它可以帮助人们发现、总结轧制过程中的规律。可以说现场生产中每轧一根轧件都是一次绝好的实验。当前再好的实验室也不会有现场生产那样真实可信，不会像现场生产那样千百万次地重复，具有说服力。有了智能化信息处理系统，人们可以把实验室移到现场，做到理论与实践的紧密结合。更重要的是，在线应用智能化信息处理系统，作为操作人员和技术人员头脑的延伸，在轧制过程的监控、软件的远程维修、设备的故障诊断、模型的优化等重要的工作中，起着关键的作用。

　　应用智能化信息处理已经成为轧机现代化水平的标志之一，受到人们的关注。

15.2　人工智能在轧制过程中的应用

　　人工智能方法主要适用于那些用数学模型难以精确刻画的非结构化问题，而实际轧钢生产过程中的具体问题是多样化的，有些问题用传统的方法已经得到了解决；有些问题适于用人工智能的方法来解决；还有许多问题采用人工智能与其他方法相结合或几种智能化方法相结合进行综合求解的途径会取得更佳的效果。

15.2.1　轧制问题求解机制与求解方法的分类

15.2.1.1　求解机制

　　轧制过程，特别是现代连轧生产过程，是一个很复杂的实际过程，其求解机制按照知识表述的难易和结构化程度的强弱可分为分析机制、推理机制、搜索机制、思维机制四种类型，如图15-2所示。

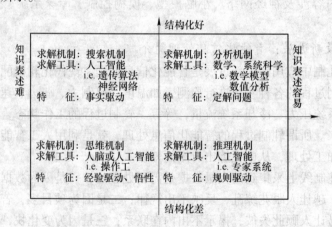

图 15-2　轧制问题的求解机制

A　分析机制

　　轧制过程中有些规律性强，利用数学、力学原理可以描述的定解问题，其中一部分，本质已经为人们所掌握，解法已基本成熟；还有一些，可以通过进一步研究，主要可利用数学分析的方法进行处理。例如轧制过程中的温度、轧制力、力矩、功率等问题，尽管有时还需要进一步提高计算精度，但是基本上属于可以用数学模型解决的问题，这类问题可以用分析机制求解。

B 推理机制

有些问题虽然知识表达容易，但是难以用数学方程描述。例如型钢轧制中孔型系统的选择、轧辊材质与表面状态的选择、轧制计划的编排等，通常需要由具有专门知识的专业人员负责确定。现在可利用专家系统或模糊逻辑通过推理机制来完成。

C 搜索机制

在轧钢生产和设计过程中，往往会遇到一些问题，道理很难讲清，也没有一成不变的固定规律，解决这些问题依靠的是多年实践中积累的知识。这类问题可以用对以往事实进行搜索的方式寻求答案。遗传算法是一种典型的利用搜索机制工作的智能工具，在给定了优化目标的前提下，利用遗传算法可以在无需确定函数关系的前提下寻找最佳值。

D 思维机制

过去轧制过程中有些突发事件的处理、异常情况的诊断、启停指令的下达等，要由人来完成，所依靠的是思维机制。近年来用计算机代替人脑工作的范围在逐渐扩大，无人操作的轧钢生产线已经成为现实。机器思维取代部分人类思维是人工智能应用的突出成果，在轧钢生产线的控制上，计算机往往比操作工做得更好。

15.2.1.2 综合求解的方式

图 15-3 给出了综合运用人工智能的例子。

A 两种人工智能方法的结合

可将两种人工智能方法相结合，例如：

（1）模糊逻辑与专家系统相结合（FL+ES）——模糊专家系统。

（2）模糊逻辑与神经网络相结合（FL+ANN）——模糊神经网络。

（3）专家系统与神经网络相结合（ES+ANN）——智能专家系统。

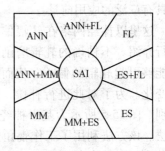

图 15-3 综合运用人工智能的方式
MM—数学模型；ANN—神经网络；
ES—专家系统；FL—模糊逻辑；
SAI—协同人工智能

B 人工智能方法与其他方法的结合

可将人工智能方法与其他方法相结合，例如：

（1）数学模型和神经网络相结合（MM+ANN）；

（2）数值分析与神经网络相结合（NA+ANN 或 FE-MANN）；

（3）专家系统与数学模型相结合（ES+MM）。

C 协同人工智能技术

最近，协同人工智能技术（synergetic artificial intelligence，简称 SAI）得到了人们的广泛关注。协同人工智能技术（见图 15-4）的基本思想是利用几种不同的智能化方法全方位模拟人脑的功能。例如，利用专家系统来模拟人脑左半球的逻辑思维功能，利用神经网络来模拟人脑右半球的形象思维功能，利用模糊逻辑来对两者进行沟通。这种新的智能化方法已经用于热轧带钢精轧机组负荷分配的优化，取得了良好的效果。

图 15-4　协同人工智能技术 SAI

15.2.2　单一人工智能方法在轧制中的应用

15.2.2.1　人工神经网络及其在轧制中的应用

人工神经网络是一个由大量简单的处理单元广泛连接组成的系统，用来模拟人脑神经系统的结构和功能。20 世纪 80 年代中期以来，在美国、日本等一些西方工业发达国家里，掀起了一股竞相研究、开发神经网络的热潮。它已经发展成为一个新兴的交叉学科，对它的研究涉及生物、电子、计算机、数学和物理等学科。人工神经网络以其在建模、优化和控制等方面所具有的强大功能以及其他自动化方法所不能比拟的优点，正受到了越来越广泛的重视。目前，国内外已经就人工神经网络在金属轧制过程中的应用进行了大量的分析和研究，并取得了较为满意的成果。进一步的工厂实际应用也充分表明人工神经网络在金属轧制过程中具有广泛的应用前景。

这里以神经网络在轧辊偏心识别上的应用为例进行介绍。不精确的轧辊磨削或不均匀的温度分布都能够引起轧辊的偏心，从而使带材厚度产生周期性变化。为了对此进行补偿，需要对轧辊偏心进行识别。图 15-5 所示为基于神经网络的轧辊偏心识别方法。该方法利用了工作辊角速度测量值 n_A，支撑辊角速度测量值 n_{S1} 和 n_{S2}。在时间 kT_A 时，神经网络的输入项 $r \in R^n$，由式（15-1）给出：

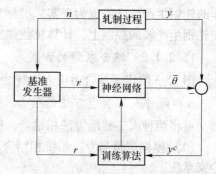

图 15-5　用于偏心识别的神经网络

$$r_k^T = \left[\sin(\phi_k^A),\ \cos(\phi_k^A),\ \cdots,\ \sin(r_A\phi_k^A),\ \cos(r_A\phi_k^A),\right.$$
$$\sin(\phi_k^{S_1}),\ \cos(\phi_k^{S_1}),\ \cdots,\ \sin(r_{S_2}\phi_k^{S_1}),\ \cos(r_{S_2}\phi_k^{S_1}),$$
$$\left.\sin(\phi_k^{S_2}),\ \cos(\phi_k^{S_2}),\ \cdots,\ \sin(r_{S_1}\phi_k^{S_2}),\ \cos(r_{S_1}\phi_k^{S_2})\right] \tag{15-1}$$

式中，$\phi_{k+1}^A = \phi_k^A + 2\pi n_A T_A$；$\phi_{k+1}^{S_1} = \phi_k^{S_1} + 2\pi n_{S_1} T_A$；$\phi_{k+1}^{S_2} = \phi_k^{S_2} + 2\pi n_{S_2} T_A$。

正整数 r_A、r_{S_1} 和 r_{S_2} 定义了工作辊 A 和两个支撑辊 S_1 和 S_2 偏心信号的协调数。为了能正确地识别振幅和相角，偏心信号被分成正弦和余弦函数。将轧制工艺过程的出口厚度或轧制力实测值作为网络的期望输出。

为了检验神经网络识别轧辊偏心方法的灵活性，进行了仿真研究。将一个虚拟信号 $e(t)$ 加到冷轧机的带钢出口厚度 $y(t)$ 上，就可以根据仿真值，例如角速度、相位和振幅的阶跃变化，判断该方法的性能。

神经网络的输入项为：

$$r^T(t) = \left[\sin(\phi(t)),\ \cos(\phi(t))\right] \tag{15-2}$$

神经网络的输出项变为厚度偏差 $e(t)$。

A 角速度的改变

带钢轧制过程中，速度要发生变化。为了检验加减速时轧辊偏心的识别效果，设虚拟偏心信号为：

$$e(t) = 10^{-5} \cdot \sin(\phi(t) - \pi/4) \tag{15-3}$$

$$\phi(t) = 2\pi f(t) \tag{15-4}$$

式中，$f(t)$ 在时间 $t = 99s$ 后的 3s 内，由 5.5Hz 变到 8Hz。

仿真研究表明神经网络可以很好地识别变频时轧辊的偏心，如图 15-6 所示。图 15-7 所示为传统方法的轧辊偏心识别效果，从图中可知变频时传统方法不能产生一个满意的结果。

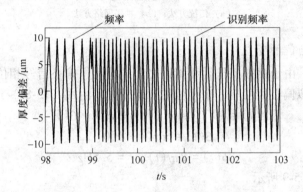

图 15-6 速度上升时轧辊偏心的神经网络识别效果

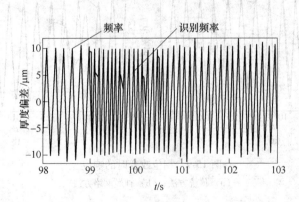

图 15-7 速度上升时轧辊偏心的传统方法识别效果

B 偏心信号振幅的改变

偏心信号按式（15-5）~式（15-7）给出：

$$e(t) = A(t)\sin(\phi(t) - \pi/4) \tag{15-5}$$

$$\phi(t) = 2\pi f(t) \tag{15-6}$$

$$A(t) = 5 \times 10^{-6} \times \sigma(t) + 5 \times 10^{-6} \times \sigma(t - 100) \tag{15-7}$$

式中，频率为 5.5Hz，$\sigma(t)$ 是单位阶跃函数。仿真结果如图 15-8 所示。

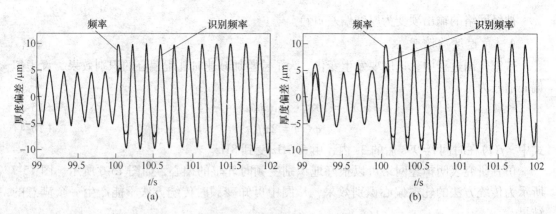

图 15-8　振幅阶跃变化的影响
（a）传统方法；（b）神经网络方法

C　偏心信号相位的变化

在穿带过程中，由于存在工作辊和带钢之间的滑动，偏心信号相位将发生变化。为了研究这种情况，虚拟偏心信号有一个相位的阶跃变化，由式（15-8）~式（15-10）给出：

$$e(t) = 10^{-5} \cdot \sin(\phi(t) - \pi/4 + \beta(t)) \tag{15-8}$$

$$\beta(t) = \pi\sigma(t - 100) \tag{15-9}$$

$$\phi(t) = 2\pi f(t),\ f = 5.5\text{Hz} \tag{15-10}$$

仿真结果如图 15-9 所示。

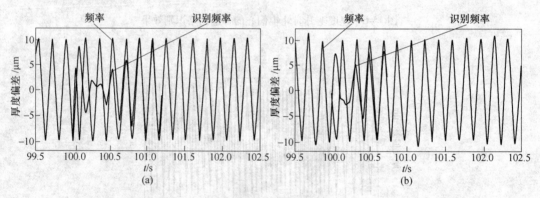

图 15-9　相位改变时的响应
（a）传统方法；（b）神经网络方法

15.2.2.2　专家系统及其在轧制中的应用

专家系统（expert system，简称 ES）是一类包含知识和推理的智能计算机程序，它能够对特定领域的问题给出专家水平的解答。目前，专家系统已在很多领域得到了实际应用，并被各领域的专家所认可。但是，这种"智能程序"与传统的计算机"应用程序"已有本质上的区别。在专家系统中，求解问题的知识已不再隐含在程序和数据结构之中，而是单独构成一个知识库。从一定意义上讲，它已使传统的"数据结构+算法＝程序"的应用程序模式发生了变化，使之变成为"知识+推理＝系统"。

不妨将专家系统设想为一个由一系列知识元构成的网络系统，常规的应用程序可设想为由一些知识元（子程序）串联而成的系统。常规的应用程序的结构已经固化，故求解问题范围受限；专家系统因为是由知识元构成的可控制网络系统，且系统具有根据不同情况选择和组合不同网络路线的能力，故灵活性和适应性要强得多。图 15-10 所示为专家系统与常规程序系统功能结构的比较。

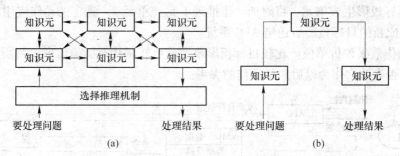

图 15-10　专家系统与常规程序系统功能结构的比较
（a）专家系统；（b）常规程序系统

这里以专家系统与板形控制（automatic flatness control，简称 AFC）系统合作实现板形控制为例进行介绍。专家系统从 AFC 系统中获得数据，在推理和调整的基础上，将与当时的轧制状态相适应的目标板形送回 AFC 系统。专家系统与 AFC 系统的关系如图 15-11 所示。

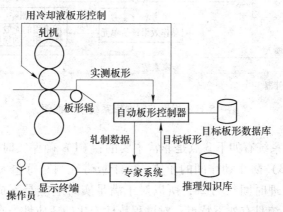

图 15-11　专家系统与板形自动控制系统之间的关系

该专家系统是在 UNIX 环境下开发的。用户接口与 AFC 的通信是用 C 语言编写的。推理部分用 COMMON LISP 语言编写。如图 15-12 所示，该专家系统由 6 个单元（程序块）、3 个知识库及工作存储器构成。6 个单元的功能如下：

（1）收集数据单元。由操作人员启动，首先读入来自 AFC 系统的数据。

（2）数据分析单元。用数据分析知识对读入的数据进行分析，判定轧制状态及其确信度。

（3）控制目标设定单元。用数据分析得到的轧制状态及控制目标设定知识类设定控制目标值，控制目标是参照熟练操作人员的分类结果设定的（其中有边浪、中浪等多种情况），并付以与轧制状态同样的确信度。

（4）附加动作推理单元。对于控制目标设定单元所得到的各种控制目标，运用动作推理知识并参考动作效果评价单元（单元6）得到的前期目标板形的应用结果，来决定与当前的目标板形相适应的动作，其动作内容是将目标板形特征分解成十几个参数，采用增减这些参数值的方法来完成。

（5）目标板形生成单元。将附加动作推理单元（单元4）选定的动作应用于当前的目标板形，生成新的目标板形后送给 AFC 系统。

（6）动作效果评价单位。比较目标板形改变前后轧制状态的确信度，判断这次推理得出的动作是否有效，作为以后附加动作的参考。

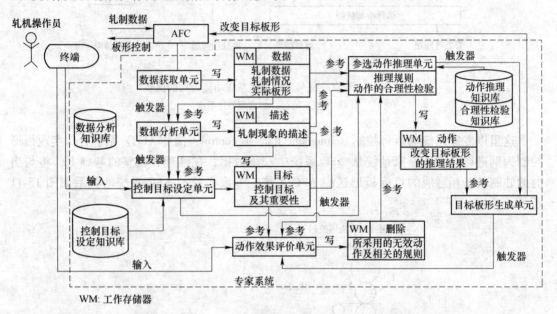

图 15-12　板形控制专家系统软件框图

用于控制的专家系统有如下 3 点是非常主要的：（1）确保实时响应；（2）对过程特性变化的适应性；（3）防止动作间的矛盾。由于板带轧制时每卷大约需要十几分钟的时间，而专家系统的推理时间约为 2s，所以对于满足实时响应是不成问题的。对于（2）、（3）两项，该专家系统具有如下特点：对过程特性变化的适应性。在轧制发生问题时，熟练的操作人员根据过去的经验，采取认为对当时的状况最有效的动作，如果无效，再采取次好的动作，通过反复尝试直至达到动作有效为止。板形控制专家系统为实现这一点采用特定形式的推理知识库，即按不同的控制目标将规则分类。选择控制目标时，在满足附加条件的规则中启用当前优先度最大的规则，选择其 THEN 部分的动作。THEN 部分中附加有属性值 VALUE，表示动作应实现到什么程度。这样，目标板形改变后，如果达到了控制目标，启用的规则的优先度增加，在下次推理时也启用。否则，减小其优先度，下次推理时不启用该规则，从而避免了反复出现同样失败的可能。

15.2.2.3　模糊理论及其在轧制中的应用

美国加州大学的扎德（L. A. Zadeh）教授在 1965 年发表了关于模糊集的论文，提出了一个表示事物模糊性的重要概念——隶属函数，通过隶属函数，人们才能对所有的模糊概念进行定量表示，人们才可能去研究那些边界不明的模糊事物和状态。

由于西方的科学技术发展过程就是追求定量精确的历史，因此模糊逻辑的发展在最初10年并不顺利。1980年丹麦工程师霍尔布拉德（L. P. Holmblad）和奥斯特加德在水泥窑炉上安装了模糊控制器并获得了成功，这是第一个有较大进展的商业化的模糊控制器。从此以后，模糊理论的应用，特别是在工业控制中的应用，得到了迅速的发展。其中，日本走在了前列，北美、欧洲也掀起了模糊逻辑理论及其应用研究的热潮。

目前，模糊理论几乎渗透到了所有领域，各种模糊成果和模糊产品也逐渐由实验室走向社会，有些已经取得了明显的社会效益和经济效益，像冶金、机械、石油、化工、电子等领域都有成功的应用范例。20世纪80年代末期以来，模糊理论在金属轧制过程中也得到了广泛的应用，并取得了良好的效果。

15.2.3 几种智能方法相结合在轧制中的应用

各种人工智能方法各有其特点和适用范围，将其结合起来使用，往往会收到更佳的效果。综合利用两种或两种以上人工智能方法来解决实际问题的理论和方法已有论述。模糊逻辑与神经网络相结合、专家系统与模糊逻辑相结合、专家系统与神经网络相结合等在轧制中应用的例子已有报道。本节将介绍这些方面的进展。

15.2.3.1 板形控制的模糊-神经网络

神经网络与模糊控制都能模拟人的智能行为，不需要精确的数学模型，能够解决传统自动化技术无法解决的许多复杂的、不确定性的、非线性的自动化问题，而且易于用硬件或软件来实现。神经网络与模糊控制又具有各自的特点，神经网络是模拟人脑的结构以及对信息的记忆和处理功能，擅长从输入输出数据中学习有用的知识；模糊控制则是模拟人的思维和语言中对模糊信息的表达和处理方式，擅长利用人的经验性知识。神经网络与模糊控制既有共性又有互补性。

模糊系统是模糊数学在自动控制、信息处理、系统工程等领域的应用，属于系统论的范畴，而神经网络是人工智能的一个分支，属于计算机科学，乍看起来两者相去甚远，"隔行如隔山"。那么它们为什么会走到一起来了呢？让我们先从宏观上对二者做一下比较。

（1）模糊系统试图描述和处理人的语言和思维中存在的模糊性概念，从而模仿人的智能。神经网络则是根据人脑的生理结构和信息处理过程，来创造人工神经网络，其目的也是模仿人的智能。模仿人的智能这是它们共同的奋斗目标和合作的基础。此外，遗传算法是一种模仿生物进化过程的优化方法，也属于模仿人的智能的范畴。模糊系统、神经网络、遗传算法三者有人统称为"计算智能"（computational intelligence），因为三者实际上都是计算方法。

（2）从知识的表达方式来看，模糊系统可以表达人的经验性知识，便于理解，而神经网络只能描述大量数据之间的复杂函数关系，难于理解。

（3）从知识的存储方式来看，模糊系统将知识存在规则集中，神经网络将知识存在权系数中，都具有分布存储的特点。

（4）从知识的运用方式来看，模糊系统和神经网络都具有并行处理的特点，模糊系统同时激活的规则不多，计算量小，而神经网络涉及的神经元很多，计算量大。

（5）从知识的获取方式来看，模糊系统的规则靠专家提供或设计，难于自动获取，而神经网络的权系数可由输入输出样本中学习，无须人来设置。

本节介绍这些方面的进展，下面给出两种将神经网络与模糊理论结合起来用于板形控制的实施方案。

A 模糊控制器与神经网络仿真器结合用于板形控制

模糊控制器中一般有模糊化、模糊推理、清晰化（定量化）、知识库等几部分，它从板形检测仪或者是神经网络仿真器获得板形信息 A_2 和 A_4（板形曲线的 2 次和 4 次分量），经过模糊化过程把它们变成模糊变量，再利用知识库中给定的模糊推理规则和隶属函数对它们进行模糊描述，最后利用重心法等规则对模糊变量进行定量化。

定量化的控制变量从模糊控制器中输出至生产过程中的执行机构（如弯辊液压缸）或作为仿真器的输入对控制效果进行检验。综合运用模糊控制器与神经网络仿真器进行板形控制的一种方案如图 15-13 所示，其流程图如图 15-14 所示。这种方案的基本思想是利用神经网络构造的仿真器来为模糊控制器的控制效果"把关"，经过仿真器检验控制效果理想的控制量，再应用到实际生产过程控制中。因为这个神经网络是以大量的现场实际生产数据为基础的，所以它预报值的可靠性比较好。

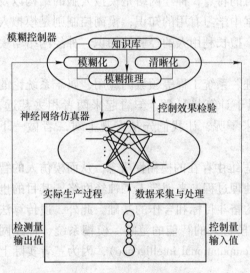

图 15-13 采用模糊控制器与神经网络
仿真器的板形控制方案

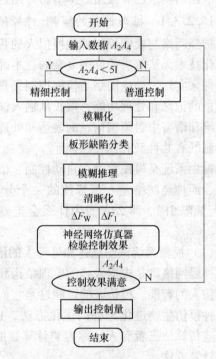

图 15-14 板形控制的模糊控制器与
神经网络仿真器组合框图

B 基于神经网络模式识别的模糊推理的板形控制

这种实施方案是模拟操作工的思维和动作过程来实现的，如图 15-15 所示。与操作工用眼睛来观测板形、用头脑来分析判断并做出决策、用手进行操作的过程相似，该方案的

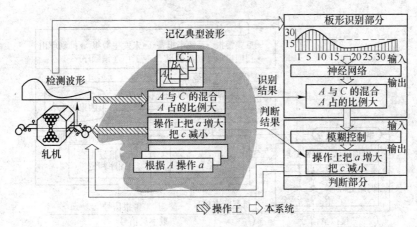

图 15-15　操作工动作与所提方案的关系

几个关键步骤是：

（1）用板形仪来检测板形曲线，并将检测结果送入计算机。

（2）利用神经网络对检测到的板形曲线进行模式识别，把实测曲线分解为对应于执行机构 a、b、c 的标准分量 A、B、C。

（3）将神经网络输出的识别结果送入模糊控制器，经模糊推理判断，确定执行机构的操作量 a、b、c 的大小。

（4）执行机构根据操作量 a、b、c 动作，完成对板形的控制过程。

这种智能化的板形控制系统已经在生产中应用，并取得了良好的效果，投入该系统后，板形的翘曲度由 1.8% 降到 1.4%，如图 15-16 所示。

15.2.3.2　基于神经网络的预警专家系统

利用智能技术进行工厂事故、故障的预警，是人工智能应用的一个新领域。三宅雅夫等提出综合利用神经网络和知识库进行生产线预警，并开发了警报提示系统。系统由前处理部分、事项同定部分、警报选择部分和表示处理部分等组成，系统构成如图 15-17 所示。

系统把生产线的信号分为模拟量和数字量两种。模拟量进入事项同定部分由神经网络进行处理；数字量（开关量）经前处理部分对机

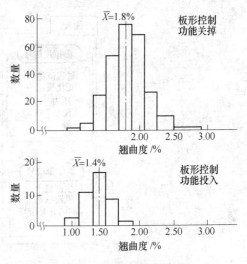

图 15-16　板形控制效果

器的状态和警报发生顺序进行判定，判定结果一方面送入事项同定部分，与神经网络对模拟信号的处理结果综合，对事项进行识别和确认；另一方面送入警报选择部分与事项确认的结果综合，根据知识库中的因果关系表对因果关系和事件性质进行选择，选择结果送入表示处理部分来最后确定是否报警以及给出什么样的报警。

事项同定是一个新概念。报警是一件非常严肃的事，应十分谨慎地加以对待。确定生产线上一个事件的状态，应利用来自不同渠道的信息，从多个不同侧面进行判断，加以综

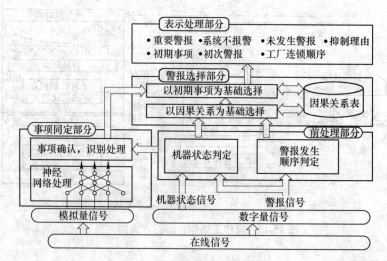

图 15-17   生产线预警处理系统构成

合得出结论。上述系统中事项同定实现方法如图 15-18 所示。其输入分为两部分：压力、流量等随时间变化的模拟量参数输入具有高速处理能力的多层神经网络，得出一个备选事项送入专家系统；阀门开关、机器状态等数字量信号输入直接送入专家系统，专家系统对这两路信息进行知识处理，对相似的事项进行甄别，对备选事项进行确认。在此基础上，输出事项名称，作为给出预警的依据。

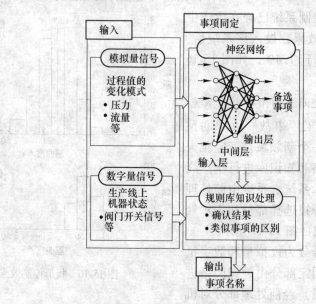

图 15-18   事项同定方法

15.2.4   人工智能与其他方法相结合在轧制中的应用

综合运用几种求解机制，采用人工智能与其他方法相结合的途径来解决轧制过程中的各类复杂问题，近年也有了很快的进展。例如数学模型和神经网络的结合、数值分析与神经网络的结合等都有在轧制中应用的例子。

15.2.4.1 神经网络与数学模型结合改进轧制力预设定

轧制力预设定精度无疑对产品质量有重要的影响。过去曾有一种过分依赖于自适应功能来提高轧制力预报精度的思想，但是这要以牺牲改轧规格品种时前几块钢板和板卷头部的精度为代价。近年来，随着用户对产品质量的要求越来越高，竞争越来越激烈，促使人们对轧制力的预设定精度给予充分的重视。利用在传统方法的基础上加上人工智能来提高轧制力预报精度已经成为一种公认的有效方法。

轧制力计算中的一个关键问题是平均单位压力的计算，而平均单位压力可分为金属的变形抗力和应力状态系数两大部分，提高变形抗力的预报精度对轧制力的计算精度至关重要。目前还没有成熟的理论能够准确地算出生产条件下的轧件变形抗力。过去常用实验的方法得到在不同变形温度、变形速度、变形程度条件下某一特定钢种的变形抗力，并利用实验数据作成变形抗力曲线或变形抗力模型。这种方法难以处理同一钢种时化学成分波动对变形抗力的影响。有的公式虽然形式上考虑了 C、Mn 等部分元素对变形抗力的影响作用，但实际上往往是仅取钢种成分的标准值进行计算，难以处理实际生产中不同炉号化学成分的波动。

为了提高轧制力的预报精度，奥地利 VAI 公司开发了一种利用神经网络与数学模型相结合的新方法，并已经把这种方法用于生产实际中。其基本思想是把轧制力模型分为变形应力和其他影响两部分，变形应力用神经网络预报来解决，其他影响由数学模型和自适应来解决。其基本框图如图 15-19 所示。

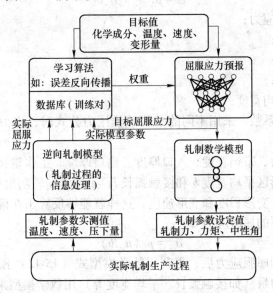

图 15-19 神经网络与数学模型结合的应用示例

训练预报屈服应力神经网络所用的数据可以有两个来源：利用热模拟实验数据或利用生产中实测的轧制力数据。

利用热模拟实验确定金属的屈服应力是一种常用的方法。对具有特定的化学成分和组织结构的钢种，在不同的变形温度、变形速度、变形程度之下进行压缩、拉伸或扭转实验，就可测得相应的屈服应力。过去常用多元回归的方法来对实测数据进行处理，得到这一钢种的屈服应力模型。但是这样首先要对屈服应力模型的函数类型做出假设（如通常采用指数型函数），而实际上屈服应力的变化规律并不能在大范围内与所选择的函数类型完全一致。特别是当考虑静态再结晶、应变积累、动态再结晶、相变等因素的影响时，屈服应力的变化很复杂（见图 15-20），难以用所选定的函数来描述，因而这种方法势必带来较大的误差。

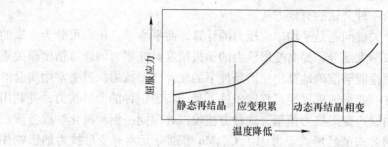

图 15-20　屈服应力随温度的变化

利用神经网络来预报屈服应力，不需要假设数学模型的类型，只是通过权值矩阵来记住什么条件下会得到什么结果，因而可以避免上述误差。

利用生产中测得的轧制力数据来预测屈服应力是一个新思路。轧制力计算公式的一般形式如下：

$$P = pF = n_\sigma \sigma_s lb \tag{15-11}$$

式中　p——平均单位应力；

　　　F——接触面积；

　　　σ_s——屈服应力；

　　　l——接触弧长；

　　　b——变形区平均宽度；

　　　n_σ——应力状态系数，采用不同的平均单位压力公式时，应力状态系数有不同的表达形式。

当已知实测轧制力、带钢宽度、入口厚度、出口厚度、工作辊径、轧制温度和轧制速度时，较容易算出变形区平均宽度 b 和接触弧长 l，采用逆向轧制模型（见图 15-19）可以推算出应力状态系数、变形程度和变形速度，这样就能够反算出在确定的变形温度、变形程度和变形速度条件下的屈服应力 σ_s。

$$\sigma_s = p / (n_\sigma lb) \tag{15-12}$$

利用这种方法得到屈服应力后，再利用数学模型式（15-12）预报轧制力，把那些利用几何关系可以确定的量（如接触弧长、平均宽度等）用数学模型来解决，利用神经网络来预报屈服应力。两者结合起来，效果比单用神经网络预报轧制力要好。据介绍，奥地利 VAI 公司 Linz 厂通过采用这种方法提高轧制力的预报精度，并结合其他措施已将轧制 4mm 厚带钢的厚度精度分别提高到 0.019mm（中部）和 0.023mm（头部），为 ASTM 标准偏差的 1/4，板形精度已达 12I 单位。

15. 2. 4. 2　轧制力智能纠偏网络

上面已介绍，利用神经网络预报变形抗力，利用数学模型计算应力状态系数，实现了数学模型与神经网络的结合。下面介绍一种数学模型与神经网络的结合的新方法，来进一步提高轧制力的预报精度。

新方法的基本思想是利用数学模型预报轧制力的主值，利用神经网络预报轧制力的偏差，把两者综合起来，作为轧制力的预报值，即：

$$P = P_m + \delta P_{ANN} \tag{15-13}$$

或

$$P = P_m \times \lambda P_{ANN} \tag{15-14}$$

式中　P_m——轧制力的主值，由数学模型预报；

δP_{ANN}——轧制力的偏差值；

λP_{ANN}——轧制力的偏差系数，由神经网络预报。

对应于式（15-13）和式（15-14），开发了两种网络，分别称为加法网络与乘法网络（见图15-21），用来预报热带精轧机组的轧制力。

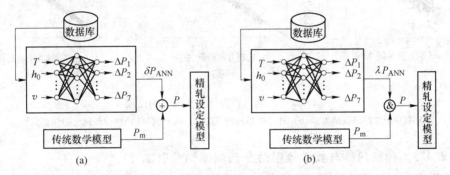

图 15-21　数学模型与神经网络结合的加法网络（a）与乘法网络（b）

根据轧制力偏差表现出的特点，确定选用加法网络还是乘法网络。如果轧制力经常出现一个稳定的偏差，可选用加法网络；如果偏差与轧制力的大小相关，可选用乘法网络。

这种数学模型和神经网络相结合的方法利用了两者的优点：数学模型具有坚实的理论依据，能够反映轧制力变化的主要趋势，所以用它来预报轧制力的主值；神经网络容易反映扰动因素对轧制力的影响，所以用它来纠正轧制力的偏差。两者优点的组合，可收到最佳的效果。

实际上，利用数学模型预报轧制力是现有轧机控制系统的普遍做法，考虑到现有轧机的适度规模改造与软件维护，完全摒弃数学模型另起炉灶未必是最佳选择。因而仍以数学模型为主预报轧制力主值，辅以神经网络为其纠正偏差，这样做的好处是对现有系统的改动小、技术难度小、动作风险小、投入产出效果明显，是在现有轧机上采用智能技术的一个容易被接受的方案。

按照上述思想开发了轧制力的智能纠偏系统，用 TurboC 语言在 586 微机上编制了基于 BP 神经网络和数学模型结合的离线学习预报和模拟在线学习预报程序。软件由 5 个模块构成，即数据处理模块、轧制力离线模拟计算模块、改进型 BP 算法离线学习模块、网络预报模块和统计分析模块。网络训练次数为 10000 次时达到稳定，预报时间小于 1s，基本可满足在线应用的时间要求。

利用某钢铁公司热轧带钢厂生产过程中的实际数据，对轧制力预报综合神经网络进行离线学习和预报。训练样本用 700 块带钢，另外选取 50 块带钢为预报样本。网络训练输入向量包括：轧件入口厚度、压下率、带钢前后张力、工作辊直径、轧辊转速、带钢温度、带钢各成分含量；输出为7个机架的轧制力计算值与实测值之间的差值，再与数学模型计算结合，即得到精确度很高的轧制力预设定值。

利用开发的轧制力智能纠偏系统预报轧制力的效果如图15-22（c）所示。为了便于比较，同时给出了仅用数学模型［见图15-22（a）］、仅用神经网络［见图15-22（b）］的预报结果。在这个例子中，仅用数学模型的预报偏差约在15%以内，仅用神经网络的预报偏差可以控制在10%以内，而综合运用数学与神经网络的预报偏差基本上在5%以内。

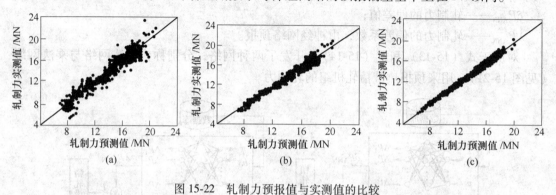

图 15-22　轧制力预报值与实测值的比较

（a）数学模型的预报结果；（b）神经网络的预报结果；（c）数学模型+神经网络的预报结果

15.2.4.3　神经网络与数学模型结合预测带钢卷取温度

卷取温度控制是热轧带钢生产中的一个重要环节，它直接影响带钢最终的组织性能。目前卷取温度控制主要靠数学模型完成，而带钢冷却过程中的热交换是非常复杂的非线性过程，并且带钢在冷却过程中要发生组织转变，这些都难以用数学模型精确表达。在实际生产中，卷取温度模型要经过自适应功能进行修正，效果并不十分理想。因此，提高卷取温度的控制精度是一个具有现实意义的课题。利用神经网络和数学模型相结合的方法来提高卷取温度的预报精度，提供了一条解决这个问题的新途径。

我国某热轧带钢厂层流冷却控制系统如图15-23所示。该系统是前馈-反馈控制系统。沿轧件长度方向冷却区分为主冷区和精冷区，其中主冷区采用前馈控制，精冷区有前馈和

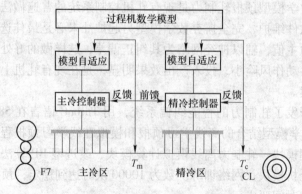

图 15-23　层流冷却控制系统

F7—精轧机；T_m—中间测温仪；T_c—卷取前测温仪；CL—卷取机

反馈两种控制。精冷区前馈控制的依据是中间测温仪实测的带钢温度,因为带钢在冷却区运行中表面易产生水雾,使温度实测值偏差较大,会影响前馈的效果。

计算工件温度的数学模型如下:

$$T(t) = T_u + (T_e - T_u) \times e^{(-\varphi t)} \tag{15-15}$$

式中 $T(t)$ ——t 时刻工件的平均温度;

  t ——带钢进入冷却区的时间;

  T_u ——环境温度;

  T_e ——终轧温度;

  φ ——模型系数,按式(15-16)计算:

$$\varphi = \frac{2a}{\rho c h} \tag{15-16}$$

式中 α ——带钢与介质间的热交换系数;

  ρ ——带钢密度;

  c ——钢的比热容;

  h ——带钢厚度。

该模型结构简单,加上前馈效果不佳,造成带钢沿长度方向温度波动,卷取温度控制精度不高,对产品质量产生不利影响。

上述模型中影响因素考虑不够全面,如带钢运行速度的影响没有得到反映。为了克服数学模型的缺点,建立了一套神经网络系统,与数学模型结合起来进行卷取温度的预报。

该神经网络的部分输入直接来自实测数据,如精轧温度、带钢厚度、带钢速度等;部分输入来自数学模型的中间计算结果,如冷却时间。网络输出只有一个,就是卷取温度。神经网络与数学模型的组合方式如图 15-24 所示。

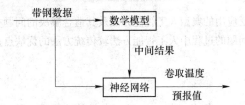

图 15-24 神经网络与数学模型的组合方式

利用某热轧带钢厂 3 个月采集到的生产实测数据,取其一半作为训练样本,另一半作为测试样本,利用计算机模拟现场过程,对网络离线训练 2 万次,利用训练好的网络对卷取温度进行预测,预测结果如图 15-25 所示。

由图可以看出,用数学模型与神经网络相结合的方法,能够较准确地预报带钢的卷取温度。目前进行的是离线学习和测试,下一步可以考虑在线应用。在线应用可有两种方式:

(1)通过建立实测数据库,获取现场卷取温度的实际数据与相关的工艺条件,利用离线训练环节建立网络权值矩阵,将此矩阵装入过程计算机进行在线预测。为了保证预报精度,可以根据季节、生产条件的变化等,定期或随时更换网络的权值矩阵。

(2)建立实时数据库,利用在线数据实时进行神经网络的训练。利用滚动优化的方法随时调整网络参数,使之长期工作在最佳状态,对卷取温度做出准确预报。

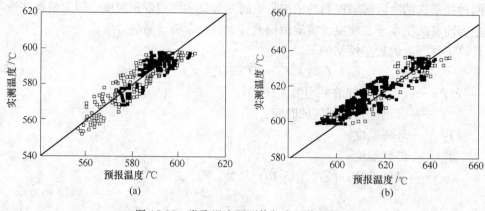

图 15-25　卷取温度预测值与实际值的对比

（a）600℃以下；（b）600℃以上

15.2.3.4　神经网络与有限元结合用于在线参数预报

有限元法作为一种应用最为广泛的数值计算方法，在轧制过程模拟中发挥了很大的作用。但是用有限元法模拟时需要占用大量的计算时间，因而有限元法只能是用于离线模拟，迄今为止，还没有见到单独使用有限元法做在线参数预报的例子。神经网络作为一种有效的数据处理工具，为有限元结果的在线应用提供了可能。瑞典 MEFOS 研究所的列文（J. Leven）等曾利用神经网络与有限元结合来预报平整轧制过程的轧制力，取得了较好的效果。

习　　题

15-1　在轧制过程中得到广泛应用的典型人工智能方法及其适合解决的问题类型是什么？

15-2　在解决轧制过程相关问题的过程中人工智能方法较传统方法的优缺点是什么？

参 考 文 献

［1］曹鸿德．塑性变形力学基础与轧制原理［M］．北京：机械工业出版社，1984．

［2］赵德文．材料成形力学［M］．沈阳：东北大学出版社，2002．

［3］吕立华．轧制理论基础［M］．重庆：重庆大学出版社，1991．

［4］王国栋，刘相华．金属轧制过程人工智能优化［M］．北京：冶金工业出版社，2000．

［5］王廷溥，齐克敏．金属塑性加工学［M］．北京：冶金工业出版社，2012．

［6］张小平．轧制理论［M］．北京：冶金工业出版社，2006．

［7］王平．金属塑性成形力学［M］．北京：冶金工业出版社，2013．

［8］俞汉青．金属塑性成形原理［M］．北京：机械工业出版社，2016．

［9］董湘怀．金属塑性成形原理［M］．北京：机械工业出版社，2011．

［10］任汉恩．金属塑性变形与轧制原理［M］．北京：冶金工业出版社，2015．

［11］双远华．斜轧（穿孔）过程质量控制理论与实验研究［D］．秦皇岛：燕山大学，1999．

［12］双远华．钢管斜轧理论及生产过程的数值模拟［M］．北京：冶金工业出版社．2001．